数值计算方法

上册

（第二版）

林成森 编著

科学出版社

北京

内 容 简 介

本书详细地介绍了计算机中常用的数值计算方法,主要内容包括:误差分析、解非线性方程的数值方法、解线性方程组的直接方法、插值法、数值积分.本书每章末均附有丰富、实用的习题.

本书可作为高校数学系、计算机系教材,也可供工程技术人员参考.

图书在版编目(CIP)数据

数值计算方法.上册/林成森编著.—2版.—北京:科学出版社,2005.1

ISBN 978-7-03-014389-1

Ⅰ.数… Ⅱ.林… Ⅲ.数值计算-计算方法-高等学校-教材 Ⅳ.O241

中国版本图书馆CIP数据核字(2004)第102401号

责任编辑:姚莉丽 / 责任校对:张怡君

责任印制:张 伟 / 封面设计:陈 敬

科学出版社 出版

北京东黄城根北街16号

邮政编码:100717

http://www.sciencep.com

北京中石油彩色印刷有限责任公司 印刷

科学出版社发行 各地新华书店经销

*

1998年3月第 一 版 开本:B5(720×1000)

2005年1月第 二 版 印张:17 3/4

2022年12月第十九次印刷 字数:333 000

定价:55.00元

(如有印装质量问题,我社负责调换)

第二版前言

本书自1998年出版以来，已被国内许多高校作为专业基础课教材或考研参考书．为使本书适应新世纪的要求，我们对本书进行修改．随着计算机技术的迅速发展，计算机语言多样化及数学软件的普及，具体的算法编程已有现成数学软件，如集成化软件包Matlab等，方便了读者使用．因此，我们对一些比较复杂的数值方法不给出算法．本书仍强调数值方法的基本原理和理论分析．

这次修改删去了一些内容，如逐次线性插值法；增加一些实际应用中较为重要的内容，如Steffensen迭代法等．我们对本书的习题也作了适当的调整，并给出习题答案．书中习题的证明题涉及数学分析和高等代数等方面知识较广，我们接受一些教师和读者建议，对绝大多数证明题都给予提示．

何炳生、吴新元、黄卫华等教授对原书提出了许多宝贵意见，在此表示衷心感谢．我们仍敬请使用本书的各位老师和读者批评指正．

林成森

2004年8月

第一版前言

随着计算机的迅速发展,在科学、技术、工程、生产、医学、经济和人文等领域中抽象出来的许多数学问题可以应用计算机计算、求解.本书详细、系统地介绍了计算机中常用的数值计算方法和一些现代数值方法以及有关理论.本书分上、下两册.上册主要内容有误差分析、解非线性方程的迭代法、解线性方程组的直接方法、插值法、数值积分.下册主要内容有解线性方程组的迭代法、线性最小二乘问题、矩阵特征值问题、解非线性方程组的数值方法、常微分方程初值和边值问题的数值解法、函数逼近.本书例题多,且各章末均附有丰富、实用的习题,其中有少数习题必须用计算机来求解.

本书中的基本数值方法和一些现代方法都用伪程序(pseudocode)给出,以便于在计算机上实现这些算法,读者容易把它们译成FORTRAN,Pascal,C语言或其他程序语言.

本书的原稿是作者多年讲授数值计算方法课程的讲义.它在南京大学数学系和计算机系及其他系中作为教材使用过,并经多次整理、修改和补充而最后定稿.本教材授课时间为一学年,如若安排一个学期讲授,可适当删减书中某些章节内容和一些理论.

沈祖和、苏维宜、姜东平、王嘉松、孙麟平、赵金熙、王长富等老师对作者完成这本书的编写给予热情的关心和鼓励,罗亮生先生为本书精心绘制了插图,在此表示衷心的感谢.

由于编者水平有限,在本书中尚有错误和不足之处,敬请使用本书的各位教师和读者批评指正.

林成森

1997年7月

目　　录

第1章　算术运算中的误差分析初步

1.1 数值方法

自然科学、工程技术、经济和医学等领域中产生的许多实际问题都可用数学语言描述为数学问题，或者说由实际问题建立数学模型.然而，对于许多数学问题我们得不到它的解的准确数值，从而需要寻找问题解的近似值的数值方法.更确切地说，一个**数值方法**是对给定问题的输入数据和所需计算结果之间的关系的一种明确的描述.例如，我们用 Newton 法(将在 2.4 节中讨论)计算$\sqrt{3}$.输入$\sqrt{3}$的一个初始近似值 $x_0(x_0>0)$，例如取 $x_0=3$，由迭代公式

$$x_n=\frac{1}{2}\left(x_{n-1}+\frac{3}{x_{n-1}}\right),\quad n=1,2,\cdots$$

产生一个序列 $x_0,x_1,\cdots,x_n,\cdots$.当然，我们必须在 n 充分大后停止计算，如 $n=m$.这样，我们取 x_m 作为$\sqrt{3}$的一个近似值，即$\sqrt{3}\simeq x_m$.这就是我们所需的计算结果.

数值计算方法也称计算方法或数值分析，它是研究运用计算机解数学问题的数值方法及其相关理论.为了使一个数值方法在计算机上得到实现，我们需要给出数值方法的一种**算法**，它是算术和逻辑运算的完整描述，按一定顺序执行这些运算，经有限步把输入数据的每一个容许集转换成输出数据.例如，用伪程序(pseudocode)给出计算$\sqrt{3}$的 Newton 法的一种算法：

输入　初始近似值 x_0；最大迭代次数 m.

输出　$\sqrt{3}$的近似值 p 或迭代失败信息.

step 1　$p_0\leftarrow x_0$.

step 2　对 $n=1,\cdots,m$ 做 step 3～4.

　step 3　$p\leftarrow\left(p_0+\dfrac{3}{p_0}\right)/2$.

　step 4　若 $|p-p_0|<10^{-8}$，则输出(p)，停机，否则 $p_0\leftarrow p$.

step 5　输出(‘Method failed’)；

停机.

算法中“←”表示赋值.若输出“Method failed(方法失败)”，则表明迭代 m 次得到的 x_m,x_{m-1}仍不满足 $|x_m-x_{m-1}|<10^{-8}$.

建立一个数值方法(算法)的基本原则应该是:(1)便于在计算机上实现,(2)计算工作量尽量小,(3)存储量尽量小,(4)问题的解与其近似解的误差小.

1.2 误差来源

在数值计算中,由于下面一些原因会产生误差.

1. 数据误差　进行数值计算所使用的初始数据往往是近似的.例如,$\pi = 3.14159265\cdots$,我们只能取有限小数,如取 $\pi \simeq 3.14159$.这就产生了误差,称它为**数据误差**.有的初始数据可能是从实验或观测得到的.由于观测手段的限制,得到的观测数据也必会有一定的误差,这种数据误差又称为**观测误差**.

2. 截断误差　求一个级数的和或无穷序列的极限时,我们取有限项作为它们的近似,从而产生了误差,这种误差通常称为**截断误差**.例如,用 e^{-x}的幂级数表达式

$$e^{-x} = 1 - x + \frac{1}{2}x^2 - \frac{1}{6}x^3 + \cdots \tag{2.1}$$

计算 e^{-x}的值时,常常取级数的开头几项的部分和作为近似公式,如取

$$e^{-x} \simeq 1 - x + \frac{1}{2}x^2 - \frac{1}{6}x^3. \tag{2.2}$$

这样,用(2.2)式计算得到的 e^{-x}的值是近似的.它与 e^{-x}的准确值之间是截断误差,这是由于截去(2.1)的余项产生的.又如前述的用 Newton 法计算$\sqrt{3}$,我们取$\sqrt{3} \simeq x_n$,其截断误差是$\sqrt{3} - x_n$.

3. 离散误差　在数值计算中,我们常常使用一个近似公式来求一个问题的解.例如,求曲边梯形 $abBA$(图1.1)的面积:

$$S = \int_a^b f(x)\mathrm{d}x.$$

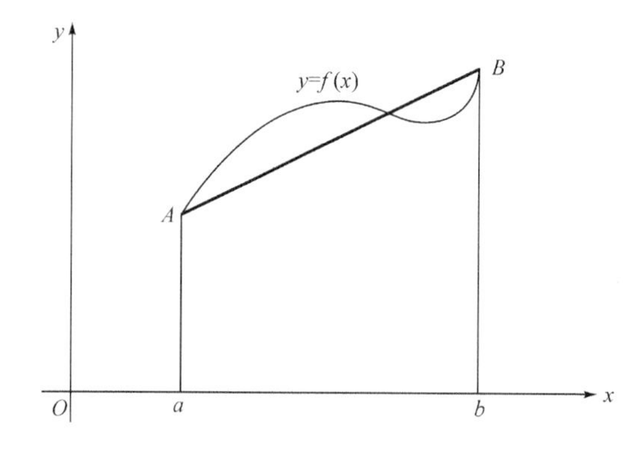

图1.1

若用梯形 $abBA$ 的面积

$$T = \frac{b-a}{2}(f(a)+f(b))$$

作为 S 的近似值,则产生误差 $S-T$.这种误差称为**离散误差**.它是由于把连续型问题离散化而产生的.

4. 数值计算过程中的误差 由于计算机的字长有限,进行数值计算的过程中,对计算得到的中间结果数据要使用“四舍五入”或其他规则取近似值,因而使计算过程有误差.

在一个数值方法中,通常至少有上述一种误差出现.在许多数值方法中,会有上述多种误差出现.

1.3 绝对误差和相对误差

我们有两种衡量误差大小的方法:一是绝对误差;二是相对误差.

假设某一个量的准确值(真值)为 x,其近似值为 $\bar{x}$,x 与 $\bar{x}$ 的差

$$e_{\bar{x}} = x - \bar{x} \tag{3.1}$$

称为近似值 $\bar{x}$ 的**绝对误差**(简称**误差**).(3.1)式也可改写成

$$x = \bar{x} + e_{\bar{x}}. \tag{3.2}$$

实际上,我们只能知道近似值 $\bar{x}$,而一般不知道准确值 x,但可对绝对误差的大小范围作出估计.也就是说,可以指出一个正数 ε,使

$$|e_{\bar{x}}| = |x - \bar{x}| \leqslant \varepsilon. \tag{3.3}$$

我们称 ε 为近似值 $\bar{x}$ 的一个**绝对误差界**.例如,$\pi = 3.14159265\cdots$,取 $\bar{\pi} = 3.14$,则

$$|\pi - \bar{\pi}| < 0.002.$$

绝对误差还不足以刻画近似数的精确程度.例如 $x = 100$(厘米),$\bar{x} = 99$,则 $e_{\bar{x}} = 1$;而 $y = 10000$(厘米),$\bar{y} = 9950$,则 $e_{\bar{y}} = 50$.从表面上看,后者的绝对误差是前者的 50 倍.但是,前者每厘米长度产生了 0.01 厘米的误差,而后者每厘米长度只产生 0.005 厘米的误差.因此,要决定一个量的近似值的精确程度,除了要看误差的大小外,往往还要考虑该量本身的大小.我们定义

$$r_{\bar{x}} = \frac{x - \bar{x}}{x} \tag{3.4}$$

为 $\bar{x}$ 的**相对误差**.因为一个量的准确值往往是不知道的,因此常常将 $\bar{x}$ 的相对误差 $r_{\bar{x}}$ 定义为

$$r_{\bar{x}} = \frac{x-\bar{x}}{\bar{x}}. \tag{3.5}$$

一般说来，我们不能准确地计算出相对误差.然而，像绝对误差那样，可以估计它的大小范围，即指定一个正数 δ，使得

$$|r_{\bar{x}}| \leqslant \delta.$$

我们称 δ 为 $\bar{x}$ 的一个**相对误差界**.

1.4　舍入误差与有效数字

一般说来，一个实数的表示是无限的，例如，

$$\pi = 3.14159265\cdots,$$
$$e = 2.71828182\cdots,$$
$$\sqrt{2} = 1.41421356\cdots,$$
$$\frac{1}{3} = 0.33333\cdots.$$

因此，我们将一个实数 a 表示成无限小数的形式：

$$a = \pm a_0a_1\cdots a_m . a_{m+1}\cdots a_na_{n+1}\cdots, \tag{4.1}$$

其中 $a_i(i=0,1,\cdots)$都是 0,1,2,…,9 中的一个数字，且 $m\neq 0$ 时，$a_0\neq 0$.

通常，我们用四舍五入的规则去取一个无限小数的近似值，即若 a 的近似$\bar{a}$ 取 $n-m$ 位小数时，有

$$\bar{a} = \begin{cases} \pm a_0a_1\cdots a_m . a_{m+1}\cdots a_n, & a_{n+1}\leqslant 4; \\ \pm(a_0a_1\cdots a_m . a_{m+1}\cdots a_n + 10^{-(n-m)}), & a_{n+1}\geqslant 5. \end{cases} \tag{4.2}$$

此时

$$|a-\bar{a}| \leqslant \frac{1}{2}\times 10^{-(n-m)}, \tag{4.3}$$

按此规律产生的误差称为**舍入误差**.例如，$\pi = 3.14159265\cdots$，取三位小数时，$\bar{\pi} = 3.142$，$|\pi-\bar{\pi}| < \frac{1}{2}\times 10^{-3}$；取五位小数时，$\bar{\pi} = 3.14159$，$|\pi-\bar{\pi}| < \frac{1}{2}\times 10^{-5}$.又如，$x = -0.1354$，取二位小数时，$\bar{x} = -0.14$；取三位小数时，$\bar{x} = -0.135$.

假定有一个近似数

$$\bar{a} = \pm a_0a_1\cdots a_m . a_{m+1}\cdots a_n, \tag{4.4}$$

其中 $a_i(i=0,1,\cdots,n)$均是 0,1,…,9 的一个数字，且 $m\neq 0$ 时，$a_0\neq 0$.若$\bar{a}$ 的绝对误差满足(4.3)式，且 a_s 是$\bar{a}$ 的第一位(自左至右)非零数字，则自 a_s 起到最右

边的数字为止,所有的数字都叫做$\bar{a}$的**有效数字**,并且说$\bar{a}$是具有$(n+1-s)$位有效数字的**有效数**.

例 1 π 的近似数$\bar{\pi}=3.1416$是具有五位有效数字的有效数,其中 3,1,4,1,6 均为$\bar{\pi}$的有效数字.

例 2 $a=0.120443\cdots$的近似数$\bar{a}=0.12044$是具有五位有效数字的有效数,其中 1,2,0,4,4 都是有效数字.

例 3 $b=0.03473$的近似数$\bar{b}=0.035$是具有二位有效数字的有效数,其中 3,5 为有效数字.

例 4 有效数 30.4 与有效数 30.40 不一样,后者有四位有效数字,而前者只有三位有效数字.

关于有效数字和相对误差的关系,我们有下面的定理.

定理 若形如(4.4)的近似数$\bar{a}$具有$n+1-s$位有效数字,则其相对误差有估计式

$$\left|\frac{a-\bar{a}}{\bar{a}}\right| \leqslant \frac{1}{2a_s} \times 10^{-(n-s)}, \tag{4.5}$$

其中$a_s \neq 0$是$\bar{a}$的第一位有效数字.

证明 首先,若$s=0$,此时$a_0 \neq 0$,由(4.4)式知

$$|\bar{a}| \geqslant a_0 \times 10^m.$$

再由(4.3)式有

$$\left|\frac{a-\bar{a}}{\bar{a}}\right| \leqslant \frac{1}{a_0 \times 10^m} \times \frac{1}{2} \times 10^{-(n-m)} = \frac{1}{2a_0} \times 10^{-n}.$$

其次,若$s \neq 0$,$a_s \neq 0$,此时$m=0$,由(4.4)式知

$$|\bar{a}| \geqslant a_s \times 10^{-s}.$$

再由(4.3)式有

$$\left|\frac{a-\bar{a}}{\bar{a}}\right| \leqslant \frac{1}{a_s \times 10^{-s}} \times \frac{1}{2} \times 10^{-n} = \frac{1}{2a_s} \times 10^{-(n-s)}.$$

这个定理表明,一个近似数的有效数字愈多,其相对误差则愈小,因而精确度愈高.就例 4,近似数 30.40 的精确度比 30.4 的精确度高.据定理,前者的相对误差界为$\frac{1}{6} \times 10^{-3}$,而后者的相对误差界为$\frac{1}{6} \times 10^{-2}$.

1.5 数据误差在算术运算中的传播

设$\bar{x}$,$\bar{y}$分别是初始数据x,y的近似值,即

$$x = \bar{x} + e_{\bar{x}}, \qquad y = \bar{y} + e_{\bar{y}},$$

其中 $e_{\bar{x}}, e_{\bar{y}}$ 分别是 $\bar{x}, \bar{y}$ 的绝对误差. 我们来考察用 $\bar{x}, \bar{y}$ 分别代替 x 和 y 时, 计算函数值

$$z = f(x, y)$$

产生的误差, 即 $\bar{z} = f(\bar{x}, \bar{y})$ 的误差. 假定绝对误差 $e_{\bar{x}}, e_{\bar{y}}$ 的绝对值都很小, 且 $f(x, y)$ 可微, 则 $\bar{z}$ 的误差

$$e_{\bar{z}} = z - \bar{z} = f(x, y) - f(\bar{x}, \bar{y})$$

可以近似地表示成

$$e_{\bar{z}} = \left(\frac{\partial f}{\partial x}\right)_{(\bar{x}, \bar{y})} e_{\bar{x}} + \left(\frac{\partial f}{\partial y}\right)_{(\bar{x}, \bar{y})} e_{\bar{y}}, \tag{5.1}$$

而且

$$\begin{aligned} r_{\bar{z}} &= \frac{e_{\bar{z}}}{\bar{z}} = \frac{\bar{x}}{\bar{z}}\left(\frac{\partial f}{\partial x}\right)_{(\bar{x}, \bar{y})} \frac{e_{\bar{x}}}{\bar{x}} + \frac{\bar{y}}{\bar{z}}\left(\frac{\partial f}{\partial y}\right)_{(\bar{x}, \bar{y})} \frac{e_{\bar{y}}}{\bar{y}} \\ &= \frac{\bar{x}}{\bar{z}}\left(\frac{\partial f}{\partial x}\right)_{(\bar{x}, \bar{y})} r_{\bar{x}} + \frac{\bar{y}}{\bar{z}}\left(\frac{\partial f}{\partial y}\right)_{(\bar{x}, \bar{y})} r_{\bar{y}}. \end{aligned} \tag{5.2}$$

从(5.1)式容易得到, 进行算术运算(加、减、乘、除)时, 初始数据误差和计算结果中产生的误差之间有下面关系:

(1) $f(x, y) = x \pm y$:

$$e_{\bar{x} \pm \bar{y}} = e_{\bar{x}} \pm e_{\bar{y}}; \tag{5.3}$$

(2) $f(x, y) = xy$:

$$e_{\bar{x}\bar{y}} = \bar{y} e_{\bar{x}} + \bar{x} e_{\bar{y}}; \tag{5.4}$$

(3) $f(x, y) = x/y$:

$$e_{\bar{x}/\bar{y}} = \frac{\bar{y} e_{\bar{x}} - \bar{x} e_{\bar{y}}}{\bar{y}^2}. \tag{5.5}$$

从(5.2)式, 容易得到关系式:

(1) $f(x, y) = x \pm y$:

$$r_{\bar{x} \pm \bar{y}} = \frac{\bar{x}}{\bar{x} \pm \bar{y}} r_{\bar{x}} \pm \frac{\bar{y}}{\bar{x} \pm \bar{y}} r_{\bar{y}}; \tag{5.6}$$

(2) $f(x, y) = xy$:

$$r_{\bar{x}\bar{y}} = r_{\bar{x}} + r_{\bar{y}}; \tag{5.7}$$

(3) $f(x,y)=x/y$:

$$r_{\bar{x}/\bar{y}} = r_{\bar{x}} - r_{\bar{y}}. \tag{5.8}$$

从(5.5)式我们看到,在作除法运算时,若分母$\bar{y}$的绝对值很小,其计算结果的误差可能很大.因此,在数值计算中,要避免绝对值很小的数作分母.又从(5.6)式看到,接近相等的同号近似数相减时,也将会使计算结果的误差变得很大.当两个几乎相等的同号数相减时,精度的损失称为**相减相消**.

例 1 求方程

$$ax^2 + bx + c = 0, \quad a \neq 0$$

的两个根 x_1,x_2 的二次公式是

$$x_1 = \frac{-b+\sqrt{b^2-4ac}}{2a}$$

和

$$x_2 = \frac{-b-\sqrt{b^2-4ac}}{2a}.$$

若 $b>0$ 且 $b^2 \gg 4ac \geqslant 0$,计算 x_1 则会产生相减相消.为了避免相减相消,我们可将分子有理化,把二次公式改写成

$$x_1 = \frac{-2c}{b+\sqrt{b^2-4ac}}.$$

例 2 假定某一计算过程中,需要计算表达式 $1-\cos x$.当 $x \simeq 0$ 时,直接进行计算会导致相减相消.然而,我们可以利用恒等式

$$1-\cos x = 2\sin^2\frac{x}{2},$$

计算 $2\sin^2\frac{x}{2}$来代替计算 $1-\cos x$.

1.6 机器误差

1.6.1 计算机中数的表示

现在,我们假定提供给计算机的数 x 只是有限位小数.这样,数 x 可以表示成

$$x = \pm 10^J \sum_{k=1}^{t} d_k 10^{-k}, \tag{6.1}$$

其中 J 是整数,$d_1,d_2,\cdots,d_t$ 都是 $0,1,2,\cdots,9$ 中的一个数字.例如

$$312.74 = 10^3(3\times10^{-1}+1\times10^{-2}+2\times10^{-3}+7\times10^{-4}+4\times10^{-5}),$$

$$-0.012 = -10^{-1}\times(1\times10^{-1}+2\times10^{-2}).$$

若记

$$a = \sum_{k=1}^{t} d_k 10^{-k} = 0.d_1 d_2 \cdots d_t, \tag{6.2}$$

则

$$x = \pm a \times 10^J. \tag{6.3}$$

例如

$$312.74 = 0.31274 \times 10^3, \quad -0.012 = -0.12 \times 10^{-1}.$$

(6.1)或(6.3)式是通常的数的十进制系统计数法,其中的10称为十进制系统的**基数**.在计算机中,还广泛采用二进制,八进制和十六进制系统表示数的方法,它们的基数分别为2,8和16.

一般地,一个 p 进制数 x 可以表示成

$$x = \pm p^J \sum_{k=1}^{t} d_k p^{-k}, \tag{6.4}$$

其中,$d_k(k=1,2,\cdots,t)$都是$0,1,\cdots,p-1$中的一个数字.(6.4)式或写成

$$x = \pm a \times p^J, \tag{6.5}$$

其中

$$a = \sum_{k=1}^{t} d_k p^{-k} = 0.d_1 d_2 \cdots d_t. \tag{6.6}$$

我们称 a 为数 x 的**尾数**(其值小于1).自然数 t 为计算机的**字长**,它表示数 x 的尾数的位数.J 是整数,称为数 x 的**阶**,它用来确定该数的小数点的位置.

在各种计算机中,有各自规定的字长 t,以及阶 J 的范围:$-L \leqslant J \leqslant U$($L$ 和 U 为正整数或零).L,U 的大小表明计算机中表示的数的范围大小.

如果阶 J 是一个固定不变的常数,我们便称(6.4)或(6.5)为**定点**表示.在定点表示中,通常取 $J=0$ 或 $J=t$,这就是说,将小数点固定在数的最高位的前面或者固定在最低位的后面.若小数点固定在数的最高位前面,则计算机中参与运算的数的绝对值必须小于1.

如果阶 J 是可以变化的,我们则称(6.4)或(6.5)为**浮点**表示.一个数可以有不同的浮点表示.例如,5360可以表示成

$$0.5360 \times 10^4,$$

也可以表示成

$$0.0536 \times 10^5.$$

为了避免发生这种情形,我们将浮点表示规格化,规定在浮点表示中尾数的第一位数字 d_1 非零.这种浮点表示的数,称为**规格化浮点数**.从而,对于十进制规格化浮点数,其尾数满足关系式:

$$0.1 \leqslant a < 1;$$

对于二进制规格化浮点数,其尾数满足关系式:

$$\frac{1}{2} \leqslant a < 1.$$

按(6.4)规定的浮点数的全体组成的集合记作 F,再假定当 $x \neq 0$ 时,$d_1 \neq 0$,则称 F 为**规格化浮点数系**,它的基数为 p. 规格化浮点数系 F 是一个离散的有限集合. 例如,若 $p=2, t=3, L=1, U=2$,则相应的规格化浮点数系 F 中的规格化浮点数具有形式

$$x = \pm a \times 2^J = \pm 2^J(d_1 \times 2^{-1} + d_2 \times 2^{-2} + d_3 \times 2^{-3}),$$

其中当 $x \neq 0$ 时,$d_1 = 1$,d_2, d_3 为 0,1 中的一个数字,$J = -1,0,1,2$. 因此,d_1, d_2, d_3 只可能有下列四种排列:

d_1	d_2	d_3
1	0	0
1	0	1
1	1	0
1	1	1

从而尾数 a 只可能为下列 4 个数:

$$(0.100)_2 = 1 \times 2^{-1} + 0 \times 2^{-2} + 0 \times 2^{-3} = \frac{4}{8},$$

$$(0.101)_2 = 1 \times 2^{-1} + 0 \times 2^{-2} + 1 \times 2^{-3} = \frac{5}{8},$$

$$(0.110)_2 = 1 \times 2^{-1} + 1 \times 2^{-2} + 0 \times 2^{-3} = \frac{6}{8},$$

$$(0.111)_2 = 1 \times 2^{-1} + 1 \times 2^{-2} + 1 \times 2^{-3} = \frac{7}{8},$$

故 F 中有 33 个浮点数如下:

$J=-1$	$J=0$	$J=1$	$J=2$
$\pm\frac{1}{4}$	$\pm\frac{1}{2}$	± 1	± 2
$\pm\frac{5}{16}$	$\pm\frac{5}{8}$	$\pm\frac{5}{4}$	$\pm\frac{5}{2}$
$\pm\frac{3}{8}$	$\pm\frac{3}{4}$	$\pm\frac{3}{2}$	± 3
$\pm\frac{7}{16}$	$\pm\frac{7}{8}$	$\pm\frac{7}{4}$	$\pm\frac{7}{2}$

以及数 0.

例 1　设 $p=10, t=3, L=U=5$，则 F 中最大数是 $0.999\times10^5=99900$，最小数是 $-0.999\times10^5=-99900$，除数 0 外绝对值最小的数是 $\pm0.100\times10^{-5}=\pm10^{-6}$.

1.6.2　浮点运算和舍入误差

规格化浮点数系 F 是一个离散的有限集合. 在使用计算机进行数值计算时，初始数据可能不在 F 中，于是要用 F 中的数来近似地表示相应的数据. 如果初始数据或中间结果 x 的绝对值大于 F 中的最大正数，就会使计算机发生我们称之为**上溢**的现象. 若 $x(\neq0)$ 的绝对值小于 F 中的最小正数，则会导致称之为**下溢**的现象，此时 x 在计算机中作为 0——机器 0 处理. 上溢和下溢统称为**溢出**. 在以后的讨论中，我们将假定对给定的初始数据或中间结果不致于发生这种溢出现象. 若 $x\overline{\in}F$，我们要用 F 中最接近于 x 的浮点数 x_R 作为 x 的近似值. 这样，可按(4.2)四舍五入的规则取 x_R，即若

$$x=\pm a\times10^J, \tag{6.7}$$

其中

$$a=0.d_1\cdots d_t d_{t+1}\cdots d_n,\quad 0\leqslant d_i\leqslant9(i=1,\cdots,n), d_1>0, \tag{6.8}$$

则取

$$\bar{a}=\begin{cases}0.d_1\cdots d_t, & 若\ 0\leqslant d_{t+1}\leqslant4;\\ 0.d_1\cdots d_t+10^{-t}, & 若\ d_{t+1}\geqslant5,\end{cases} \tag{6.9}$$

$$x_R=\pm\bar{a}\times10^J. \tag{6.10}$$

于是

$$\left|\frac{x_R-x}{x}\right|=\left|\frac{\pm\bar{a}\times10^J-(\pm a)\times10^J}{\pm a\times10^J}\right|=\left|\frac{\bar{a}-a}{a}\right|.$$

据(4.3)式，并注意到 $a\geqslant10^{-1}$，便有

$$\left|\frac{\bar{a}-a}{a}\right|\leqslant\frac{1}{2a}\times10^{-t}\leqslant\frac{1}{2}\times10^{-t+1}=5\times10^{-t},$$

即有

$$\left|\frac{x_R-x}{x}\right|\leqslant5\times10^{-t}.$$

令

$$\frac{x_R-x}{x}=\varepsilon,$$

则得到关系式

$$x_R=x(1+\varepsilon),\quad |\varepsilon|\leqslant5\times10^{-t}. \tag{6.11}$$

对于二进制系统数

$$x = \pm a \times 2^J, \tag{6.12}$$

其中$\frac{1}{2} \leqslant a < 1$,且

$$a = 0.d_1 \cdots d_t d_{t+1} \cdots d_n, d_i = 0 \text{ 或 } 1 \quad (i = 2, \cdots, n), \quad d_1 = 1, \tag{6.13}$$

则取

$$\bar{a} = \begin{cases} 0.d_1 \cdots d_t, & \text{若 } d_{t+1} = 0; \\ 0.d_1 \cdots d_t + 2^{-t}, & \text{若 } d_{t+1} = 1, \end{cases} \tag{6.14}$$

$$x_R = \pm \bar{a} \times 2^J. \tag{6.15}$$

类似于十进制系统,我们有

$$x_R = x(1 + \varepsilon), \quad |\varepsilon| \leqslant 2^{-t}. \tag{6.16}$$

有的计算机采用只“舍”而不“入”的断位方法. 此时,(6.11)和(6.16)式中 ε 的界的估计分别为

$$|\varepsilon| \leqslant 10^{1-t}$$

和

$$|\varepsilon| \leqslant 2^{1-t}.$$

例 2 在 $p = 10, t = 3, L = U = 5$ 的舍入(或断位)的假想计算机上,一些实数的相应规格化浮点数表示如下表:

实数	规格化浮点数	
	舍入机	断位机
1636	0.164×10^4	0.163×10^4
2/3	0.667×10^0	0.666×10^0
1/30	0.333×10^{-1}	0.333×10^{-1}
101033	溢出(上溢)	溢出(上溢)
0.123×10^{-6}	溢出(下溢, =0)	溢出(下溢, =0)

采用浮点表示的数,怎样进行算术运算? 进行两数相加(或相减)时,首先要**对阶**,即把两数的小数点对齐,使它们的阶相等. 对阶的方法是,把阶小的数的尾数右移,每移一位其阶就加“1”直到两数的阶相等. 然后,将对阶后的两数相加(或相减). 浮点数运算加、减分别记作$\oplus$,$\ominus$.

例 3 假设所使用的计算机是采用断位的方法,$t = 5, p = 10$. 若 $x = 0.31249 \times 10^2, y = 0.82718 \times 10^2$,则

$$x \oplus y = 0.11396 \times 10^3.$$

例 4 假设所使用的计算机是采用舍入的方法,$t = 5, p = 10$. 若 $x = 0.21062 \times 10^{-5}, y = 0.12345 \times 10^{-3}$,则

$$
\begin{aligned}
x \oplus y &= 0.00211 \times 10^{-3} + 0.12345 \times 10^{-3} \\
&= 0.12556 \times 10^{-3}.
\end{aligned}
$$

例 5 假设在 $p=10, t=3, L=U=5$ 的断位计算机上对数 0.0438, 0.0693 及 13.2 做加法运算,那么

$$
\begin{aligned}
&(0.438 \times 10^{-1} \oplus 0.693 \times 10^{-1}) \oplus 0.132 \times 10^{2} \\
=\ &0.113 \times 10^{0} \oplus 0.132 \times 10^{2} = 0.133 \times 10^{2}, \\
&(0.132 \times 10^{2} \oplus 0.693 \times 10^{-1}) \oplus 0.438 \times 10^{-1} \\
=\ &0.132 \times 10^{2} \oplus 0.438 \times 10^{-1} = 0.132 \times 10^{2}.
\end{aligned}
$$

由此可知,对于浮点运算,通常的运算规律不再成立. 计算 $0.132\times 10^{2}\oplus 0.438\times 10^{-1}$时,由于对阶,$0.438\times 10^{-1}=0.000\times 10^{2}$,在三位计算机中表示为机器 0. 因此运算中出现了大数 0.132×10^{2}"吃掉"小数 0.438×10^{-1}的现象,使得计算结果精确度较差. 这三个数的准确和为 13.3131.

例 6 假设在 $p=10, t=4$ 的断位计算机上求数 $x=0.12378$ 与 $y=0.12362$ 的差,则有

$$
\begin{aligned}
x_R \ominus y_R &= 0.1237 \times 10^{0} \ominus 0.1236 \times 10^{0} \\
&= 0.1000 \times 10^{-3}.
\end{aligned}
$$

x_R 的相对误差是

$$
\frac{x - x_R}{x_R} = 6.467 \times 10^{-4},
$$

y_R 的相对误差是

$$
\frac{y - y_R}{y_R} = 1.618 \times 10^{-4}.
$$

但 $x-y=0.00016$, $x_R \ominus y_R$ 的相对误差是

$$
\frac{0.00006}{0.0001} = 0.6.
$$

x_R 与 y_R 很接近,$x_R \ominus y_R = 0.0001$ 至多一位有效数字,产生了相减相消,$x_R \ominus y_R$ 的相对误差是参与运算的近似数的相对误差的 10^3 倍.

在作乘法运算时,就不必对阶.

现在,我们来考察计算机中浮点数的算术运算的舍入误差. 假设 x, y 都是规格化浮点数,$x, y \in F$. 我们用

$$
fl(x+y),\ fl(x-y),\ fl(x\times y),\ fl(x/y)
$$

分别表示得到准确的 $x+y$, $x-y$, $x\times y$ 和 x/y 后按上述舍入规则进行舍入的结果,即

$$
fl(x+y) = (x+y)_R, \quad fl(x-y) = (x-y)_R,
$$

$$fl(x \times y) = (x \times y)_R, \quad fl(x/y) = (x/y)_R.$$

就上述例 4,

$$x + y = 0.0021062 \times 10^{-3} + 0.12345 \times 10^{-3} = 0.1255562 \times 10^{-3},$$

因此 $x+y \overline{\in} F$,而

$$fl(x + y) = (x + y)_R = 0.12556 \times 10^{-3}.$$

对于具有双精度累加器的计算机,这样的浮点运算是可以做到的.

据(6.11)和(6.16)式,我们立即得到下面的定理.

定理 1

$$fl(x + y) = (x + y)(1 + \varepsilon_1), \tag{6.17}$$

$$fl(x - y) = (x - y)(1 + \varepsilon_2), \tag{6.18}$$

$$fl(x \times y) = x \times y(1 + \varepsilon_3), \tag{6.19}$$

$$fl(x/y) = (x/y)(1 + \varepsilon_4), \tag{6.20}$$

其中

$$|\varepsilon_i| = \text{eps}, \quad i = 1,2,3,4,$$

$$\text{eps} = \begin{cases} 5 \times 10^{-t} & (\text{十进制系统}); \\ 2^{-t} & (\text{二进制系统}). \end{cases}$$

下面讨论更复杂的浮点运算的误差界.

对于上述浮点运算,通常的运算律一般也不再成立.例如,设 $t=5$,以及

$$x = -0.56751 \times 10^2,$$

$$y = 0.56786 \times 10^2,$$

$$z = 0.23124 \times 10^{-2},$$

则

$$\begin{aligned} fl(fl(x + y) + z) &= fl(0.35000 \times 10^{-1} + 0.23124 \times 10^{-2}) \\ &= 0.37312 \times 10^{-1}, \end{aligned}$$

但

$$\begin{aligned} fl(x + fl(y + z)) &= fl(-0.56751 \times 10^2 + 0.56788 \times 10^2) \\ &= 0.37000 \times 10^{-1}. \end{aligned}$$

三个数 x,y,z 的和的准确值是

$$x + y + z = 0.373124 \times 10^{-1}.$$

可见,$fl(fl(x+y)+z)$较 $fl(x+fl(y+z))$精确,其原因是数 y 与 z 的阶数相差较大,计算 $fl(y+z)$时,z 的尾数被截去好多(亦参见例 5).因此在做三个以上的数的加法运算时,需要考虑相加的两个同号数的阶数应尽量接近.

现在,我们定义

$$fl(x + y + z) = fl(fl(x + y) + z).$$

据(6.17)式,有

$$
\begin{aligned}
fl(x+y+z) &= fl((x+y)(1+\varepsilon_1)+z) \\
&= ((x+y)(1+\varepsilon_1)+z)(1+\varepsilon_2) \\
&= (x+y)(1+\varepsilon_1)(1+\varepsilon_2)+z(1+\varepsilon_2),
\end{aligned}
\tag{6.21}
$$

其中 $|\varepsilon_i| = \text{eps}, i=1,2$. 类似地,

$$
\begin{aligned}
fl(\sum_{i=1}^{3} x_i \times y_i) &= fl(x_1 \times y_1 + x_2 \times y_2 + x_3 \times y_3) \\
&= fl(fl(x_1 \times y_1) + fl(x_2 \times y_2) + fl(x_3 \times y_3)) \\
&= fl((x_1 \times y_1)(1+\varepsilon_1) + (x_2 \times y_2)(1+\varepsilon_2) + (x_3 \times y_3)(1+\varepsilon_3)) \\
&= (((x_1 \times y_1)(1+\varepsilon_1) + (x_2 \times y_2)(1+\varepsilon_2))(1+\varepsilon_4) \\
&\quad + (x_3 \times y_3)(1+\varepsilon_3))(1+\varepsilon_5) \\
&= (x_1 \times y_1)(1+\varepsilon_1)(1+\varepsilon_4)(1+\varepsilon_5) + (x_2 \times y_2)(1+\varepsilon_2) \\
&\quad \times (1+\varepsilon_4)(1+\varepsilon_5) + (x_3 \times y_3)(1+\varepsilon_3)(1+\varepsilon_5),
\end{aligned}
\tag{6.22}
$$

其中 $|\varepsilon_i| \leqslant \text{eps}, i=1,2,3,4,5$.

上面出现了 $\prod(1+\varepsilon_i)$ 的乘积形式,为了估计这些乘积,我们先来证明下面的引理.

引理　若 $|\varepsilon_i| \leqslant \text{eps}(i=1,2,\cdots,n)$,且 $n \cdot \text{eps} \leqslant 0.01$,则

$$
1-n \cdot \text{eps} \leqslant \prod_{i=1}^{n}(1+\varepsilon_i) \leqslant 1+1.01n \cdot \text{eps}, \tag{6.23}
$$

其中

$$
\text{eps} = \begin{cases} 5 \times 10^{-t} & (\text{十进制系统}); \\ 2^{-t} & (\text{二进制系统}). \end{cases}
$$

(6.23)式还可改写成

$$
\prod_{i=1}^{n}(1+\varepsilon_i) = 1+1.01n \cdot \theta \cdot \text{eps}, \quad |\theta| \leqslant 1. \tag{6.24}
$$

证明　由假设 $|\varepsilon_i| \leqslant \text{eps}$ 有

$$
(1-\text{eps})^n \leqslant \prod_{i=1}^{n}(1+\varepsilon_i) \leqslant (1+\text{eps})^n. \tag{6.25}
$$

对函数 $(1-x)^n$ 作 Taylor 展开,则有

$$
(1-x)^n = 1-nx+\frac{n(n-1)}{2}(1-\theta x)x^2 \geqslant 1-nx. \tag{6.26}
$$

由(6.25)的左边不等式及(6.26)式,便证得(6.23)的左边不等式.

又由于

$$
\begin{aligned}
e^x &= 1 + x + \frac{x^2}{2!} + \frac{x^3}{3!} + \cdots \\
&= 1 + x + \frac{x}{2}x\left(1 + \frac{x}{3} + \frac{2x^2}{4!} + \cdots\right),
\end{aligned}
$$

当 $0 \leqslant x \leqslant 0.01$ 时,有

$$
1 + x \leqslant e^x \leqslant 1 + x + \frac{0.01}{2}xe^{0.01} \leqslant 1 + 1.01x,
$$

于是有

$$
(1+\mathrm{eps})^n \leqslant e^{n\cdot\mathrm{eps}} \leqslant 1 + 1.01n\cdot\mathrm{eps}. \tag{6.27}
$$

由(6.25)的右边不等式和(6.27)式,便证得(6.23)的右边不等式.

用归纳法不难证明下面的定理.

定理 2 若 $n\cdot\mathrm{eps} \leqslant 0.01$,则

$$
fl\left(\sum_{i=1}^{n} x_i \times y_i\right) = x_1y_1(1 + 1.01n\theta_1\mathrm{eps}) + \sum_{i=2}^{n} x_iy_i(1 + 1.01(n+2-i)\theta_i\mathrm{eps}), \tag{6.28}
$$

其中 $|\theta_i| \leqslant 1, i = 1,2,\cdots,n$.

上面的误差分析的一个特点是,将初始数据的实际浮点运算归结为初始近似数据的精确数学运算.例如

$$
fl(x+y) = (x+y)(1+\varepsilon) = x(1+\varepsilon) + y(1+\varepsilon),
$$

x 和 y 的浮点加法运算,看作对 $x(1+\varepsilon)$ 和 $y(1+\varepsilon)$ 的精确的数学运算,从而将计算过程的误差归结为初始数据的误差,这种误差分析方法称为**向后误差分析**.如果是直接估计计算结果与精确结果之间的误差,则称为**向前误差分析**,就上例则要估计

$$
|fl(x+y) - (x+y)|
$$

的界.

习 题 1

1. 应用梯形公式

$$
T = \frac{b-a}{2}(f(a) + f(b))
$$

计算积分

$$
I = \int_0^1 e^{-x}\mathrm{d}x
$$

的近似值,在整个计算过程中按四舍五入规则取五位小数.计算中产生的误差的主要原因是离散或是舍入?为什么?

2. 下列各数是由准确值经四舍五入得到的近似值.试分别指出它们的绝对误差界,相对误

差界以及有效数字的位数：

(1) $\bar{x}_1=0.0425$；　(2) $\bar{x}_2=0.4015$；

(3) $\bar{x}_3=32.50$；　(4) $\bar{x}_4=4000$.

3. 设$\bar{x}=23.3123$，$\bar{y}=23.3122$，且$|e_{\bar{x}}|\leqslant\frac{1}{2}\times10^{-4}$. $|e_{\bar{y}}|\leqslant\frac{1}{2}\times10^{-4}$. 问差$\bar{x}-\bar{y}$最多有几位有效数字？

4. 设序列$\{y_n\}$满足递推关系式：

$$y_n = y_{n-1}-\sqrt{2}, n = 1,2,\cdots,$$

其中 $y_0=1$. 若取$\sqrt{2}\simeq1.4142$，则计算 y_{10}会有多大误差？

5. 设序列$\{y\}$满足关系式：

$$y_n = 10y_{n-1}, n = 1,2,\cdots.$$

若 $y_0=\sqrt{2}\simeq1.4142$，则计算 y_{10}会有多大误差？

6. 说明，对于大的 x 值计算$\sqrt{x+1}-\sqrt{x}$时，用等价公式

$$\frac{1}{\sqrt{x+1}+\sqrt{x}}$$

来计算，其结果的精确度较高. 并以$\sqrt{201}\simeq14.18$，$\sqrt{200}\simeq14.14$ 按两种公式计算$\sqrt{201}-\sqrt{200}$，并同精确结果进行比较.

7. 证明，若 $y=f(x)=\sqrt{x}$，且$|e_{\bar{x}}|$很小，则相对误差 $r_{\bar{y}}$ 可以近似地表示成

$$r_{\bar{y}} = \frac{1}{2}r_{\bar{x}}.$$

8. 当 $x(>0)$很大时，如何计算

(1) $\arctan(x+1)-\arctan x$；

(2) $\ln(x-\sqrt{x^2-1})$；

(3) $\dfrac{\sin x}{x-\sqrt{x^2-1}}$，

可使其误差较小？

9. 试计算方程

$$x^2 + 62.10x + 1 = 0$$

的两个根($x_1=-0.0161072\cdots$，$x_2=-62.08390\cdots$)，整个计算过程中取四位小数. 要求所求得近似根尽可能精确.

10. 在 $p=10$，$t=4$，$L=U=5$ 的舍入(或断位)的假想计算机上，将下列实数写成相应的规格化浮点数：

(1) -204.46；　(2)0.0093；　(3) 12345；　(4) 1.2345；

(5) $52\frac{1}{3}$；　(6) $52\frac{2}{3}$；　(7) 654321；　(8) 0.00035×10^{-3}.

11. 证明，规格化浮点数系 F 中共有

$$2(p-1)p^{t-1}(L+U+1)+1$$

个浮点数.

12. 假设在 $p=10, t=4, L=U=5$ 的假想断位计算机上作浮点运算. 设 $x=0.8245\times 10^{-4}, y=0.9232\times 10^{-3}$, 求 $x\oplus y$ 和 $x\ominus y$.

13. 设字长 $t=8$ 以及

$$x = 0.23371258\times 10^{-4},$$
$$y = 0.33678429\times 10^{2},$$
$$z = -0.33677811\times 10^{2}.$$

求 $fl(fl(x+y)+z), fl(x+fl(y+z))$ 和 $x+y+z$.

14. 设 x 为形如(6.7)或(6.12)的实数, x_R 为形如(6.10)或(6.15)的 x 的近似值. 证明

$$x_R = \frac{x}{1+\varepsilon},$$

其中

$$|\varepsilon| \leqslant \text{eps},$$
$$\text{eps} = \begin{cases} 5\times 10^{-t} & (\text{十进制系统}); \\ 2^{-t} & (\text{二进制系统}). \end{cases}$$

第 2 章　解非线性方程的数值方法

2.1　迭代法的一般概念

在这一章中,我们将讨论求实函数方程

$$f(x) = 0 \tag{1.1}$$

的解的数值方法.方程 $f(x)=0$ 的解,通常称为方程的(实)根或函数 $f(x)$的零点.求非线性方程的根,除了一些特殊方程,如二次三项式方程,一般需要应用迭代法.所谓**迭代法**是从给定的一个或几个初始近似值(以后简称初始值)$x_0, x_1, \cdots, x_r$ 出发,按某种方法产生一个序列

$$x_0, x_1, \cdots, x_r, x_{r+1}, \cdots, x_k, \cdots, \tag{1.2}$$

称为**迭代序列**,使得此序列收敛于方程 $f(x)=0$ 的一个根 p,即

$$\lim_{k \to \infty} x_k = p.$$

这样,当 k 足够大时,取 x_k 作为 p 的一个近似值.

例如,求$\sqrt{3}$的问题可以化为求方程

$$x^2 - 3 = 0$$

的一个根.在第 1 章中提到,给定$\sqrt{3}$的一个初始值 $x_0(>0)$,我们可以由公式

$$x_k = \left(x_{k-1} + \frac{3}{x_{k-1}}\right)/2$$

产生一个序列

$$x_0, x_1, x_2, \cdots, x_k, \cdots.$$

对于迭代法,一般需要讨论的基本问题是,迭代法的构造,迭代序列的收敛性和收敛速度以及误差估计.

解方程 $f(x)=0$ 的一个迭代法产生的迭代序列$\{x_k\}$是否收敛于 $f(x)=0$ 的一个根 p,通常与初始近似值选取范围有关,若从任何可取的初始值出发都能保证收敛,则称之为**大范围收敛**.但若为了保证收敛性,必须选取初始值充分接近于所要求的根(解),则称它为**局部收敛**.

为了讨论收敛速度,我们先给出一种衡量它的标准——收敛阶数.假设一个迭代法收敛(局部或者大范围),$\lim\limits_{k \to \infty} x_k = p$,$p$ 是方程$f(x)=0$ 的一个解.令

$$e_k = x_k - p.$$

若存在实数 λ 和非零常数C,使得

$$\lim_{k\to\infty}\frac{|e_{k+1}|}{|e_k|^{\lambda}} = C, \tag{1.3}$$

则称该迭代法为 **λ 阶收敛**,或者说它的**收敛阶数**为 λ. 若 λ 为整数,则可将(1.3)式改写成

$$\lim_{k\to\infty}\frac{e_{k+1}}{e_k^{\lambda}} = C'. \tag{1.4}$$

λ 的大小反映了收敛速度的快慢. 若 $\lambda=1$,则说该迭代法是**线性收敛**的;若 $\lambda>1$,则说该迭代法为**超线性收敛**.

通常,局部收敛方法比大范围收敛方法收敛得更快. 因此,一个合理的算法是先用一种大范围收敛方法求得接近于根的近似值,再以其作为新的初始值使用局部收敛方法.

现在,假设一个迭代法收敛,即迭代序列 $\{x_k\}$ 收敛于方程 $f(x)=0$ 的一个解 p: $\lim\limits_{k\to\infty}x_k=p$,那么当 k 足够大时,如 $k=n$,我们则可以取 $p\simeq x_n$. 究竟取多大的 n 方能达到所需的精确度要求? 这就要求我们给出迭代法的迭代终止准则. 通常有下面一些迭代终止准则.

(1) 若 $|f(x_n)|<TOL$(误差容限),则在第 n 步终止迭代,取 $p\simeq x_n$. 这个终止准则的一个缺点是,有可能出现 $f(x_n)$ 很接近于零,但 x_n 与解 p 相差很大. 例如,方程 $f(x)=(x-1)^{10}=0$ 的一个解是 $p=1$. 令

$$x_k = 1+\frac{1}{k},\quad k=1,2,\cdots,$$

则有 $\lim\limits_{k\to\infty}x_k=1$. 当 $k>1$ 时,$|f(x_k)|<10^{-3}$. 但要 $|x_k-1|<10^{-3}$,则必须 $k>1000$.

(2) 若 $|x_n-x_{n-1}|<TOL$,则终止迭代,并取 $p\simeq x_n$. 它的缺点是,可能出现 x_n 与 x_{n-1} 很接近但 x_n 与解 p 相距甚远. 但为计算方便,在后面的习题中,要求近似解 x_n 精确到小数点第 p 位指的是 $|x_n-x_{n-1}|<10^{-p}$.

(3) 若 $\dfrac{|x_n-x_{n-1}|}{|x_n|}<TOL$, $x_n\neq 0$,则终止迭代,并取 $p\simeq x_n$.

在实际应用迭代法解方程 $f(x)=0$ 时,应根据 $f(x)$ 的性质和实际精度要求来选择上述迭代终止准则,并且给出最大迭代次数以避免无限循环迭代下去.

2.2 区间分半法

解非线性方程

$$f(x) = 0 \tag{2.1}$$

的一种直观而又简单的迭代法是建立在介值定理上,称之为**二分法**或**区间分半法**.设函数 $f(x)$在区间$[a,b]$上连续,且 $f(a)f(b)<0$.据介值定理推论(零点定理)知,方程 $f(x)=0$ 在区间$[a,b]$内至少有一个根.记$[a,b]=[a_1,b_1]$,设 p_1 为区间$[a_1,b_1]$的中点:

$$p_1=\frac{a_1+b_1}{2}.$$

若$|f(p_1)|<\delta$,δ 是予先给定的足够小的量,则 p_1 是所要求的方程 $f(x)=0$ 的一个根的近似值.若$|f(p_1)|\geqslant\delta$,且 $f(p_1)f(b_1)<0$,则区间$[p_1,b_1]$内至少有方程 $f(x)=0$ 的一个根,令 $a_2=p_1,b_2=b_1$;若 $f(p_1)f(b_1)>0$,则区间$[a_1,p_1]$内至少有 $f(x)=0$ 的一个根,令 $a_2=a_1,b_2=p_1$.因此,可继续将区间$[a_2,b_2]$分半,即将$[p_1,b_1]$或$[a_1,p_1]$分半,得中点

$$p_2=\frac{a_2+b_2}{2},$$

即

$$p_2=\frac{p_1+b_1}{2}\ \text{或}\ p_2=\frac{a_1+p_1}{2}.$$

如此继续,可得到序列

$$p_1,p_2,\cdots,p_n,\cdots.$$

当区间中点的函数值的绝对值小于误差容限 δ 或区间长度小于容限 ε 时,过程终止.最后区间的中点便作为方程 $f(x)=0$ 的一个根的近似.

下面给出区间分半法求方程 $f(x)=0$ 的近似根的一种算法.

算法 2.1　假设 $f(x)$是区间$[a,b]$上的连续函数,$f(a)f(b)<0$,求 $f(x)=0$ 的一个解.

输入　端点 a,b;容限 $TOL1,TOL2$;最大迭代次数 m.

输出　近似解 p 或失败信息.

step 1　对 $n=1,\cdots,m$ 做 step 2～4.

　step 2　$p\leftarrow(a+b)/2$.

　step 3　若$|f(p)|<TOL1$ 或$(b-a)/2<TOL2$,则输出(p),停机.

　step 4　若 $f(p)f(b)<0$,则 $a\leftarrow p$,否则 $b\leftarrow p$.

step 5　输出(‘Method failed’);

停机.

假设函数 $f(x)$在区间$[a,b]$上连续,且两个端点处函数值 $f(a),f(b)$异号.不难看出,区间分半法产生的序列必收敛于方程 $f(x)=0$ 的一个根 p.因此,它是大范围收敛的.并且,得到的序列

$$p_1,p_2,\cdots,p_n,\cdots$$

有误差估计式

$$|p_n - p| \leqslant \frac{1}{2^n}(b-a). \tag{2.2}$$

这是一个先验的绝对误差界.若令 ε 表示预先给定的绝对误差容限,要求 $|p_n - p| < \varepsilon$,则只要

$$\frac{1}{2^n}(b-a) < \varepsilon,$$

即

$$2^n > \frac{b-a}{\varepsilon}.$$

两边取对数得

$$n > \frac{\lg \frac{(b-a)}{\varepsilon}}{\lg 2}. \tag{2.3}$$

于是,可取 n 为大于 $\left(\lg \frac{b-a}{\varepsilon}\right)/\lg 2$ 的最小整数.这就给我们提供了一个迭代终止准则.我们可以在第 n 步终止迭代.

例 设 $f(x)=x^3-x-1$.由于 $f(x)$连续,且 $f(1)f(2)=(-1)\times 5<0$,因此 $f(x)$在区间$[1,2]$内至少有一个根.又因

$$f'(x) = 3x^2 - 1 > 0, \quad x \in (1,2),$$

从而 $f(x)$在$(1,2)$中单调增加,故 $f(x)$在$(1,2)$内有唯一根 p.

我们用区间分半法来求根 p 的近似值,要求根 p 的近似值的绝对误差不超过 10^{-4}.由于

$$|p_n - p| \leqslant \frac{b-a}{2^n} = \frac{2-1}{2^n} = \frac{1}{2^n},$$

因此要使 $|p_n - p| < 10^{-4}$,只要

$$\frac{1}{2^n} < 10^{-4},$$

即

$$2^n > 10^4.$$

两边取对数得

$$n > \frac{\lg 10^4}{\lg 2} \simeq 13.3.$$

因此,取 $n \geqslant 14$ 时,可使 $|p_n - p| < 10^{-4}$.用区间分半法迭代 14 次得结果见表 2.1.

表 2.1

n	a_n	b_n	p_n	$f(p_n)$
1	1	2	1.5	0.875
2	1	1.5	1.25	−0.297
3	1.25	1.5	1.375	0.2246
4	1.25	1.375	1.3125	−0.0515
5	1.3125	1.375	1.34375	0.0826
6	1.3125	1.34375	1.328125	0.01458
7	1.3125	1.328125	1.3203125	−0.0187
8	1.3203125	1.328125	1.32421875	−0.023
9	1.32421875	1.328125	1.326171875	6.2×10^{-3}
10	1.32421875	1.326171875	1.325195312	2.04×10^{-3}
11	1.32421875	1.325195312	1.324707031	-4.7×10^{-5}
12	1.324707031	1.325195312	1.324951171	9.95×10^{-4}
13	1.324707031	1.324951171	1.324829101	4.74×10^{-4}
14	1.324707031	1.324829101	1.324768066	1.5×10^{-4}

使用区间分半法求方程的根时，从其误差估计式看出，近似解的误差下降速度不快.但此方法比较简单，且安全可靠.在实际应用中，这个方法可以用来求根的初始近似值.

2.3　不动点迭代和加速迭代收敛

2.3.1　不动点迭代法

解非线性方程

$$f(x)=0 \tag{3.1}$$

的问题，常常将它化为解等价方程

$$x=g(x). \tag{3.2}$$

方程(3.2)的根又称为函数 g 的**不动点**.

例 1　方程

$$f(x)=x^3+2x^2-4=0 \tag{3.3}$$

在区间[1,2]中有唯一根.我们可以用不同方法将它化为方程：

(1) $x=g_1(x)=x-x^3-2x^2+4$;

(2) $x=g_2(x)=\left[2\left(\dfrac{2}{x}-x\right)\right]^{\frac{1}{2}}$;

(3) $x=g_3(x)=\left(2-\dfrac{x^3}{2}\right)^{\frac{1}{2}}$;

(4) $x=g_4(x)=2\left(\frac{1}{2+x}\right)^{\frac{1}{2}}$;

(5) $x=g_5(x)=x-\frac{x^3+2x^2-4}{3x^2+4x}$,

等等.

为了求 g 的不动点,我们选取一个初始近似值 x_0,令

$$x_k=g(x_{k-1}),\quad k=1,2,\cdots \tag{3.4}$$

以产生序列$\{x_k\}$.这一类迭代法称为**不动点迭代法**,或 **Picard 迭代**. $g(x)$又称为**迭代函数**.显然,若 $g(x)$连续,且$\lim\limits_{k\to\infty}x_k=p$,则 p 是g 的一个不动点.因此,p 必为方程(3.1)的一个解.

算法 2.2 用不动点迭代求方程 $x=g(x)$的一个解.

输入 初始值 x_0;误差容限 TOL;最大迭代次数 m.

输出 近似解 p 或失败信息.

stpe 1 对 $k=1,2,\cdots,m$ 做 step 2~3.

stpe 2 $p\leftarrow g(x_0)$.

stpe 3 若$|p-x_0|<TOL$,则输出(p);停机,否则 $x_0\leftarrow p$.

stpe 4 输出('Method failed');

停机.

在第 3 步中,迭代终止准则可用

$$\frac{|p-x_0|}{|p|}<TOL.$$

例 2 就方程(3.3),取初始值 $x_0=1.5$,对 $g(x)$的五种选择应用迭代公式(3.4)计算得结果见表 2.2.

表 2.2

k	$x_k=g_1(x_{k-1})$	$x_k=g_2(x_{k-1})$	$x_k=g_3(x_{k-1})$	$x_k=g_4(x_{k-1})$	$x_k=g_5(x_{k-1})$
1	-2.375	$(-0.333)^{\frac{1}{2}}$	0.559016994	1.069044968	1.196078431
2	-72.56		1.382987200	1.141637878	1.133020531
3	3.7×10^5		0.823050593	1.128371045	1.130399871
4	-5.1×10^{16}		1.311955682	1.130761119	1.130395435
5			0.933227069	1.130329416	1.130395435
6			1.262386754	1.130407355	
7			0.997054366	1.130393283	
8			1.226542069	1.130395823	

续表

k	$x_k=g_1(x_{k-1})$	$x_k=g_2(x_{k-1})$	$x_k=g_3(x_{k-1})$	$x_k=g_4(x_{k-1})$	$x_k=g_5(x_{k-1})$
9			1.037974814	1.130395365	
10			1.200352976	1.130395447	
11			1.065475174	1.130395432	
12			1.181192785	1.130395435	
13			1.084430833	1.130395435	
29			1.127222584		
30			1.133074649		
31			1.128116321		
32			1.132322124		
33			1.128758022		
49			1.130278922		
50			1.130494200		
89			1.130395277		
90			1.130395569		
109			1.130395429		
110			1.13039440		
119			1.130395434		
120			1.130395436		

从表2.2看到,选取迭代函数为 $g_4(x)$,$g_5(x)$,分别迭代12次和4次得到方程的近似根1.130395435.若选取 $g_3(x)$作为迭代函数,则 k 为奇数时迭代子序列单调增加,k 为偶数时迭代子序列单调减小,迭代120次方能得到近似根1.130395436.若选取 $g_1(x)$作为迭代函数,则迭代序列不收敛.选取 $g_2(x)$为迭代函数,出现负数开方,因而无法继续进行迭代.

这个例子说明,我们选择迭代函数的基本原则是,首先必须保证Picard迭代产生的迭代序列 $x_0,x_1,\cdots,x_k,\cdots$在 $g(x)$的定义域中,以使迭代过程不致于中断;其次要求迭代序列$\{x_k\}$收敛且尽可能收敛得快.

定理1　假设 $g(x)$为定义在有限区间$[a,b]$上的一个实函数,它满足下列条件:

(Ⅰ) $g(x)\in[a,b]$, $\forall x\in[a,b]$;

(Ⅱ) Lipschitz条件,且Lipschitz常数 $L<1$,即存在正常数 $L<1$,使得

$$|g(x)-g(y)|\leqslant L|x-y|,\quad \forall x,y\in[a,b],\tag{3.5}$$

那么对任意的初始值 $x_0\in[a,b]$,由Picard迭代式(3.4)产生的序列都收敛于 g 的唯一不动点 p,并且有误差估计式

$$|e_k| \leqslant \frac{L^k}{1-L}|x_1 - x_0|, \tag{3.6}$$

其中

$$e_k = x_k - p.$$

证明 首先证明 g 的不动点存在且唯一.令

$$h(x) = x - g(x).$$

据条件(Ⅰ)知

$$h(a) = a - g(a) \leqslant 0,$$
$$h(b) = b - g(b) \geqslant 0.$$

又据条件(Ⅱ)知,$g(x)$在$[a,b]$上连续,从而 $h(x)$在$[a,b]$上也连续.因此,方程 $h(x)=0$ 在$[a,b]$上至少有一个根,而且,方程 $h(x)=0$ 在$[a,b]$上只能有一个根.否则,假设存在两个根 $p,p_1,p\neq p_1$,则因

$$p = g(p), \quad p_1 = g(p_1),$$

从而有

$$|g(p_1) - g(p)| = |p_1 - p|,$$

这与假设条件(Ⅱ)相矛盾,因此 $p_1 = p$.

其次证明$\{x_k\}$收敛于 p.据条件(Ⅰ),$x_k \in [a,b]$,$k=0,1,2,\cdots$,因此 Picard 迭代过程不会中断.由(3.4)式有

$$x_k - p = g(x_{k-1}) - g(p).$$

据条件式(3.5)

$$|x_k - p| = |g(x_{k-1}) - g(p)| \leqslant L|x_{k-1} - p| \leqslant \cdots \leqslant L^k|x_0 - p|.$$

因为 $0<L<1$,所以

$$\lim_{k\to\infty}|x_k - p| = 0,$$

即

$$\lim_{k\to\infty} x_k = p.$$

最后,推导估计式(3.6).由于

$$x_{k+m} - x_k = \sum_{j=0}^{m-1}(x_{k+j+1} - x_{k+j}),$$

且据条件(3.5)有

$$\begin{aligned} |x_{k+j+1} - x_{k+j}| &= |g(x_{k+j}) - g(x_{k+j-1})| \\ &\leqslant L|x_{k+j} - x_{k+j-1}| \\ &\leqslant \cdots \leqslant L^{k+j}|x_1 - x_0|, \end{aligned}$$

$$|x_{k+m} - x_k| \leqslant \sum_{j=0}^{m-1}|x_{k+j+1} - x_{k+j}|$$

$$\begin{aligned}&\leqslant\sum_{j=0}^{m-1}L^{k+j}\mid x_1-x_0\mid\\&=\frac{L^k(1-L^m)}{1-L}\mid x_1-x_0\mid\\&\leqslant\frac{L^k}{1-L}\mid x_1-x_0\mid.\end{aligned}$$

在上式中令 $m\to\infty$,得

$$\mid e_k\mid=\mid x_k-p\mid\leqslant\frac{L^k}{1-L}\mid x_1-x_0\mid.$$

定理得证.

由于

$$\begin{aligned}\mid x_{k+m}-x_k\mid&\leqslant\sum_{j=0}^{m-1}\mid x_{k+j+1}-x_{k+j}\mid\\&\leqslant(L^m+L^{m-1}+\cdots+L)\mid x_k-x_{k-1}\mid\\&=\frac{L(1-L^m)}{1-L}\mid x_k-x_{k-1}\mid,\end{aligned}$$

令 $m\to\infty$,可得另一个估计式:

$$\mid p-x_k\mid\leqslant\frac{L}{1-L}\mid x_k-x_{k-1}\mid.\tag{3.7}$$

推论　若将定理 1 中的条件(Ⅱ)改为 $g(x)$ 的导数 $g'(x)$ 在 $[a,b]$ 上有界,且

$$\mid g'(x)\mid\leqslant L<1,\quad\forall x\in[a,b],$$

则定理结论仍然成立.

例 3　讨论例 1 及例 2 中迭代过程(3)和(4)的收敛性. 为使解的近似值的误差不超过 10^{-8},试确定迭代次数.

解　对于迭代过程(3),迭代函数为

$$g_3(x)=\left(2-\frac{x^3}{2}\right)^{\frac{1}{2}}.$$

由于

$$g_3'(x)=-\frac{3}{4}\left(2-\frac{x^3}{2}\right)^{-\frac{1}{2}}x^2<0,\quad x\in[0.5,1.5],$$

因此 $g_3(x)$ 在 $[0.5,1.5]$ 上单调减小. 而

$$\min_{x\in[0.5,1.5]}g_3(x)=g_3(1.5)\simeq0.559,$$

$$\max_{x\in[0.5,1.5]}g_3(x)=g_3(0.5)\simeq1.399,$$

于是,当 $x\in[0.5,1.5]$时,$g_3(x)\in[0.5,1.5]$.但

$$g''_3(x)=-\frac{3}{4}\left(2-\frac{x^3}{2}\right)^{-\frac{3}{2}}x\left(\frac{3}{4}x^3-x^2+4\right)<0,\quad x\in[0.5,1.5],$$

$g'_3(x)$在$[0.5,1.5]$上单调减小,因此

$$\begin{aligned}\max_{x\in[0.5,1.5]}|g'_3(x)|&=\max\{|g'_3(0.5)|,|g'_3(1.5)|\}\\&=|g'_3(1.5)|\simeq 3.019.\end{aligned}$$

定理 1 的推论中,条件(Ⅱ)不成立.从表 2.2 看到,取 $x_{30}=1.133074649$ 作为初始值 x_0,$x_{31}=1.128116321$ 作为 x_1.当 $x\in[x_{31},x_{30}]$时,$x_{31},x_{32}\in[x_{31},x_{30}]$,从而 $g_3(x)\in[x_{31},x_{30}]$.又由于

$$\begin{aligned}|g'_3(x)|&\leqslant\max_{x\in[x_{31},x_{30}]}|g'_3(x)|\\&=\max\{|g'_3(x_{31})|,|g'_3(x_{30})|\}\\&=|g'_3(x_{30})|\simeq 0.853541077=L<1,\end{aligned}$$

因此定理 1 推论的条件成立.故迭代过程收敛(由 $x_k=g_3(x_{k-1})$产生的序列$\{x_k\}$收敛于 $x=g_3(x)$即 $x^3+2x^2-4=0$ 在$[1,2]$中的唯一解 p).为使解 p 的近似值 x_k 的误差不超过 10^{-8},根据误差估计式(3.6)

$$|x_k-p|\leqslant\frac{L^k}{1-L}|x_1-x_0|,$$

只要

$$\frac{L^k}{1-L}|x_1-x_0|<10^{-8}.$$

因此,k 应取为

$$\begin{aligned}k&>\frac{\lg 10^{-8}-\lg\dfrac{|x_1-x_0|}{1-L}}{\lg L}\\&\simeq\frac{-8-\lg\left(\dfrac{1.133074649-1.128116321}{0.146458923}\right)}{\lg 0.853541077}\\&\simeq 137.69977.\end{aligned}$$

取 $k=138$.于是迭代 $138+30=168$ 次必可使近似解的误差不超过 10^{-8}.实际上,从表 2.2 看到,只要迭代 110 次便可达到所要求的精确度.(3.6)式右端是最大可能误差界.就本例来说,估计的迭代次数偏大了.

对于迭代过程(4),迭代函数为

$$g_4(x) = 2\left(\frac{1}{2+x}\right)^{\frac{1}{2}}.$$

由于

$$g_4'(x) = -(2+x)^{-\frac{3}{2}} < 0, \quad x \in [1,2],$$

因此 $g_4(x)$在$[1,2]$上单调减小. 当 $x\in[1,2]$时,

$$1 = g_4(2) \leqslant g_4(x) \leqslant g_4(1) = \frac{2\sqrt{3}}{3},$$

即有 $g(x)\in[1,2]$. 又因

$$|g_4'(x)| = (2+x)^{-\frac{3}{2}} \leqslant (2+1)^{-\frac{3}{2}}$$
$$\simeq 0.192450089 = L < 1, \quad x \in [1,2],$$

因此 $g_4(x)$满足定理1的推论中的条件. 故由 $x_k = g_4(x_{k-1})$产生的序列$\{x_k\}$收敛于方程 $x = g_4(x)$的唯一解 p. 为使解 p 的近似值x_k 的误差不超过 10^{-8},迭代次数 k 应取

$$k > \frac{\lg 10^{-8} - \lg\dfrac{|x_1 - x_0|}{1-L}}{\lg L}$$
$$= \frac{-8 - \lg\left(\dfrac{1.5 - 1.069044968}{0.807549911}\right)}{\lg 0.192450089} \simeq 11.56.$$

于是,可取 $k=12$. 实际迭代11次可使 x_{11}的误差不超过 10^{-8}.

定理2　在定理1的假设条件下,再设 $g(x)$在区间$[a,b]$上为 $m(\geqslant 2)$次连续可微,且在方程(3.2)的根 p 处,

$$g^{(j)}(p) = 0, \quad j = 1,\cdots,m-1, \quad g^{(m)}(p) \neq 0,$$

则 Picard 迭代为 m 阶收敛.

证明　据定理1知,Picard 迭代序列$\{x_k\}$收敛于方程(3.2)的根 p. 由于

$$e_{k+1} = x_{k+1} - p = g(x_k) - g(p) = g(p + e_k) - g(p).$$

据 Taylor 公式和定理条件有

$$e_{k+1} = g'(p)e_k + \frac{1}{2!}g''(p)e_k^2 + \cdots + \frac{1}{(m-1)!}g^{(m-1)}(p)e_k^{m-1}$$
$$+ \frac{1}{m!}g^{(m)}(p + \theta_k e_k)e_k^m$$
$$= \frac{1}{m!}g^{(m)}(p + \theta_k e_k)e_k^m,$$

其中 $0<\theta_k<1$. 易知,对充分大的 k,若 $e_{k-1}\neq 0$,则 $e_i\neq 0(i=k,k+1,\cdots)$,从而

$$\lim_{k\to\infty}\frac{e_{k+1}}{e_k^m}=\frac{1}{m!}g^{(m)}(p).$$

故证得 Picard 迭代为 m 阶收敛.

关于 Picard 迭代,还有下面的局部收敛性定理.

定理 3 设 p 是方程(3.2)的一个根,$g(x)$在 p 的某邻域内为 m 次连续可微,且

$$g^{(j)}(p)=0,\quad j=1,\cdots,m-1,\quad g^{(m)}(p)\neq 0\quad (m\geqslant 2),$$

则当初始值 x_0 充分接近于 p 时(存在正数 r,对一切 $x_0\in[p-r,p+r]$),Picard 迭代序列$\{x_k\}$收敛于 p,且收敛阶数为 m.

证明 由于假设 $g'(x)$在 p 的某邻域内连续,且 $g'(p)=0$,据连续函数的性质知,必存在 $r>0$,使得对一切 $x\in[p-r,p+r]$,有

$$|g'(x)|\leqslant L<1.$$

又据中值定理,有

$$g(x)-g(p)=g'(\xi)(x-p),$$

ξ 在 x 与 p 之间,从而

$$|g(x)-g(p)|=|g'(\xi)||x-p|<|x-p|\leqslant r,$$

即

$$|g(x)-p|<r.$$

故当 $x\in[p-r,p+r]$时,$g(x)\in[p-r,p+r]$. 据定理 1 的推论和定理 2 知,对一切 $x_0\in[p-r,p+r]$,Picard 迭代收敛,且收敛阶数为 m.

2.3.2 加速迭代收敛方法

一个收敛的迭代过程将产生一个收敛的序列 $x_1,x_2,\cdots,x_n,\cdots$. 假设$\lim\limits_{n\to\infty}x_n=p$,则迭代足够多次,即 n 充分大时,可取 $p\simeq x_n$. 但若迭代过程收敛缓慢,则会使计算量变得很大,因此常常要考虑加速收敛过程.

假设一个序列$\{x_n\}$:$x_0,x_1,x_2,\cdots,x_n,\cdots$线性收敛于 p,则有

$$\lim_{n\to\infty}\frac{x_{n+1}-p}{x_n-p}=\lambda\qquad(\lambda\neq 0),$$

从而当 n 足够大时,有

$$\frac{x_{n+1}-p}{x_n-p}\simeq\frac{x_{n+2}-p}{x_{n+1}-p}.$$

于是,我们有

$$(x_{n+1}-p)^2\simeq(x_{n+2}-p)(x_n-p),$$

即

$$x_{n+1}^2 - 2x_{n+1}p + p^2 \simeq x_{n+2}x_n - (x_n + x_{n+2})p + p^2.$$

消去上式两端 p^2 项,解得

$$\begin{aligned} p &\simeq \frac{x_{n+2}x_n - x_{n+1}^2}{x_{n+2} - 2x_{n+1} + x_n} \\ &= \frac{x_n^2 + x_n x_{n+2} - 2x_n x_{n+1} + 2x_n x_{n+1} - x_n^2 - x_{n+1}^2}{x_{n+2} - 2x_{n+1} + x_n} \\ &= x_n - \frac{(x_{n+1} - x_n)^2}{x_{n+2} - 2x_{n+1} + x_n}. \end{aligned}$$

定义

$$\tilde{x}_{n+1} = x_n - \frac{(x_{n+1} - x_n)^2}{x_{n+2} - 2x_{n+1} + x_n}, \quad n = 0,1,2,\cdots. \tag{3.8}$$

(3.8)称为 **Aitken(艾特肯)加速方法.**

Aitken 加速方法得到的序列$\{\tilde{x}_n\}$:$\tilde{x}_1, \tilde{x}_2, \cdots, \tilde{x}_n, \cdots$较原来的序列$\{x_n\}$更快地收敛于 p.

定理 4　设序列$\{x_n\}$线性收敛于 p,且对于所有足够大的 n 有$(x_n - p)\cdot(x_{n+1} - p) \neq 0$,则由 Aitken 加速方法(3.8)产生的序列$\{\tilde{x}_n\}$较$\{x_n\}$更快地收敛于 p,其含义是

$$\lim_{n\to\infty} \frac{\tilde{x}_{n+1} - p}{x_n - p} = 0.$$

证明　由假设序列$\{x_n\}$线性收敛于 p,即有

$$\lim_{n\to\infty} \frac{x_{n+1} - p}{x_n - p} = \lambda.$$

令

$$q_n = \frac{x_{n+1} - p}{x_n - p} - \lambda,$$

则有$\lim\limits_{n\to\infty} q_n = 0$, $\lim\limits_{n\to\infty} q_{n+1} = 0$. 据(3.8)式,

$$\begin{aligned} \frac{\tilde{x}_{n+1} - p}{x_n - p} &= \frac{1}{x_n - p}\left[x_n - \frac{(x_{n+1} - x_n)^2}{x_{n+2} - 2x_{n+1} + x_n} - p\right] \\ &= 1 - \frac{(x_{n+1} - x_n)^2}{(x_n - p)(x_{n+2} - 2x_{n+1} + x_n)} \\ &= 1 - \frac{[x_{n+1} - p - (x_n - p)]^2 (x_n - p)}{(x_n - p)^2 \cdot [x_{n+2} - p - 2(x_{n+1} - p) + x_n - p]} \end{aligned}$$

$$=1-\left[\frac{x_{n+1}-p}{x_n-p}-1\right]^2\cdot\frac{1}{\left[\frac{x_{n+2}-p}{x_{n+1}-p}\cdot\frac{x_{n+1}-p}{x_n-p}-2\frac{x_{n+1}-p}{x_n-p}+1\right]}$$

$$=1-(q_n+\lambda-1)^2\cdot\frac{1}{(q_{n+1}+\lambda)(q_n+\lambda)-2(q_n+\lambda)+1}.$$

因此有

$$\lim_{n\to\infty}\frac{\tilde{x}_{n+1}-p}{x_n-p}=1-\frac{(\lambda-1)^2}{\lambda^2-2\lambda+1}=0.$$

例 4 序列 $x_n=\cos\frac{1}{n}(n=1,2,\cdots)$收敛于 1. 由于

$$\lim_{n\to\infty}\frac{x_{n+1}-1}{x_n-1}=\lim_{n\to\infty}\frac{\cos\frac{1}{n+1}-1}{\cos\frac{1}{n}-1}=1,$$

因此$\{x_n\}$线性收敛于 1. 我们用 Aitken 加速方法计算得序列$\{\tilde{x}_n\}$的开头几项列表如下:

n	x_n	$\tilde{x}_n$
1	0.540302305	
2	0.877582561	0.961775060
3	0.944956946	0.982129353
4	0.968912421	0.989785512
5	0.980066577	0.993415650
6	0.986143231	

它确实比$\{x_n\}$更快地收敛于 1.

在第 4 章中我们将定义一阶前差 Δx_n:

$$\Delta x_n=x_{n+1}-x_n,\quad n=0,1,2,\cdots,$$

二阶前差 $\Delta^2 x_n$:

$$\begin{aligned}\Delta^2 x_n&=\Delta(\Delta x_n)\\&=x_{n+2}-2x_{n+1}+x_n,\quad n=0,1,2,\cdots.\end{aligned}$$

于是,Aitken 迭代公式(3.8)可改写成

$$\tilde{x}_{n+1}=x_n-\frac{(\Delta x_n)^2}{\Delta^2 x_n},\quad n=0,1,2,\cdots.\tag{3.9}$$

由于这个缘故,Aitken 加速方法又称为 **Aitken Δ^2 加速方法.**

Aitken 方法不管原序列$\{x_n\}$是怎样产生的,对$\{x_n\}$进行加速得到序列$\{\tilde{x}_n\}$.

下面介绍将 Aitken 加速技巧应用于不动点迭代得到的线性收敛序列,但不是直接应用于不动点迭代得到的序列.假设我们要解方程 $x=g(x)$,这个方法的迭代公式是

$$y_k = g(x_k), z_k = g(y_k),$$

$$x_{k+1} = x_k - \frac{(y_k - x_k)^2}{z_k - 2y_k + x_k}, \quad k = 0,1,2,\cdots. \tag{3.10}$$

(3.10)称为 **Steffensen(斯蒂芬森)迭代法**.

算法 2.3 用 Steffensen 迭代法求方程 $x=g(x)$的一个解.

输入 初始值 x_0;误差容限 TOL;最大迭代次数 m.

输出 近似解 p 或失败信息.

step 1 $p_0 \leftarrow x_0$.

step 2 对 $i=1,2,\cdots,m$ 做 step 3~4.

step 3 $y \leftarrow g(p_0)$;

$z \leftarrow g(y)$;

$$p \leftarrow p_0 - \frac{(y-y_0)^2}{z-2y+p_0}.$$

step 4 若$|p-p_0|<TOL$,则输出(p),停机;否则 $p_0 \leftarrow p$.

step 5 输出('Method failed');

停机.

例 5 应用 Steffensen 迭代法解例 1 的方程 $x^3+2x^2-4=0$.取不动点迭代函数

$$g(x) = \left(\frac{4}{2+x}\right)^{\frac{1}{2}}.$$

于是有迭代公式

$$y_k = \left(\frac{4}{2+x_k}\right)^{\frac{1}{2}}, \quad z_k = \left(\frac{4}{2+y_k}\right)^{\frac{1}{2}},$$

$$x_{k+1} = x_k - \frac{(y_k - x_k)^2}{z_k - 2y_k + x_k}, \quad k = 0,1,2,\cdots.$$

取初始值 $x_0=1.5$,计算结果如下:

k	x_k	y_k	z_k
0	1.5	1.069044968	1.141637878
1	1.131172677	1.130255129	1.130420768
2	1.130395439		

这里,第2步计算得结果与例2第11步计算得结果很接近,说明 Steffensen 迭代的收敛速度比没有加速的迭代快得多.

Steffensen 迭代法解方程 $x=g(x)$ 可以看成是另一种不动点迭代:

$$x_{k+1} = \varphi(x_k), \quad k = 0,1,2,\cdots,$$

其中迭代函数为

$$\varphi(x) = x - \frac{[g(x) - x]^2}{g(g(x)) - 2g(x) + x}.$$

关于 Steffensen 迭代法有下面的局部收敛性定理(参见[6]).

定理 5 假设方程 $x=g(x)$ 有解 p,且 $g'(p)\neq 1$.若存在一正数 r,使得对一切 $x\in[p-r,p+r]$(即 x 充分接近于 p)$g(x)$ 连续三次可微,则 Steffensen 迭代法对任一初始值 $x_0\in[p-r,p+r]$ 是二阶收敛的.

2.4 Newton-Raphson 方法

Newton-Raphson 方法(或简称 **Newton 法**)是解非线性方程

$$f(x)=0$$

的最著名的和最有效的数值方法之一.若初始值充分接近于根,则 Newton 法的收敛速度很快.

在不动点迭代中,用不同的方法构造迭代函数便得到不同的迭代法.现假设 $f'(x)\neq 0$,令

$$g(x) = x - \frac{f(x)}{f'(x)}, \tag{4.1}$$

则方程 $f(x)=0$ 和 $x=g(x)$ 是等价的.我们选取(4.1)为迭代函数.据(3.4)式,Picard 迭代为

$$x_{k+1} = x_k - \frac{f(x_k)}{f'(x_k)}, \quad k = 0,1,2,\cdots. \tag{4.2}$$

我们称(4.2)为 **Newton 迭代公式**,称 $\{x_k\}$ 为 **Newton 序列**.

算法 2.4 用 Newton 法求方程 $f(x)=0$ 的一个解.

输入 初始值 x_0;误差容限 TOL;最大迭代次数 m.

输出 近似解 p 或失败信息.

step 1 $p_0\leftarrow x_0$.

step 2 对 $i=1,2,\cdots,m$ 做 step 3~4.

  step 3 $p\leftarrow p_0 - f(p_0)/f'(p_0)$.

  step 4 若 $|p-p_0|<TOL$,则输出(p),停机,否则 $p_0\leftarrow p$.

step 5 输出('Method failed');

停机.

在第4步中的迭代终止准则可用

$$\frac{|p-p_0|}{|p|}<TOL,$$

或者

$$\frac{|p-p_0|}{|p|}<TOL \text{ 且 } |f(p)|<TOL.$$

例1 应用Newton法求方程

$$f(x)=x^3+2x^2+10x-20=0$$

在[1,2]内的一个根.

解 由于$f(1)=-7, f(2)=16$,因此$f(1)f(2)<0$.又因$f(x)$在[1,2]上连续,

$$f'(x)=3x^2+4x+10\neq 0, \quad x\in[1,2],$$

所以方程$f(x)=0$在区间(1,2)内有唯一根.

据Newton迭代公式

$$x_k=x_{k-1}-\frac{x_{k-1}^3+2x_{k-1}^2+10x_{k-1}-20}{3x_{k-1}^2+4x_{k-1}+10}, \quad k=1,2,\cdots,$$

取初始值$x_0=1$,得

$$\begin{aligned}
x_1&=x_0-\frac{x_0^3+2x_0^2+10x_0-20}{3x_0^2+4x_0+10}\\
&=1.411764706,\\
x_2&=x_1-\frac{x_1^3+2x_1^2+10x_1-20}{3x_1^2+4x_1+10}\\
&=1.369336471,\\
x_3&=1.368808189,\\
x_4&=1.368808108,\\
x_5&=1.368808108,\\
|x_4-x_3|&=8.1\times 10^{-8}.
\end{aligned}$$

关于Newton法有下面的局部收敛性定理.

定理1 假设函数$f(x)$有$m(>2)$阶连续导数,p是方程$f(x)=0$的单根,则当x_0充分接近于p时,Newton法收敛,且至少为二阶收敛.

证明 令

$$g(x)=x-\frac{f(x)}{f'(x)},$$

由于假设 $f(x)$有 $m(>2)$阶连续导数,因此有

$$g'(x) = 1 - \frac{f'(x)f'(x) - f(x)f''(x)}{(f'(x))^2} = \frac{f(x)f''(x)}{(f'(x))^2},$$

而 p 是$f(x)$的单重零点,即有 $f(p)=0, f'(p)\neq 0$,从而 $g'(p)=0$,且存在 $r>0$,使得对一切 $x\in[p-r,p+r]$,有

$$f'(x) \neq 0.$$

因此,$g'(x), g''(x)$在$[p-r,p+r]$上连续.据 2.3 节定理 3 知,当初始值 x_0 充分接近于 p 时,由 Newton 法(4.2)产生的迭代序列$\{x_k\}$收敛于 p,且收敛阶数至少为 2.

定理 1 表明,当初始值充分接近于方程的根时,Newton 法收敛得较快.

假设 $f(x)$有足够阶连续导数.若 p 是方程$f(x)=0$ 的 $q(\geqslant 2)$重根,即有

$$f(p) = 0, f'(p) = 0, \cdots, f^{(q-1)}(p) = 0, 但 f^{(q)}(p) \neq 0,$$

则可将 $f(x)$表示成

$$f(x) = (x-p)^q h(x),$$

而 $h(p)\neq 0$.于是,若令

$$g(x) = x - \frac{f(x)}{f'(x)},$$

则

$$g'(x) = \frac{\left(1-\frac{1}{q}\right) + (x-p)\frac{2h'(x)}{qh(x)} + (x-p)^2\frac{h''(x)}{q^2h(x)}}{\left(1+(x-p)\frac{h'(x)}{qh(x)}\right)^2},$$

从而

$$\lim_{x\to p} g'(x) = g'(p) = 1 - \frac{1}{q} \neq 0.$$

由于 $g'(x)$连续,取 $\varepsilon = \frac{1}{2q}$,则存在 $r>0$,使得对一切 $x\in[p-r,p+r]$有

$$\left| g'(x) - \left(1-\frac{1}{q}\right)\right| < \frac{1}{2q},$$

即有

$$-\left(1-\frac{1}{2q}\right) < 1-\frac{1}{q}-\frac{1}{2q} < g'(x) < 1-\frac{1}{q}+\frac{1}{2q} = 1-\frac{1}{2q}.$$

于是有

$$|g'(x)| \leqslant 1 - \frac{1}{2q} < 1.$$

且

$$\begin{aligned} |g(x) - p| &= |g(x) - g(p)| = |g'(\xi)||x - p| \\ &\leqslant \left(1 - \frac{1}{2q}\right)|x - p| < |x - p|, \end{aligned}$$

ξ 位于 x 与 p 之间.由于 $x \in [p - r, p + r]$,因此 $g(x) \in [p - r, p + r]$.据2.3节定理1推论知初始值 $x_0 \in [p - r, p + r]$时,Newton法收敛.由于

$$e_{k+1} = x_{k+1} - p = g(x_k) - g(p) = g'(p + \theta e_k)e_k, \quad 0 < \theta < 1,$$

易知,若 $x_0 \neq p$,则 $e_k \neq 0 (k = 0, 1, \cdots)$,因此

$$\lim_{x \to p} \frac{e_{k+1}}{e_k} = g'(p) = 1 - \frac{1}{q}.$$

故Newton法仅为线性收敛.

当 p 是方程 $f(x) = 0$ 的 q 重根时,为提高迭代法的收敛速度,我们作如下考虑.

将 $f(x)$和 $f'(x)$在点 p 按Taylor公式展开,得到

$$f(x) = \frac{1}{q!}(x - p)^q f^{(q)}(\xi_1),$$

$$f'(x) = \frac{1}{(q - 1)!}(x - p)^{q-1} f^{(q)}(\xi_2),$$

其中,ξ_1 和 ξ_2 位于 x 与 p 之间,因此

$$\frac{f(x)}{f'(x)} = \frac{1}{q}(x - p)\frac{f^{(q)}(\xi_1)}{f^{(q)}(\xi_2)}. \tag{4.3}$$

令

$$F(x) = \frac{f(x)}{f'(x)}. \tag{4.4}$$

因为 $f^{(q)}(p) \neq 0$,因此当 x 充分接近于 p 时,$f^{(q)}(\xi_1)$,$f^{(q)}(\xi_2)$均不为零.据(4.4)和(4.3)知,p 是方程$F(x) = 0$ 的单根.以 $F(x)$代替Newton法中的 $f(x)$,便得到迭代公式

$$\begin{aligned} x_k &= x_{k-1} - \frac{F(x_{k-1})}{F'(x_{k-1})} \\ &= x_{k-1} - \frac{f(x_{k-1})f'(x_{k-1})}{(f'(x_{k-1}))^2 - f(x_{k-1})f''(x_{k-1})}, \quad k = 1, 2, \cdots. \end{aligned} \tag{4.5}$$

例2　在例1中,方程

$$f(x) = x^3 + 2x^2 + 10x - 20 = 0$$

在区间(1,2)中有一个单根 p. 取初始值 $x_0=1$, 应用 Newton 法迭代四次得 $p\simeq x_4=1.368808108$. 现在改用迭代公式(4.5)来计算它. 据(4.5)式

$$x_k = x_{k-1} - \frac{(x_{k-1}^3+2x_{k-1}^2+10x_{k-1}-20)(3x_{k-1}^2+4x_{k-1}+10)}{(3x_{k-1}^2+4x_{k-1}+10)^2-(x_{k-1}^3+2x_{k-1}^2+10x_{k-1}-20)(6x_{k-1}+4)},$$

取 $x_0=1$, 得

$$x_1=1.368421053,$$
$$x_2=1.368808065,$$
$$x_3=1.368808108.$$

例 3 方程

$$f(x)=x^4-4x^2+4=0$$

有一个二重根 $\sqrt{2}=1.414213562\cdots$. 我们应用 Newton 法和(4.5)来计算它的近似值. 现在, Newton 迭代公式(4.2)及其修改公式(4.5)分别为

$$(\text{I})\quad x_k=x_{k-1}-\frac{x_{k-1}^2-2}{4x_{k-1}}$$

和

$$(\text{II})\quad x_k=x_{k-1}-\frac{(x_{k-1}^2-2)x_{k-1}}{x_{k-1}^2+2}.$$

取初始值 $x_0=1.5$, 用(Ⅰ)和(Ⅱ)迭代三次得结果如下:

x_k	(Ⅰ)	(Ⅱ)
x_1	1.458333333	1.411764706
x_2	1.436607143	1.414211438
x_3	1.425497619	1.414213562

由此看出, 在(Ⅱ)中 x_3 精确到 10^{-9}. 若用 Newton 法(4.2)来计算, 要达到这个精确度则需迭代 20 次.

如果迭代法(4.5)的迭代函数

$$g(x)=x-\frac{f(x)f'(x)}{(f'(x))^2-f(x)f''(x)}$$

具有所需的连续性条件, 那么无论根重数多少, 这个方法至少是二阶收敛的. 理论上, 这个方法的缺点是增加二阶导数 $f''(x)$ 的计算以及迭代过程中的计算更复杂. 但是, 实际上重根的出现将产生严重的舍入误差问题. 为了避免计算二阶导数, 我们还可以应用 Steffensen 方法加速 Newton 序列收敛. 就例 3, Steffensen 迭代公式(3.10)为

$$y_k=x_k-\frac{x_k^2-2}{4x_k},\quad z_k=y_k-\frac{y_k^2-2}{4y_k},$$

$$x_{k+1} = x_k - \frac{(y_k - x_k)^2}{z_k - 2y_k + x_k},\quad k = 0,1,2,\cdots.$$

取初始值 $x_0 = 1.5$,进行三次迭代所得结果如下:

k	x_k	y_k	z_k
0	1.5	1.458333333	1.436607143
1	1.412935326	1.413574733	1.41389422
2	1.414213011	1.414213287	1.414213425
3	1.414213562		

最后计算得 $x_3 = 1.414213562$ 准确到 10^{-9}.

Newton 法有明显的几何意义(见图 2.1).函数方程 $f(x)=0$ 的根 p 是曲线 $y=f(x)$ 与 x 轴的交点的横坐标.过点 $M_k(x_k, f(x_k))$ 作曲线的切线 T_k,则切线方程为

$$y = f(x_k) + f'(x_k)(x - x_k),$$

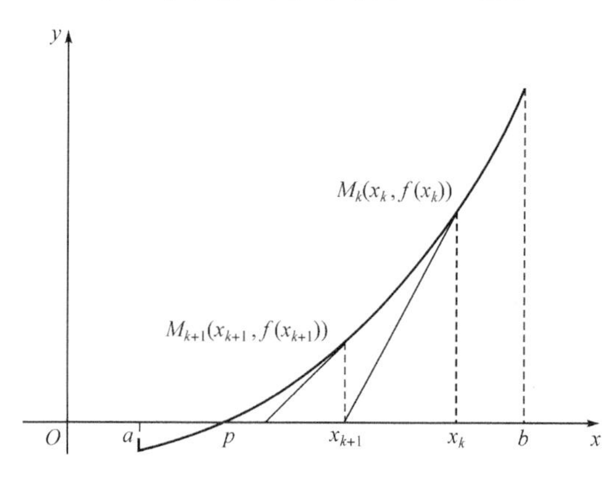

图 2.1

切线 T_k 与 x 轴的交点的横坐标为

$$x_{k+1} = x_k - \frac{f(x_k)}{f'(x_k)}.$$

因此,Newton 法又叫做**切线法**.

前面我们指出了,若 $f(x)$ 具有足够阶连续导数,且选取初始近似值 x_0 充分接近于方程 $f(x)=0$ 的根 p,则 Newton 迭代序列 $\{x_k\}$ 收敛于 p.在实际应用中,有的实际问题本身可以提供接近于根的初始值,但有的问题却难以确定接近于根的初始值.关于初始值的选取,我们有下面的定理.

定理 2　设函数 $f(x)$ 在有限区间 $[a, b]$ 上存在二阶导数,且满足条件:

（Ⅰ）$f(a)f(b)<0$;

（Ⅱ）$f'(x)\neq 0, x\in[a,b]$;

（Ⅲ）$f''(x)$在$[a,b]$上不变号;

（Ⅳ）$\left|\dfrac{f(a)}{f'(a)}\right|<b-a, \left|\dfrac{f(b)}{f'(b)}\right|<b-a$,

则 Newton 法(4.2)对任意的初始值 $x_0\in[a,b]$都收敛于方程 $f(x)=0$ 的唯一解 p,且收敛阶数为 2.

在定理 2 中,条件(Ⅰ)保证了方程 $f(x)=0$ 在(a,b)内至少有一个根.条件(Ⅱ)表明函数 $f(x)$不是严格单调增大$(f'>0)$就是严格单调减小$(f'<0)$,因而 $f(x)=0$ 在(a,b)内有唯一根.条件(Ⅲ)说明 f 的图形不是凹向上$(f''>0)$就是凹向下$(f''<0)$.条件(Ⅳ)保证,当 $x_0\in[a,b]$时,Newton 序列$\{x_k\}$在(a,b)中.例如,从图 2.2 看到,取 $x_0=a$ 或$x_0=b$ 时,Newton 序列 $x_1,x_2,\cdots,x_k,\cdots$为单调增大,且有上界,因而收敛.

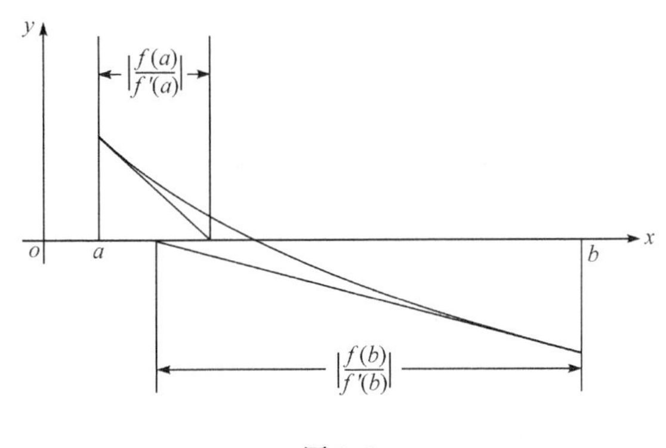

图 2.2

例 4　证明方程

$$f(x)=x^3-2x-3=0$$

在区间$[1,2]$内有唯一根 p.你能否断定对任意的初始值 $x_0\in[1,2]$,Newton 序列都收敛于 p? 若把区间$[1,2]$改为$\left[\dfrac{8}{5},2\right]$,则 Newton 序列收敛于 p?

解　因 $f(x)$在$[1,2]$上连续,且

$$f(1)f(2)=-4<0,$$

$$f'(x)=3x^2-2>0,\quad x\in[1,2],$$

因此方程 $f(x)=0$ 在$[1,2]$内有唯一根 p.由于

$$f''(x)=6x>0,\quad x\in[1,2],$$

但

$$\left|\frac{f(1)}{f'(1)}\right|=4>2-1=1,\quad \left|\frac{f(2)}{f'(2)}\right|=\frac{1}{10}<2-1=1,$$

因此不能断定对任意初始值 $x_0\in[1,2]$,Newton 序列都收敛于 p.

若把区间$[1,2]$缩小为$\left[\frac{8}{5},2\right]$,则

$$f\left(\frac{8}{5}\right)f(2)=-\frac{263}{125}<0,$$

$$f'(x)>0,\quad f''(x)>0,\quad x\in\left[\frac{8}{5},2\right],$$

$$\left|\frac{f\left(\frac{8}{5}\right)}{f'\left(\frac{8}{5}\right)}\right|=\frac{263}{710}<0.4=2-\frac{8}{5},$$

$$\left|\frac{f(2)}{f'(2)}\right|=\frac{1}{10}<0.4=2-\frac{8}{5}.$$

据定理 2,对任意的 $x_0\in\left[\frac{8}{5},2\right]$,Newton 序列都收敛于 p.

例 5　应用 Newton 法求平方根$\sqrt{d}$,$d>0$.令

$$f(x)=x^2-d,\quad x>0.\tag{4.6}$$

求平方根$\sqrt{d}$的问题便化为求方程$f(x)=0$的根.此时,Newton 迭代公式为

$$x_{k+1}=x_k-\frac{x_k^2-d}{2x_k}=\frac{1}{2}\left(x_k+\frac{d}{x_k}\right),\quad k=0,1,2,\cdots.\tag{4.7}$$

取 a,b 使 $0<a<\sqrt{d}<b$.由于$(b-a)^2>0$,因此有

$$b^2-2ab+d>0,$$

从而有

$$-(b-a)<\frac{f(b)}{f'(b)}=\frac{b^2-d}{2b}<b-a.$$

显然

$$\frac{f(a)}{f'(a)}=\frac{a^2-d}{2a}<b-a.$$

为了使得

$$\frac{a^2-d}{2a}>-(b-a),$$

只需取

$$b>\frac{1}{2}\left(a+\frac{d}{a}\right).$$

而

$$\frac{1}{2}\left(a+\frac{d}{a}\right)\geqslant\sqrt{d},$$

因此,取 $b>\frac{1}{2}\left(a+\frac{d}{a}\right)$时,仍有 $b>\sqrt{d}$.这样,对于所选取的区间$[a,b]$,其中

$$0<a<\sqrt{d},\quad b>\frac{1}{2}\left(a+\frac{d}{a}\right),$$

定理2中的条件(Ⅳ)成立.易知条件(Ⅰ),(Ⅱ),(Ⅲ)也成立.故迭代法(4.7)对于任意的初始值 $x_0\in[a,b]$都收敛.由于 a 可取任意小,因此对任意的初始值 $x_0>0$,由迭代法(4.7)产生的序列$\{x_k\}$都收敛于$\sqrt{d}$.

例如,计算$\sqrt{3}$的 Newton 迭代公式为

$$x_k=\left(x_{k-1}+\frac{3}{x_{k-1}}\right)/2,\quad k=1,2,\cdots,$$

取初始值 $x_0=1.5$,得

$$x_1=\left(x_0+\frac{3}{x_0}\right)/2=1.75,$$

$$x_2=\left(x_1+\frac{3}{x_1}\right)/2=1.732142857,$$

$$x_3=\left(x_2+\frac{3}{x_2}\right)/2=1.732050815,$$

$$x_4=\left(x_3+\frac{3}{x_3}\right)/2=1.732050808,$$

$$x_5=\left(x_4+\frac{3}{x_4}\right)/2=1.732050808.$$

于是,$\sqrt{3}\simeq1.732050808$.

2.5 割线法

在解方程 $f(x)=0$ 的 Newton 法中,第 $k+1$ 步是用曲线 $y=f(x)$上的点$(x_k,f(x_k))$的切线代替曲线 $y=f(x)$,从而将切线与 x 轴的交点的横坐标 x_{k+1} 作为方程 $f(x)=0$ 的近似根.现在,我们考虑经过曲线 $y=f(x)$上的两点$(x_{k-1},f(x_{k-1}))$和$(x_k,f(x_k))$的割线 C_k 来代替曲线,将割线 C_k 与 x 轴的交点的横坐标作为方程$f(x)=0$ 的近似根(见图 2.3).割线 C_k 的方程为

$$y=f(x_k)+\frac{f(x_k)-f(x_{k-1})}{x_k-x_{k-1}}(x-x_k).$$

令 $y=0$,便得到 C_k 与 x 轴的交点的横坐标:

$$x_k-\frac{f(x_k)(x_k-x_{k-1})}{f(x_k)-f(x_{k-1})}.$$

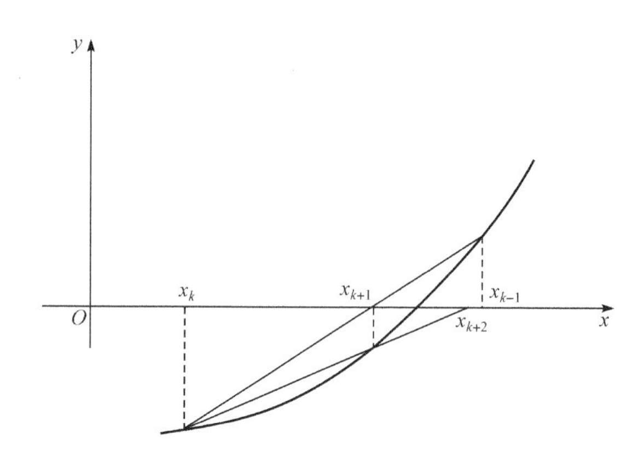

图 2.3

令

$$x_{k+1} = x_k - \frac{f(x_k)(x_k - x_{k-1})}{f(x_k) - f(x_{k-1})}, \quad k = 1,2,\cdots, \tag{5.1}$$

其中 x_0, x_1 为初始近似值. 我们称(5.1)为**割线法**或**线性插值法**. 割线法也可以看作是由 Newton 法中用 Newton 均差(差商)

$$f[x_{k-1}, x_k] = \frac{f(x_k) - f(x_{k-1})}{x_k - x_{k-1}} \tag{5.2}$$

代替导数 $f'(x_k)$得到的. 关于 Newton 均差的概念, 我们将在第 4 章中介绍.

算法 2.5　用割线法求方程 $f(x)=0$ 的一个解.

输入　初始值 x_0, x_1; 误差容限 TOL; 最大迭代次数 m.

输出　近似解 p 或失败信息.

step 1　$p_0 \leftarrow x_0$;

$p_1 \leftarrow x_1$;

$q_0 \leftarrow f(p_0)$;

$q_1 \leftarrow f(p_1)$.

step 2　对 $i = 1,2,\cdots,m$ 做 step 3～4.

step 3　$p \leftarrow p_1 - q_1(p_1 - p_0)/(q_1 - q_0)$.

step 4　若 $|p - p_1| < TOL$, 则输出 (p), 停机,

否则 $p_0 \leftarrow p_1$;

$q_0 \leftarrow q_1$;

$p_1 \leftarrow p$;

$q_1 \leftarrow f(p)$.

step 5　输出(‘Method failed’);

停机.

例 1 应用割线法求方程

$$f(x) = 2x^3 - 5x - 1 = 0$$

在[1,2]中的一个解,取 $x_0=2,x_1=1$.若要求

$$\left|\frac{x_k - x_{k-1}}{x_k}\right| \leqslant 10^{-6},$$

则迭代 8 次得到所要求精确度的近似解(见表 2.3).此时,$|f(1.672981)|=7.64\times10^{-6}$.

表 2.3

迭代次数	近似解
1	1.444444
2	1.984804
3	1.616105
4	1.660096
5	1.673635
6	1.672974
7	1.672981
8	1.672981

割线法与 Newton 法相比,割线法的每一步只需计算一次函数值 $f(x_k)$,而 Newton 法则还需计算导数值 $f'(x_k)$.因此,在导数的计算比较费事或不可能的情形,使用割线法则显出其优点.然而,一般说来,割线法的收敛速度稍慢于 Newton 法.

关于割线法的收敛性和收敛速度,我们有以下定理.

定理 令 I 表示区间$(p-r,p+r)$,p 是方程$f(x)=0$ 的根,$r>0$.假设函数 $f(x)$在 I 中有足够阶连续导数,且满足

(Ⅰ) $f'(x)\neq0, x\in I$;

(Ⅱ) $\left|\dfrac{f''(\xi)}{2f'(\eta)}\right|\leqslant M, \forall\ \xi,\eta\in I$;

(Ⅲ) $d=Mr<1$,

则对于任意的初始值 $x_0,x_1\in I$,由割线法(5.1)产生的序列$\{x_k\}$都收敛于 p,且

$$\lim_{k\to\infty}\frac{|e_{k+1}|}{|e_k|^q} = K^{\frac{1}{q}}, \tag{5.3}$$

其中

$$K = \left|\frac{f''(p)}{2f'(p)}\right|,$$

$$q = \frac{1}{2}(1+\sqrt{5}) \simeq 1.618.$$

证明　由(5.2)式,可将割线法的迭代公式改写成

$$f(x_k) + (x_{k+1} - x_k)f[x_{k-1}, x_k] = 0. \tag{5.4}$$

另一方面,据 Newton 插值公式(参见第 4 章)

$$f(x) = f(x_k) + (x - x_k)f[x_{k-1}, x_k] + \frac{1}{2}(x - x_{k-1})(x - x_k)f''(\xi_k),$$

ξ_k 为 x, x_k 和 x_{k-1} 所在区间中的某一点. 在上式中,令 $x = p$,得

$$f(x_k) + (p - x_k)f[x_{k-1}, x_k] + \frac{1}{2}(p - x_{k-1})(p - x_k)f''(\xi_k) = 0. \tag{5.5}$$

从(5.5)式减去(5.4)式得

$$(p - x_{k+1})f[x_{k-1}, x_k] + \frac{1}{2}(p - x_{k-1})(p - x_k)f''(\xi_k) = 0.$$

由于

$$f[x_{k-1}, x_k] = f'(\eta_k),$$

η_k 位于 x_{k-1} 与 x_k 之间,于是得到误差方程

$$e_{k+1} = M_k e_k e_{k-1}, \tag{5.6}$$

其中

$$e_k = p - x_k, \quad M_k = -\frac{f''(\xi_k)}{2f'(\eta_k)}.$$

若 $x_{k-1}, x_k \in I$,则由(5.6)式和条件(Ⅱ)可得

$$|e_{k+1}| = |M_k||e_k||e_{k-1}| \leqslant M|e_k||e_{k-1}| \leqslant Mrr = dr < r. \tag{5.7}$$

因此,$x_{k+1} \in I$. 这就是说,迭代过程可以一直进行下去.

记

$$d_k = M|e_k|, \quad k = 0, 1, \cdots,$$

据(5.7)式,有

$$d_{k+1} \leqslant d_k d_{k-1}, \quad k = 1, 2, \cdots,$$

由条件(Ⅲ)知

$$d_0 \leqslant d < 1, \quad d_1 \leqslant d < 1,$$

从而有

$$d_2 \leqslant d^2 < 1.$$

一般地,有

$$d_k \leqslant d^k < 1.$$

由于 $d^k \to 0$,因此 $d_k \to 0$(当 $k \to \infty$ 时). 故当 $k \to \infty$ 时,$|e_k| = M^{-1}d_k \to 0$,从而证得

$\{x_k\}$收敛于 p.

现在,我们粗略地证明(5.3)式.当 k 充分大时,$|M_k|\simeq K$,因此

$$|e_{k+1}| = |M_k||e_k||e_{k-1}| \simeq K|e_k||e_{k-1}|. \tag{5.8}$$

令

$$|e_{k+1}| = K_1|e_k|^q,\ |e_k| = K_1|e_{k-1}|^q,$$

将它们代入(5.8)式,得

$$K_1|e_k|^q \simeq K|e_k|K_1^{-\frac{1}{q}}|e_k|^{\frac{1}{q}} = KK_1^{-\frac{1}{q}}|e_k|^{1+\frac{1}{q}}$$

从而得

$$q = 1 + \frac{1}{q}.$$

解得

$$q = \frac{1}{2}(1 \pm \sqrt{5}).$$

但已证得$\{x_k\}$收敛,因此 q 不能为负数,这样

$$q = \frac{1}{2}(1 + \sqrt{5}) \simeq 1.618.$$

故当 k 充分大时

$$|e_{k+1}| \simeq K^{\frac{1}{q}}|e_k|^q, \quad q = \frac{1}{2}(1 + \sqrt{5}).$$

根据这个定理,容易得到下面的推论.

推论 设 p 是方程$f(x)=0$ 的一个根,$f'(p)\neq 0$,且 $f''(x)$在 p 附近连续,那么存在 $r>0$,使得对任意初始值 $x_0,x_1\in[p-r,p+r]$,由割线法产生的序列$\{x_k\}$都收敛于 p.

例 2 证明方程 $x=\cos x$ 在区间$\left[0,\frac{\pi}{2}\right]$内有唯一根 p,并且存在 $r>0$,使得对任意的初始值 $x_0,x_1\in[p-r,p+r]$,由割线法产生的序列$\{x_k\}$都收敛于 p.

证明 记 $f(x)=x-\cos x$,则 $f(x)$连续,且

$$f(0)f\left(\frac{\pi}{2}\right) = -\frac{\pi}{2} < 0.$$

又

$$f'(x) = 1 + \sin x > 0, \quad x \in \left[0, \frac{\pi}{2}\right],$$

因此 $f(x)$在$\left[0,\frac{\pi}{2}\right]$中单调增大,故在$\left(0,\frac{\pi}{2}\right)$中存在唯一根 p,且 $f'(p)\neq 0$.显然,$f''(x)=\cos x$ 在 p 附近连续,据推论知,存在 $r>0$,使得对任意的 $x_0,x_1\in$

$[p-r,p+r]$,由割线法产生的序列$\{x_k\}$都收敛于 p.

2.6 多项式求根

在实际应用中,经常遇到求多项式的根问题.我们主要讨论实系数多项式的实根的计算.用数值方法求多项式的近似根时往往要先估计根所在的范围.设

$$p(x)=a_nx^n+a_{n-1}x^{n-1}+\cdots+a_1x+a_0 \tag{6.1}$$

是一个 n 次实系数多项式,其中 $a_n\neq0$.我们可以用 Lagrange 法来确定 $p(x)$的正根的上限.设 $a_n>0$,a_{n-k}为第一个负系数,即 $a_{n-1}\geqslant0,\cdots a_{n-k+1}\geqslant0$,但 $a_{n-k}<0$,再设 b 为负系数中的最大绝对值,则 $f(x)$的正根上限为

$$1+\sqrt[k]{\frac{b}{a_n}}.$$

若 M 是$p(-x)$的正根上限,则$-M$ 是$p(x)$的负根下限.进一步,我们还可以用 Sturm 序列或者 Descartes 符号律来确定实根的个数以及实根所在的更确切的位置(参见[15]).

在确定多项式的实根的位置或者求根的方法中,我们需要反复计算多项式 $p(x)$及其导数 $p'(x)$的值.计算多项式的值的最有效的方法是 **Horner 算法**.假设我们要计算 $p(x_0)$.以 $x-x_0$ 除 $p(x)$得商为

$$q(x)=b_nx^{n-1}+b_{n-1}x^{n-2}+\cdots+b_2x+b_1,$$

余数为 b_0,则

$$p(x)=(x-x_0)q(x)+b_0. \tag{6.2}$$

显然,$p(x_0)=b_0$.将 $p(x)$和 $q(x)$的表达式代入(6.2)式,比较 x 的同次幂项的系数可得

$$\begin{aligned}&b_n=a_n,\\&b_{n-j}=a_{n-j}+b_{n-j+1}x_0,\quad j=1,\cdots,n.\end{aligned} \tag{6.3}$$

因此,可按递推公式(6.3)来计算 $p(x_0)(=b_0)$.

对(6.2)求导数得

$$p'(x)=(x-x_0)q'(x)+q(x),$$

从而得到 $p'(x_0)=q(x_0)$.因此,可以仿上述方法,由递推公式

$$\begin{aligned}&c_n=b_n,\\&c_{n-j}=b_{n-j}+c_{n-j+1}x_0,\quad j=1,\cdots,n-1,\end{aligned} \tag{6.4}$$

来计算 $p'(x_0)$:

$$p'(x_0)=c_1.$$

算法 2.6 用 Horner 方法计算多项式

$$p(x) = a_n x^n + a_{n-1}x^{n-1} + \cdots + a_1 x + a_0$$

及其导数 $p'(x)$在 x_0 的值.

输入 次数 n;系数 $a_0, a_1, \cdots, a_n$;x_0.

输出 $y = p(x_0)$;$z = p'(x_0)$.

step 1 $y \leftarrow a_n$;

$z \leftarrow a_n$.

step 2 对 $j = 1, 2, \cdots, n-1$ 做

$y \leftarrow a_{n-j} + x_0 y$;

$z \leftarrow y + x_0 z$.

step 3 $y \leftarrow a_0 + y x_0$.

step 4 输出(y, z);停机.

前面介绍的所有求非线性方程的根的方法都可以用来求多项式的实根. Newton法则是求多项式实根的一种常用和有效的方法. 给定初始近似值 x_0,它的迭代公式为

$$x_k = x_{k-1} - \frac{p(x_{k-1})}{p'(x_{k-1})}, \quad k = 1, 2, \cdots.$$

若使用 Horner 方法计算多项式 $p(x)$及其导数 $p'(x)$的值,则用 Newton 法来计算 $p(x)$的实根的算法如下.

算法 2.7 用 Newton 法计算多项式

$$p(x) = a_n x^n + a_{n-1}x^{n-1} + \cdots + a_1 x + a_0$$

的一个实根.

输入 次数 n;系数 $a_0, a_1, \cdots, a_n$;初始值 x_0;误差容限 TOL;最大迭代次数 m.

输出 近似解 p 或失败信息.

step 1 $p_0 \leftarrow x_0$.

step 2 对 $i = 1, 2, \cdots, m$ 做 step 3~7.

step 3 $y \leftarrow a_n$;$z \leftarrow a_n$.

step 4 对 $j = 1, 2, \cdots, n-1$ 做

$y \leftarrow a_{n-j} + p_0 y$;

$z \leftarrow y + p_0 z$.

step 5 $y \leftarrow a_0 + y p_0$.

step 6 $p \leftarrow p_0 - y/z$.

step 7 若$|p - p_0| < TOL$,则输出(p),停机,否则 $p_0 \leftarrow p$.

step 8 输出('Method failed');停机.

例 1 多项式

$$p(x)=x^5+3x^4-5x^3-15x^2+4x+12 \tag{6.5}$$

有五个根 $-3,-2,-1,1$ 和 2. 取初始值 $x_0=7.5$,应用 Newton 法迭代 11 次得到结果见表 2.4.

表 2.4

i	x_i
1	5.970510
2	4.770670
3	3.841132
4	3.136437
5	2.622935
6	2.277111
7	2.081802
8	2.009938
9	2.000172
10	2.000000
11	2.000000

这样,我们计算得多项式 $p(x)$ 的一个根 2.

据(6.2)式,例 1 中多项式(6.5)可以表示成

$$p(x)=(x-2)q(x),$$

$q(x)$ 的系数可由(6.3)计算得

$$q(x)=x^4+5x^3+5x^2-5x-6.$$

$q(x)$ 的每一个根也是 $p(x)$ 的根. 求多项式 $p(x)$ 的除 2 以外的其他实根问题可以化为求多项式 $q(x)$ 的实根. 因 $q(x)$ 的次数低于 $p(x)$ 的次数,因此这种方法通常称为**降次法**.

假设 x_1 是 n 次多项式 $p(x)$ 的一个实根,则有等式

$$p(x)=(x-x_1)q(x).$$

一般地,我们只能计算得 x_1 的一个近似值 $\tilde{x}_1$,于是

$$p(x)=(x-\tilde{x}_1)q_1(x)+b_0,\ b_0\neq 0,$$

$q_1(x)\neq q(x)$. 这样,不能保证 $q_1(x)$ 的根是 $p(x)$ 的根. 应用降次法时,实际上是求 $q_1(x)$ 的根作为 $p(x)$ 的近似根.

例 2　多项式

$$p(x)=x^5-12x^4-293x^3+3444x^2+20884x-240240 \tag{6.6}$$

的根为 $-13,-11,10,12$ 和 14. 取初始值 $x_0=11$,应用 Newton 法计算得 $p(x)$ 的根 $x_1=14$ 的近似值 $\tilde{x}_1=13.99990$. 用降次法得

$$p(x)=(x-\tilde{x}_1)q_1(x)+b_0,$$

其中

$$q_1(x) = x^4 - 1.999895x^3 - 265.0015x^2 - 265.9927x + 17160.13.$$

我们仍然对 $q_1(x)$应用 Newton 法,并取初始值 $x_0 = 11$,得到一个近似根 $\tilde{x}_2 = 12.00016$ 作为 $p(x)$的根 $x_2 = 12$ 的近似值.我们再对 $q_1(x)$使用降次法得到

$$q_1(x) = (x - \tilde{x}_2)q_2(x) + b_0',$$

其中

$$q_2(x) = x^3 + 14.00005x^2 - 96.99867x - 1429.992.$$

我们不能保证 $q_2(x)$的根是 $q_1(x)$或 $p(x)$的根,但仍然对 $q_2(x)$应用 Newton 法,且取初始值 $x_0 = 9$,计算得 $q_2(x)$的近似根 $\tilde{x}_3 = 9.999949$ 作为 $p(x)$的根 $x_3 = 10$的近似值.对 $q_2(x)$用降次法得到

$$q_2(x) = (x - \tilde{x}_3)q_3(x) + b_0'',$$

其中

$$q_3(x) = x^2 + 23.99998x + 142.9999.$$

剩下的两个根由 $q_3(x)$用二次公式计算得

$$\tilde{x}_4 = -11.00006,$$

$$\tilde{x}_5 = -12.99991.$$

在例 2 中,应用降次法时,我们使用了系数有摄动的多项式.实际上

$$p(x) = (x - x_1)q(x),$$

其中

$$q(x) = x^4 + 2x^3 - 265x^2 - 266x + 17160.$$

我们用 $q(x)$的系数有摄动的多项式 $q_1(x)$的近似根作为 $q(x)$的近似根,从而它又作为 $p(x)$的近似根.

对于有些多项式,系数的微小摄动会使其解发生很大的变化.通常说这类多项式是坏条件的.Wilkinson 曾经考察了 20 次多项式

$$p(x) = (x-1)(x-2)\cdots(x-20) = x^{20} - 210x^{19} + \cdots,$$

其根为 $1,2,\cdots,20$.若把 x^{19}的系数换成 $-210-2^{-23}$,其余系数都保持不变,所得多项式

$$q(x) = p(x) - 2^{-23}x^{19}$$

的一些根就发生很大变化.计算得 $q(x)$的 20 个根为

1.000000000	6.000006944	$10.095266145 \pm 0.643500904i$
2.000000000	6.999697234	$11.793633881 \pm 1.652329728i$
3.000000000	8.007267603	$13.992358137 \pm 2.518830070i$
4.000000000	8.917250249	$16.73073466 \pm 2.812624894i$

4.999999928　　20.846908101　　19.502439400 ± 1.940330347i
其中有 10 个根变成了复数.

在降次过程中,我们一个接一个地求根.为使所求的近似根更加精确,在求得第一个近似根 $\tilde{x}_1$后进行降次并计算第二个近似根$\hat{x}_2$, 不用$\hat{x}_2$再进行降次,而是以$\hat{x}_2$作为初始值把 Newton 法应用于原多项式得到第二个根的一个改进的近似值$\tilde{x}_2$.然后以 $\tilde{x}_2$代替$\hat{x}_2$进行下一个降次过程.这个过程也用来求其他所有近似根.

解非线性方程 $f(x)=0$ 的割线法是从两个初始值 x_0, x_1出发,过点$(x_0, f(x_0))$与$(x_1, f(x_1))$的直线与 x 轴的交点x_2作为 $f(x)=0$ 的根的下一个近似值.我们可以把它加以推广,取三个初始值 x_0, x_1, x_2出发,经过点$(x_0, f(x_0))$, $(x_1, f(x_1))$和$(x_2, f(x_2))$的抛物线与 x 轴的交点x_3,作为 $f(x)=0$ 的根的一个近似值.仿此继续从 x_1, x_2, x_3出发确定 x_4等等.这个求根方法称为 **Muller 方法**或**抛物线法**. Muller 方法对于求多项式的根是特别有用的.它还可以求多项式的复根且每一次求一对根.

假设二次多项式

$$q(x) = a(x - x_2)^2 + b(x - x_2) + c$$

经过点$(x_0, f(x_0))$, $(x_1, f(x_1))$和$(x_2, f(x_2))$.由于

$$\begin{aligned} f(x_0) &= a(x_0 - x_2)^2 + b(x_0 - x_2) + c, \\ f(x_1) &= a(x_1 - x_2)^2 + b(x_1 - x_2) + c, \\ f(x_2) &= c, \end{aligned}$$

因此得

$$c = f(x_2), \tag{6.7}$$

$$\begin{aligned} a &= \frac{(x_1 - x_2)(f(x_0) - f(x_2)) - (x_0 - x_2)(f(x_1) - f(x_2))}{(x_0 - x_2)(x_1 - x_2)(x_0 - x_1)} \\ &= \frac{(x_1 - x_2)(f(x_0) - f(x_1) + f(x_1) - f(x_2)) - (x_0 - x_2)(f(x_1) - f(x_2))}{(x_0 - x_2)(x_1 - x_2)(x_0 - x_1)} \\ &= \frac{\dfrac{f(x_2) - f(x_1)}{x_2 - x_1} - \dfrac{f(x_1) - f(x_0)}{x_1 - x_0}}{x_2 - x_0}, \end{aligned} \tag{6.8}$$

$$b = \frac{f(x_2) - f(x_1)}{x_2 - x_1} + (x_2 - x_1)a. \tag{6.9}$$

我们用二次公式求 $q(x)$的根 x_3.为了避免相减相消,我们应用公式

$$x_3 - x_2 = \frac{-2c}{b \pm \sqrt{b^2 - 4ac}},$$

根号前的符号选取与 b 的符号一致,使得分母按绝对值较大(参见 1.5 节例 1).这样,我们取

$$x_3 = x_2 - \frac{2c}{b + \mathrm{sign}(b)\sqrt{b^2 - 4ac}}. \tag{6.10}$$

一旦 x_3确定了,便以 x_1, x_2, x_3代替 x_0, x_1, x_2来确定下一个近似值 x_4.这个过程如此继续下去,直到得到满意的结果.

令

$$h_1 = x_1 - x_0,$$

$$h_2 = x_2 - x_1,$$

$$\delta_1 = \frac{f(x_1) - f(x_0)}{x_1 - x_0},$$

$$\delta_2 = \frac{f(x_2) - f(x_1)}{x_2 - x_1},$$

则可把(6.8)和(6.9)式分别改写成

$$a = \frac{\delta_2 - \delta_1}{h_2 + h_1}$$

和

$$b = \delta_2 + h_2 a.$$

算法 2.8 用 Muller 方法求方程 $f(x)=0$ 的一个解.

输入 初始值 x_0, x_1, x_2;误差容限 TOL;最大迭代次数 m.

输出 近似解 p 或失败信息.

step 1 $h_1 \leftarrow x_1 - x_0$;

$h_2 \leftarrow x_2 - x_1$;

$\delta_1 \leftarrow (f(x_1) - f(x_0))/h_1$;

$\delta_2 \leftarrow (f(x_2) - f(x_1))/h_2$;

$a \leftarrow (\delta_2 - \delta_1)/(h_2 + h_1)$.

step 2 对 $i=3,\cdots,m$ 做 step 3～7.

step 3 $b \leftarrow \delta_2 + h_2 a$;

$d \leftarrow (b^2 - 4f(x_2)a)^{1/2}$.

step 4 若 $|b-d| < |b+d|$,则 $e \leftarrow b+d$ 否则 $e \leftarrow b-d$.

step 5 $h \leftarrow -2f(x_2)/e$;

$p \leftarrow x_2 + h$.

step 6 若 $|h| < TOL$ 则输出(p);停机.

step 7 $x_0 \leftarrow x_1$;

$x_1 \leftarrow x_2$;

$x_2 \leftarrow p$;

$h_1 \leftarrow x_1 - x_0$;

$h_2 \leftarrow x_2 - x_1$;

$\delta_1 \leftarrow (f(x_1) - f(x_0))/h_1$;

$\delta_2 \leftarrow (f(x_2) - f(x_1))/h_2$;

$a \leftarrow (\delta_2 - \delta_1)/(h_2 + h_1)$.

step 8　输出('Method failed');

停机.

例 3　在 2.5 节的例 1 中,我们用割线法求多项式

$$f(x) = 2x^3 - 5x - 1,$$

在[1,2]中的一个根.现在,我们用 Muller 方法来计算它.记

$$f[x_{k-1}, x_k] = \frac{f(x_k) - f(x_{k-1})}{x_k - x_{k-1}}.$$

在(6.8)式中,以 x_{k-2}, x_{k-1}, x_k 分别代替 x_0, x_1, x_2,以 a_k 代替 a,得

$$a_k = \frac{f[x_{k-1}, x_k] - f[x_{k-2}, x_{k-1}]}{x_k - x_{k-2}}.$$

在(6.9)式中,以 b_k 代替 b 得

$$b_k = f[x_{k-1}, x_k] + (x_k - x_{k-1})a_k.$$

相应于(6.10),我们有

$$x_{k+1} = x_k - \frac{2f(x_k)}{b_k + \mathrm{sign}(b_k)\sqrt{b_k^2 - 4a_k f(x_k)}}, \quad k = 2, 3, \cdots.$$

现在取初始值 $x_0 = 1, x_1 = 1.5, x_2 = 2$,计算结果见表 2.5

表 2.5

k	x_k	$f(x_k)$	$f[x_{k-1}, x_k]$	a_k	b_k
0	1	−4			
1	1.5	−1.75	4.5		
2	2	5	13.5	9	18
3	1.666667	−0.074074	15.222237	10.333401	11.777773
4	1.672922	−0.000707	11.729295	10.679177	11.796093
5	1.672982	-2.48×10^{-7}			

应用割线法迭代 7 次得到这个近似根 1.672981,而 Muller 方法只需迭代 3

次. 就此例, Muller 方法较割线法收敛得快. 在 2.5 节中, 我们已经指出割线法的收敛阶数为 1.618. 可以证明, 在一定条件下, Muller 方法的收敛阶数为 1.84.

习　题　2

1. 假设由 $x_k=\sum_{k=1}^{n}\frac{1}{k}$ 生成序列 $\{x_n\}$, 证明 $\lim_{n\to\infty}(x_n-x_{n-1})=0$, 但 $\{x_n\}$ 发散.

2. 证明方程

$$f(x)=x^3-2x-5=0$$

在区间(2,3)内有唯一根 p. 用区间分半法计算 p 的近似值 x_n 时, 试确定迭代次数使

$$|x_n-p|<\frac{1}{2}\times10^{-3}$$

(不要求计算 x_n).

3. 用区间分半法求下列方程在区间(0,1)内的一个解:

(1) $x-2^{-x}=0$;

(2) $e^x-x^2+3x-2=0$,

要求近似解的函数值的绝对误差不超过 10^{-3}.

4. 求函数

$$g(x)=\frac{2-e^x+x^2}{3}$$

的一个不动点, 取初始值 $x_0=0.5$, 要求近似值精确到小数点第五位.

5. 方程 $x^3+4x^2-10=0$ 在区间(1,2)内有唯一根 p. 把方程改写成

$$x=\left(\frac{10}{x}-4x\right)^{\frac{1}{2}}.$$

试问取初始值 $x_0=1.5$ 用 Picard 迭代产生的序列收敛于 p? 为什么?

6. 试证明对任何初始值 x_0, 由迭代法

$$x_{k+1}=\cos x_k,\quad k=0,1,2,\cdots$$

所产生的序列 $\{x_k\}$ 都收敛于方程

$$x=\cos x$$

的根.

7. 试确定方程

$$3x^2-e^x=0$$

的 Picard 迭代的迭代函数和区间 $[a,b]$, 使迭代序列收敛于此方程的根 p. 取初始值 $x_0=0.5$, 求一个正根 p 的近似值, 要求精确到小数点第五位.

8. 证明方程

$$x=2^{-x}$$

在区间 $\left[\frac{1}{3},1\right]$ 内有唯一解 p. 用 Picard 迭代求 p 的近似值时, 要求误差不超过 10^{-4} $\left(取初始值 x_0=\frac{2}{3}\right)$, 试估计所需迭代次数.

9. 设函数 $f(x)$存在导数 $f'(x)$,$x\in(-\infty,+\infty)$,且 $f'(x)\geqslant M>0$,其中 M 为常数. 试证明,方程 $f(x)=0$ 有唯一根在 $x=0$ 和 $x=-f(0)/M$ 之间.

10. 设函数 $g(x)$存在导数,$x\in(-\infty,+\infty)$,且 $|g'(x)|\leqslant L<1$,其中 L 为常数. 证明,对任意的初始值 x_0,由迭代法

$$x_{k+1}=g(x_k),\quad k=0,1,\cdots$$

产生的序列$\{x_k\}$都收敛于方程 $x=g(x)$的唯一解.

11. 设函数 $f(x)$的导数存在,$x\in(-\infty,+\infty)$,且恒有 $0<m\leqslant f'(x)\leqslant M$,其中 m,M 均为常数. 证明,对任意的初始值 x_0,由迭代法

$$x_{k+1}=x_k-\lambda f(x_k),\quad k=0,1,\cdots$$

$\left(0<\lambda<\dfrac{2}{M}\right)$产生的序列$\{x_k\}$都收敛于方程 $f(x)=0$ 的唯一解.

12. 利用适当的迭代法,证明

$$\lim_{n\to\infty}\sqrt{2+\sqrt{2+\cdots+\sqrt{2}}}=2.$$

13. 给定初始值 $x_0\left(x_0\neq 0,\dfrac{2}{a}\right)$及迭代公式

$$x_{k+1}=x_k(2-ax_k),\quad k=0,1,\cdots,\quad 常数\ a\neq 0.$$

(1) 证明$\{x_k\}$收敛的充分必要条件为$|1-ax_0|<1$;

(2) 若$\{x_k\}$收敛,则求出它的极限.

14. 设 $g(x)=x-p(x)f(x)-q(x)f^2(x)$,试确定 $p(x)$和 $q(x)$,使求解方程 $f(x)=0$ 的迭代法 $x_{k+1}=g(x_k)(k=0,1,2,\cdots)$至少三阶收敛.

15. 设 $x_k=k\ln\left(1+\dfrac{1}{k}\right),k=1,2,\cdots$,则$\lim\limits_{k\to\infty}x_k=1$. 用 Aitken 加速方法求 $\tilde{x}_3$.

16. 应用 Steffensen 迭代法解方程 $x=g(x)$,其中

$$g(x)=\left(\frac{10}{x+4}\right)^{\frac{1}{2}}$$

(取初始值 $x_0=1.5$. 迭代二次,即计算解的近似值 x_2).

17. 应用 Newton 法求方程

$$x^3-x-1=0$$

在区间(1,2)内的近似解. 取初始值 $x_0=1.5$,要求近似解精确到小数点第五位.

18. 应用 Newton 法求方程

$$x^2-3x-e^x+2=0$$

的一个近似解. 取初始值 $x_0=1$,要求近似解精确到小数点第八位.

19. 设 $f(x)$在区间$[a,b]$上二次连续可微,$p\in[a,b]$是 $f(x)=0$ 的一个根且 $f'(p)\neq 0$. 试证明,存在 $r>0$ 使得对任意的初始值 $x_0\in[p-r,p+r]$,由 Newton 法产生的序列$\{x_k\}$都收敛于 p.

20. 证明方程

$$x=\frac{1}{2}\cos\left(\frac{1}{2}\sin x\right)$$

有唯一解 p,并存在 $r>0$,使得对任意初始值 $x_0\in[p-r,p+r]$由 Newton 法产生的序列都收敛于 p.

21. 证明方程

$$f(x)=x^3-6x-12=0$$

在区间[2,5]内有唯一根 p,并对任意的初始值 $x_0\in[2,5]$,Newton 序列都收敛于 p.

22. 方程 $f(x)=x^{\frac{1}{3}}=0$ 有唯一根 0. 证明,对此方程,从任意的初始值 $x_0\neq0$ 出发,Newton 序列都不收敛.

23. 应用 Newton 法计算$\sqrt{3}$取初始值 $x_0=1.5$ 时,需要迭代多少次方可使误差小于 10^{-5}?

24. 应用 Newton 法计算$\sqrt{7}$,取初始值 $x_0=7$,要求误差不超过 10^{-8}.

25. 应用 Newton 法计算 $2^{\frac{1}{3}}$,取初始值 $x_0=1$,要求误差不超过 10^{-8}.

26. 试用 Newton 法的修改公式(4.5)计算方程

$$f(x)=x^3+4x^2-10=0$$

在区间[1,2]中的近似根,要求精确到小数点第八位.

27. 试判定 $x=-3,2$ 分别是方程 $x^3-x^2-8x+12=0$ 的几重根. 用 Newton 法求它们的近似值时收敛阶各是多少?

28. 设函数 $f(x)$于区间$[a,b]$上至少三次连续可微,$p\in(a,b)$为 $f(x)$的一个 m 重零点. 求一个 λ 值使改进的 Newton 法

$$x_{k+1}=x_k-\lambda\frac{f(x_k)}{f'(x_k)},\quad k=0,1,\cdots$$

至少是二阶收敛的.

29. 试确定 $p=0$ 是方程

$$f(x)=e^{2x}-1-2x-2x^2=0$$

的几重根. 取初始值 $x_0=0.25$,应用改进的 Newton 法

$$x_{k+1}=x_k-3\frac{f(x_k)}{f'(x_k)}$$

求 $f(x)=0$ 的近似根,要求精确到四位小数.

30. 迭代法

$$x_{k+1}=\frac{x_k^3+3dx_k}{3x_k^2+d}\quad(d>0)$$

是解方程 $f(x)=0$ 的 Newton 法. 试求 $f(x)(x>0)$,并证明当初始值 $x_0(>0)$充分接近于$f(x)$的根时迭代法是三阶收敛的.

31. 设 p 是方程$f(x)=0$ 的一个单根,$f(x)$在 p 的某邻域内三次连续可微. 证明由离散 Newton 法

$$x_{k+1}=x_k-\frac{(f(x_k))^2}{f(x_k+f(x_k))-f(x_k)},\quad k=0,1,\cdots$$

产生的序列$\{x_k\}$,对于充分接近于 p 的任意给定的初始值x_0 都收敛于 p,且收敛阶数至少为 2.

32. 用割线法求下列方程的近似根:

(1) $f(x)=x^2-e^{-x}=0$,取 $x_0=0, x_1=1$;

(2) $f(x)=x^2+10\cos x=0$,取 $x_0=1, x_1=2$,

要求精确到五位小数.

33. 证明方程

$$f(x) = 3x^2 - e^x = 0$$

在 $\left[\frac{1}{2},1\right]$ 中有唯一根 p,并且存在 $r>0$,使得对任意的 $x_0, x_1 \in [p-r, p+r]$,由割线法产生的序列都收敛于 p.

34. 试求下列多项式的实根的上、下界:

(1) $2x^4-8x^3+8x^2-1$;

(2) $x^5+x^4-4x^3-3x^2+3x+1$.

并尽力确定各实根的位置.

35. 用 Muller 方法求多项式

$$p(x) = x^3 - x + 5$$

的全部根.

36. 设 n 次实系数多项式 $p(x)$ 的 n 个根均为实数,且设其为

$$\lambda_1 \geqslant \lambda_2 \geqslant \cdots \geqslant \lambda_n, n \geqslant 1.$$

给定初始值 $x_0>\lambda_1$,试证明 Newton 法产生的迭代序列 $\{x_k\}$ 单调递减收敛于 λ_1. 若 $n\geqslant 2$,则 $\{x_k\}$ 为严格递减. 若 $x_0<\lambda_n$,试讨论迭代序列 $\{x_k\}$ 的收敛性.

第 3 章　解线性方程组的直接方法

3.1　解线性方程组的 Gauss 消去法

在科技、工程、医学和经济等各个领域中，经常遇到求解 n 阶线性方程组

$$\begin{cases} a_{11}x_1 + a_{12}x_2 + \cdots + a_{1n}x_n = b_1, \\ a_{21}x_1 + a_{22}x_2 + \cdots + a_{2n}x_n = b_2, \\ \qquad\cdots\cdots\cdots\cdots \\ a_{n1}x_1 + a_{n2}x_2 + \cdots + a_{nn}x_n = b_n \end{cases} \tag{1.1}$$

的问题.方程组(1.1)的系数 $a_{ij}(i,j=1,2,\cdots,n)$和右端项 $b_i(i=1,2,\cdots,n)$均为实数，且 $b_1,b_2,\cdots,b_n$ 不全为零.方程组(1.1)可简记为

$$A\boldsymbol{x} = \boldsymbol{b}, \tag{1.2}$$

其中

$$A = \begin{bmatrix} a_{11} & a_{12} & \cdots & a_{1n} \\ a_{21} & a_{22} & \cdots & a_{2n} \\ \vdots & \vdots & & \vdots \\ a_{n1} & a_{n2} & \cdots & a_{nn} \end{bmatrix},$$

$$\boldsymbol{x} = \begin{bmatrix} x_1 \\ x_2 \\ \vdots \\ x_n \end{bmatrix}, \quad \boldsymbol{b} = \begin{bmatrix} b_1 \\ b_2 \\ \vdots \\ b_n \end{bmatrix}.$$

本章主要介绍求解线性方程组(1.1)的直接法.所谓**直接法**，就是不考虑计算过程的舍入误差时，经有限次数的运算便可求得方程组准确解的方法.我们还将在 3.5 节中对计算过程中的舍入误差作一些初步分析.

3.1.1　Gauss 消去法

我们知道，对线性方程组(1.1)作行运算(变换)：

(1) 交换方程组中任意两个方程的顺序；

(2) 方程组中任何一个方程乘上某一个非零数；

(3) 方程组中任何一个方程减去某倍数的另一个方程，

得到新的方程组都是与原方程组(1.1)等价的.若方程组(1.1)或(1.2)的系数矩阵

A 是非奇异(可逆,此时 A 的行列式 $\det A \neq 0$)的,则得到的新方程组与原方程组是同解的.这一章,若无特别申明,总是假定方程组(1.1)的系数矩阵是非奇异,因此它有唯一解.

解方程组(1.1)的基本 **Gauss 消去法**就是反复运用上述运算,按自然顺序(主对角元素的顺序)逐次消去未知量,将方程组(1.1)化为一个上三角形方程组,这个过程称为**消元过程**;然后逐一求解该上三角形方程组,这个过程称为**回代过程**.计算得该上三角形方程组的解就是原方程组(1.1)的解.

我们知道,线性方程组(1.1)与其增广矩阵

$$[A, \boldsymbol{b}] = \begin{bmatrix} a_{11} & a_{12} & \cdots & a_{1n} & b_1 \\ a_{21} & a_{22} & \cdots & a_{2n} & b_2 \\ \vdots & \vdots & & \vdots & \vdots \\ a_{n1} & a_{n2} & \cdots & a_{nn} & b_n \end{bmatrix} \tag{1.3}$$

之间有一一对应关系.不难看出:

(1) 交换矩阵(1.3)的第 p,q 两行(记作 $r_p \leftrightarrow r_q$)相当于交换方程组(1.1)的第 p,q 两个方程;

(2) 用一个非零数 λ 乘矩阵(1.3)的第 p 行(记作 λr_p)相当于用 λ 乘方程组(1.1)的第 p 个方程;

(3) 矩阵(1.3)的第 q 行减去第 p 行的 λ 倍(记作 $r_q - \lambda r_p$)相当于方程组(1.1)的第 q 个方程减去第 p 个方程的 λ 倍.

因此,解线性方程组(1.1)的基本 Gauss 消去法的消元过程可以对它的增广矩阵进行上述行初等变换.

例 1　用基本 Gauss 消去法解线性方程组

$$\begin{aligned} 2x_1 + 2x_2 + 3x_3 &= 3, \\ 4x_1 + 7x_2 + 7x_3 &= 1, \\ -2x_1 + 4x_2 + 5x_3 &= -7. \end{aligned} \tag{1.4}$$

解　Gauss 消去法的消元过程可对方程组(1.4)的增广矩阵进行初等变换:

$$[A, \boldsymbol{b}] = \begin{bmatrix} 2 & 2 & 3 & 3 \\ 4 & 7 & 7 & 1 \\ -2 & 4 & 5 & -7 \end{bmatrix} \xrightarrow[r_3 - (-1)r_1]{r_2 - 2r_1} \begin{bmatrix} 2 & 2 & 3 & 3 \\ 0 & 3 & 1 & -5 \\ 0 & 6 & 8 & -4 \end{bmatrix}$$

$$\xrightarrow{r_3 - 2r_2} \begin{bmatrix} 2 & 2 & 3 & 3 \\ 0 & 3 & 1 & -5 \\ 0 & 0 & 6 & 6 \end{bmatrix}.$$

由此得到与方程组(1.4)同解的上三角形方程组

$$\begin{cases} 2x_1 + 2x_2 + 3x_3 = 3, \\ \qquad 3x_2 + x_3 = -5, \\ \qquad\qquad 6x_3 = 6. \end{cases} \tag{1.5}$$

消去法的回代过程是解上三角形方程组(1.5). 我们从方程组(1.5)的第三个方程解得

$$x_3 = 6/6 = 1;$$

然后将它代入第二个方程得到

$$x_2 = (-5 - x_3)/3 = -2;$$

最后,将 $x_3=1, x_2=-2$ 代入第一个方程得到

$$x_1 = (3 - 2x_2 - 3x_3)/2 = 2.$$

在回代过程中,我们反复运用了上述的行运算(2).

现在,我们将应用于上述例 1 的基本 Gauss 消去法推广到解一般的 $n\times n$ 阶线性方程组(1.1).

Gauss 消去法的消元过程由 $n-1$ 步组成:

第一步　设 $a_{11}\neq 0$,把增广矩阵(1.3)的第一列中元素 $a_{21}, a_{31}, \cdots, a_{n1}$ 消为零. 为此,令

$$l_{i1} = \frac{a_{i1}}{a_{11}}, \qquad i = 2, \cdots, n.$$

从$[A, \boldsymbol{b}]$的第 $i(i=2,\cdots,n)$行分别减去第一行的 l_{i1}倍,得到

$$[A^{(1)}, \boldsymbol{b}^{(1)}] = \begin{bmatrix} a_{11} & a_{12} & \cdots & a_{1n} & b_1 \\ 0 & a_{22}^{(1)} & \cdots & a_{2n}^{(1)} & b_2^{(1)} \\ \vdots & \vdots & & \vdots & \vdots \\ 0 & a_{n2}^{(1)} & \cdots & a_{nn}^{(1)} & b_n^{(1)} \end{bmatrix}, \tag{1.6}$$

其中

$$\left.\begin{aligned} a_{ij}^{(1)} &= a_{ij} - l_{i1}a_{1j}, j = 2, \cdots, n \\ a_{i1}^{(1)} &= 0 \\ b_i^{(1)} &= b_i - l_{i1}b_1 \end{aligned}\right\} i = 2, \cdots, n.$$

第二步　设 $a_{22}^{(1)}\neq 0$,把矩阵$[A^{(1)}, \boldsymbol{b}^{(1)}]$的第二列中元素 $a_{32}^{(1)}, \cdots, a_{n2}^{(1)}$ 消为零.

仿此继续进行消元,假设进行了 $k-1$ 步,得到

$$
[A^{(k-1)},\boldsymbol{b}^{(k-1)}]=\begin{bmatrix}
a_{11} & a_{12} & \cdots & a_{1k} & a_{1,k+1} & \cdots & a_{1n} & b_1\\
 & a_{22}^{(1)} & \cdots & a_{2k}^{(1)} & a_{2,k+1}^{(1)} & \cdots & a_{2n}^{(1)} & b_2^{(1)}\\
 & & \ddots & \vdots & \vdots & & \vdots & \vdots\\
 & & & a_{kk}^{(k-1)} & a_{k,k+1}^{(k-1)} & \cdots & a_{kn}^{(k-1)} & b_k^{(k-1)}\\
 & & & a_{k+1,k}^{(k-1)} & a_{k+1,k+1}^{(k-1)} & \cdots & a_{k+1,n}^{(k-1)} & b_{k+1}^{(k-1)}\\
 & & & \vdots & \vdots & & \vdots & \vdots\\
 & & & a_{nk}^{(k-1)} & a_{n,k+1}^{(k-1)} & \cdots & a_{nn}^{(k-1)} & b_n^{(k-1)}
\end{bmatrix}. \tag{1.7}
$$

第 k 步　设 $a_{kk}^{(k-1)}\neq 0$,把$[A^{(k-1)},\boldsymbol{b}^{(k-1)}]$的第 k 列的元素$a_{k+1,k}^{(k-1)},\cdots,a_{nk}^{(k-1)}$消为零,得到

$$
[A^{(k)},\boldsymbol{b}^{(k)}]=\begin{bmatrix}
a_{11} & a_{12} & \cdots & a_{1k} & a_{1,k+1} & \cdots & a_{1n} & b_1\\
 & a_{22}^{(1)} & \cdots & a_{2k}^{(1)} & a_{2,k+1}^{(1)} & \cdots & a_{2n}^{(1)} & b_2^{(1)}\\
 & & \ddots & \vdots & \vdots & & \vdots & \vdots\\
 & & & a_{kk}^{(k-1)} & a_{k,k+1}^{(k-1)} & \cdots & a_{kn}^{(k-1)} & b_k^{(k-1)}\\
 & & & & a_{k+1,k+1}^{(k)} & \cdots & a_{k+1,n}^{(k)} & b_{k+1}^{(k)}\\
 & & & & \vdots & & \vdots & \vdots\\
 & & & & a_{n,k+1}^{(k)} & \cdots & a_{nn}^{(k)} & b_n^{(k)}
\end{bmatrix}, \tag{1.8}
$$

其中

$$
\left.\begin{aligned}
l_{ik}&=a_{ik}^{(k-1)}/a_{kk}^{(k-1)},\\
a_{ik}^{(k)}&=0,\\
a_{ij}^{(k)}&=a_{ij}^{(k-1)}-l_{ik}a_{kj}^{(k-1)},j=k+1,\cdots,n,\\
b_i^{(k)}&=b_i^{(k-1)}-l_{ik}b_k^{(k-1)},
\end{aligned}\right\}i=k+1,\cdots,n. \tag{1.9}
$$

规定

$$
a_{ij}^{(0)}=a_{ij},\quad b_i^{(0)}=b_i,\quad i,j=1,2,\cdots,n.
$$

(1.9)式是消元过程的一般计算公式.式中作分母的元素 $a_{kk}^{(k-1)}$称为(第 k 步的)**主元素**(简称**主元**).若 $a_{kk}^{(k-1)}=0$,则 $a_{k+1,k}^{(k-1)},\cdots,a_{nk}^{(k-1)}$中至少有一个元素,比方说 $a_{rk}^{(k-1)}$,不为零(否则,方程组(1.1)的系数矩阵 A 奇异).这样,我们可取 $a_{rk}^{(k-1)}$作为主元.然后,交换矩阵$[A^{(k-1)},\boldsymbol{b}^{(k-1)}]$的第 k 行与第 r 行,把 $a_{rk}^{(k-1)}$交换到(k,k)的位置上.$l_{ik}(i=k+1,\cdots,n)$称为**乘子**.

进行 $n-1$ 步消元后,我们便得到一个上梯形矩阵

$$[A^{(n-1)},\boldsymbol{b}^{(n-1)}]=\begin{bmatrix}a_{11} & a_{12} & \cdots & a_{1k} & a_{1,k+1} & \cdots & a_{1n} & b_1\\ & a_{22}^{(1)} & \cdots & a_{2k}^{(1)} & a_{2,k+1}^{(1)} & \cdots & a_{2n}^{(1)} & b_2^{(1)}\\ & & \ddots & \vdots & \vdots & & \vdots & \vdots\\ & & & a_{kk}^{(k-1)} & a_{k,k+1}^{(k-1)} & \cdots & a_{kn}^{(k-1)} & b_k^{(k-1)}\\ & & & & & & \vdots & \vdots\\ & & & & & & a_{nn}^{(n-1)} & b_n^{(n-1)}\end{bmatrix},\tag{1.10}$$

这里,我们假设整个消元过程中没有进行过矩阵的行交换. $A^{(n-1)}$是一个上三角矩阵. 与$[A^{(n-1)},\boldsymbol{b}^{(n-1)}]$相应的上三角形方程组

$$\begin{cases}a_{11}+a_{12}x_2+\cdots+a_{1k}x_k+a_{1,k+1}x_{k+1}+\cdots+a_{1n}x_n=b_1,\\ \qquad a_{22}^{(1)}x_2+\cdots+a_{2k}^{(1)}x_k+a_{2,k+1}^{(1)}x_{k+1}+\cdots+a_{2n}^{(1)}x_n=b_2^{(1)},\\ \qquad\qquad\cdots\cdots\cdots\cdots\\ \qquad\qquad a_{kk}^{(k-1)}x_k+a_{k,k+1}^{(k-1)}x_{k+1}+\cdots+a_{kn}^{(k-1)}x_n=b_k^{(k-1)},\\ \qquad\qquad\cdots\cdots\cdots\cdots\\ \qquad\qquad\qquad a_{nn}^{(n-1)}x_n=b_n^{(n-1)}\end{cases}\tag{1.11}$$

和方程组(1.1)同解.

Gauss 消去法的回代过程是解上三角形方程组(1.11). 容易得到它的解的分量计算公式为

$$x_k=\Big(b_k^{(k-1)}-\sum_{j=k+1}^{n}a_{kj}^{(k-1)}x_j\Big)/a_{kk}^{(k-1)},$$
$$k=n,n-1,\cdots,1,\tag{1.12}$$

其中 $\sum_{n+1}^{n}(\cdots)=0$. (1.12)便是线性方程组(1.1)的解. 我们也称 $a_{nn}^{(n-1)}$为主元.

应用 Gauss 消去法解一个 n 阶线性方程组总共需乘除法运算次数为

$$\frac{1}{3}n^3+n^2-\frac{1}{3}n.$$

3.1.2 Gauss 列主元消去法

在 Gauss 消去法的消元过程中,我们逐次选取主对角元素 $a_{kk}^{(k-1)}$作为主元. 然而,若 $a_{kk}^{(k-1)}$相对其它元素(例如,与同列的 $a_{k+1,k}^{(k-1)},\cdots,a_{nk}^{(k-1)}$比较)绝对值较小,则舍入误差影响很大. 在这种情形下,会使得计算结果精确度不高(我们将在 3.5 节中详细讨论),甚至消元过程无法进行到底.

例 2 我们用 Gauss 消去法来解方程组

$$\begin{bmatrix} 16 & -9 & 1 \\ -2 & 1.127 & 8 \\ 4 & 3 & 1 \end{bmatrix} \begin{bmatrix} x_1 \\ x_2 \\ x_3 \end{bmatrix} = \begin{bmatrix} 38 \\ -12.873 \\ 14 \end{bmatrix}. \tag{1.13}$$

在一个假想的计算机上用断位的五位十进制数算术运算进行计算.第一步计算得乘子

$$l_{21} = \frac{-2}{16} = -0.125, \quad l_{31} = \frac{4}{16} = 0.25.$$

做完第一步,

$$[A, \boldsymbol{b}] \xrightarrow[r_3 - l_{31} r_1]{r_2 - l_{21} r_1} \begin{bmatrix} 16 & -9 & 1 & 38 \\ 0 & 0.002 & 8.125 & -8.123 \\ 0 & 5.25 & 0.75 & 4.5 \end{bmatrix}. \tag{1.14}$$

第二步(最后一步),计算得乘子

$$l_{32} = \frac{5.25}{0.002} = 2625.$$

增广矩阵变成

$$\begin{bmatrix} 16 & -9 & 1 & 38 \\ 0 & 0.002 & 8.125 & -8.123 \\ 0 & 0 & -21327 & 21326 \end{bmatrix}.$$

由回代过程,我们得到计算解:

$$x_3 = -0.99995, \quad x_2 = 0.75000, \quad x_1 = 2.8593.$$

方程组(1.13)的准确解是

$$x_3 = -1, \quad x_2 = 1, \quad x_1 = 3.$$

因此,我们得到的计算解 $x_3 = -0.99995$ 的相对误差为 5×10^{-5},但 $x_2 = 0.75000$ 和 $x_1 = 2.8593$ 的相对误差较大,它们分别为 0.25 和 0.0469.

为了减小计算过程舍入误差的影响,我们在第二步开始时,交换增广矩阵(1.14)的第 2 行与第 3 行,得到

$$\begin{bmatrix} 16 & -9 & 1 & 38 \\ 0 & 5.25 & 0.75 & 4.5 \\ 0 & 0.002 & 8.125 & -8.123 \end{bmatrix}.$$

现在,我们取乘子

$$l_{32} = \frac{0.002}{5.25} = 0.38095 \times 10^{-3}.$$

最后得到的增广矩阵是

$$\begin{bmatrix} 16 & -9 & 1 & 38 \\ 0 & 5.25 & 0.75 & 4.5 \\ 0 & 0 & 8.1247 & -8.1247 \end{bmatrix},$$

且由回代过程得到的计算解为

$$x_3 = -1, \quad x_2 = 1, \quad x_1 = 3.$$

我们应当指出,在最后的增广矩阵中,(3,3)和(3,4)位置的元素都不是准确的,侥幸的是在这些元素中产生舍入误差而得出 x_3 的准确结果.

从上面的例子看到,为了使消元过程不至于中断和减小舍入误差的影响,我们不按自然顺序进行消元.这就是说,不逐次选取主对角元素作为主元,例如,第 k 步,我们不一定选取 $a_{kk}^{(k-1)}$ 作主元,而从 $a_{kk}^{(k-1)}, a_{k+1,k}^{(k-1)}, \cdots, a_{nk}^{(k-1)}$ 中选取绝对值最大的元素,即使得

$$|a_{rk}^{(k-1)}| = \max_{k \leqslant i \leqslant n} |a_{ik}^{(k-1)}|$$

的元素 $a_{rk}^{(k-1)}$ 作主元,又称它为(第 k 步的)**列主元**.增广矩阵中主元所在的行称为**主行**,主元所在的列称为**主列**.并且,在进行第 k 步消元之前,交换矩阵的第 k 与第 r 行,可能有若干个不同的 i 值使 $|a_{ik}^{(k-1)}|$ 为最大值,则取 r 为这些 i 值中的最小者.经过这样修改过的 Gauss 消去法,称为 **Gauss 列主元消去法**.

线性方程组(1.1)的右端项作为增广矩阵的第 $n+1$ 列.使用计算机求解方程组时,常常将 b_i 记作 $a_{i,n+1}, i=1,2,\cdots,n$.为了节约计算机存贮单元,在用消去法解方程组的计算过程中,得到的 $a_{ij}^{(k)}$ 仍然可以存放到原来的增广矩阵的相应位置上.因此可将 $a_{ij}^{(k)}$ 的右上角标记去掉,并将公式(1.9)和(1.12)中的等号"="改成赋值号"←".

算法 3.1 应用 Gauss 列主元消去法解 n 阶线性方程组 $A\boldsymbol{x} = \boldsymbol{b}$,其中 $A = [a_{ij}]_{n \times n}, \boldsymbol{b} = [a_{1,n+1}, \cdots, a_{n,n+1}]^{\mathrm{T}}$.

输入 方程组的阶数 n;增广矩阵 $[A, \boldsymbol{b}]$.

输出 方程组的解 $x_1, \cdots, x_n$ 或系数矩阵奇异的信息.

step 1 对 $k=1,2,\cdots,n-1$ 做 step 2～5.

step 2 选主元:求 i_k 使

$$|a_{i_k,k}| = \max_{k \leqslant i \leqslant n} |a_{ik}|.$$

step 3 若 $a_{i_k,k}=0$,则输出('A is singular');停机.

step 4 若 $i_k \neq k$,则 $t \leftarrow a_{kj}; a_{kj} \leftarrow a_{i_k,j}; a_{i_k,j} \leftarrow t, j=k,k+1,\cdots,n+1$.
(交换增广矩阵的第 i_k 行与第 k 行)

step 5 对 $i=k+1,\cdots,n$ 做 step 6～7.

step 6 $a_{ik} \leftarrow l_{ik} = a_{ik}/a_{kk}$.

step 7 对 $j=k+1,\cdots,n+1$

$$a_{ij} \leftarrow a_{ij} - a_{ik}a_{kj}.$$

step 8　若 $a_{nn}=0$,则输出('A is singular'),停机;否则 $x_n \leftarrow a_{n,n+1}/a_{nn}$.

step 9　对 $k=n-1,\cdots,1$

$$x_k \leftarrow (a_{k,n+1} - \sum_{j=k+1}^{n} a_{kj}x_j)/a_{kk}.$$

step 10　输出$(x_1,x_2,\cdots,x_n)$;

停机.

在 Gauss 消去法的消元过程的第 k 步,若从 $a_{kk}^{(k-1)}, a_{k,k+1}^{(k-1)},\cdots,a_{kn}^{(k-1)}$中选取绝对值最大的元素作主元,即若

$$|a_{k,j_k}^{(k-1)}| = \max_{k\leqslant j\leqslant n} |a_{kj}^{(k-1)}|,$$

则选取 $a_{k,j_k}^{(k-1)}$作主元,称它为(第 k 步)**行主元**,并且在进行第 k 步消元之前交换增广矩阵的第k 列与第j_k 列(必须记录这种交换信息,以便整理解之用).经这样修改的 Gauss 消去法称为 **Gauss 行主元消去法**.

应用 Gauss 列或行主元消去法解一个线性方程组时,在消元过程中选取主元后作行或列交换不会改变前面各步消为零的元素的分布状况.据此,在消元过程的第 k 步,我们还可以从系数矩阵的最后 $n-k+1$ 行和列中选取绝对值最大的元素作主元,即若

$$|a_{i_k,j_k}^{(k-1)}| = \max_{k\leqslant i,j\leqslant n} |a_{ij}^{(k-1)}|,$$

则选取 $a_{i_k,j_k}^{(k-1)}$作为主元,并且在消元之前交换增广矩阵的第 k 行与第 i_k 行,以及第 k 列与第j_k 列.经过这样修改的 Gauss 消去法称为 **Gauss 全主元消去法**.

Gauss 全主元消去法与列主元和行主元消去法相比,工作量要大得多,而行主元消去法则要记录列交换信息,因此 Gauss 列主元消去法是解线性方程组的实用方法之一.

3.1.3　Gauss 按比例列主元消去法

对于某些情形,列主元消去法不是十分令人满意的.方程组

$$\begin{bmatrix} 16\times 10^4 & -9\times 10^4 & 10^4 \\ -2\times 10^4 & 1.127\times 10^4 & 8\times 10^4 \\ 4 & 3 & 1 \end{bmatrix}\begin{bmatrix} x_1 \\ x_2 \\ x_3 \end{bmatrix} = \begin{bmatrix} 38\times 10^4 \\ -12.837\times 10^4 \\ 14 \end{bmatrix} \quad (1.15)$$

等价于方程组(1.13).应用 Gauss 列主元消去法,进行第一步消元以后增广矩阵是

$$\begin{bmatrix} 16\times 10^4 & -9\times 10^4 & 10^4 & 38\times 10^4 \\ 0 & 20 & 81250 & -81230 \\ 0 & 5.25 & 0.75 & 4.5 \end{bmatrix}.$$

由此可见,第二步的主行是第二行.消元过程结束后,由回代过程得到的计算解与

例 2 中应用基本 Gauss 消去法得到的计算解相同. 这个例子说明, Gauss 列主元消去法也会使计算结果产生较大的误差. 我们看到, 方程组(1.15)是由(1.13)的头两个方程乘 10^4 得到的. 因此, 在消元过程第 k 步, 若第 k 列的第 k 至第 n 个元素中某个元素与其所在行的"大小"之比为最大者, 就选它作为主元, 这种选主元的方法似乎是合理的. 经过这样修改的列主元消去法称为**按比例列主元消去法**.

更具体地说, Gauss 按比例列主元消去法在消元过程第一步之前, 对 $i=1, 2, \cdots, n$ 计算方程组的系数矩阵的第 i 行的大小

$$s_i = \max_{1 \leqslant j \leqslant n} |a_{ij}|.$$

在第 k 步, 求最小的 r, $r \geqslant k$, 使

$$\frac{|a_{rk}|}{s_r} \geqslant \frac{|a_{ik}|}{s_i}, \qquad k \leqslant i \leqslant n.$$

以第 r 行作为主行, 然后交换增广矩阵的第 k 行与第 r 行.

算法 3.2 应用 Gauss 按比例列主元消去法解 n 阶线性方程组 $A\boldsymbol{x}=\boldsymbol{b}$, 其中 $A=[a_{ij}]_{n\times n}$, $\boldsymbol{b}=[a_{1,n+1}, \cdots, a_{n,n+1}]^{\mathrm{T}}$.

输入 方程组的阶数 n; 增广矩阵 $[A, \boldsymbol{b}]$.

输出 方程组的解 $x_1, \cdots, x_n$ 或系数矩阵奇异的信息.

step 1 对 $i=1,2,\cdots,n$

$s_i \leftarrow \max_{1\leqslant j\leqslant n} |a_{ij}|$;

若 $s_i = 0$, 则输出('A is singular');

停机.

step 2 对 $k=1,2,\cdots,n-1$ 做 step 3~7.

step 3 选主元: 求 r, 使

$$\frac{|a_{rk}|}{s_r} = \max_{k\leqslant i\leqslant n} \frac{|a_{ik}|}{s_i};$$

step 4 若 $a_{rk}=0$, 则输出('A is singular');

停机.

step 5 若 $r \neq k$, 则 $q \leftarrow s_k$;

$s_k \leftarrow s_r$;

$s_r \leftarrow q$.

step 6 对 $j=k, \cdots, n+1$

$t \leftarrow a_{kj}$;

$a_{kj} \leftarrow a_{rj}$;

$a_{rj} \leftarrow t$.

(交换增广矩阵的第 k 行与第 r 行).

step 7　对 $i=k+1,\cdots,n$ 做 step 8～9.

　step 8　$a_{ik}\leftarrow l_{ik}=a_{ik}/a_{kk}$.

　step 9　对 $j=k+1,\cdots,n+1$

$$a_{ij}\leftarrow a_{ij}-a_{ik}a_{kj}.$$

step 10　若 $a_{nn}=0$,则输出('A is singular'),停机;否则 $x_n\leftarrow a_{n,n+1}/a_{nn}$.

step 11　对 $k=n-1,\cdots,1$

$$x_k\leftarrow\left(a_{k,n+1}-\sum_{j=k+1}^{n}a_{kj}x_j\right)/a_{kk}.$$

step 12　输出 $(x_1,x_2,\cdots,x_n)$;

停机.

例 3　应用 Gauss 按比例列主元消去法解方程组

$$\begin{bmatrix}1&2&1\\3&4&0\\2&10&4\end{bmatrix}\begin{bmatrix}x_1\\x_2\\x_3\end{bmatrix}=\begin{bmatrix}3\\3\\10\end{bmatrix}.$$

开始,我们计算得

$$s_1=2,\quad s_2=4,\quad s_3=10.$$

由于

$$\frac{|a_{11}|}{s_1}=\frac{1}{2},\quad\frac{|a_{21}|}{s_2}=\frac{3}{4},\quad\frac{|a_{31}|}{s_3}=\frac{1}{5},$$

因此,第二行为主行,即 $a_{21}=3$ 为第一步消元的主元.交换 s_1 与 s_2 得 $s_1=4,s_2=2$.交换增广矩阵 $[A,\boldsymbol{b}]$ 的第2行与第1行,即

$$[A,\boldsymbol{b}]=\begin{bmatrix}1&2&1&3\\3&4&0&3\\2&10&4&10\end{bmatrix}\xrightarrow[r_1\leftrightarrow r_2]{}\begin{bmatrix}3&4&0&3\\1&2&1&3\\2&10&4&10\end{bmatrix}.$$

计算乘子

$$a_{21}\leftarrow l_{21}=\frac{a_{21}}{a_{11}}=\frac{1}{3},$$

$$a_{31}\leftarrow l_{31}=\frac{a_{31}}{a_{11}}=\frac{2}{3}.$$

进行第一步消元后,增广矩阵化为

$$\begin{bmatrix}3&4&0&3\\\frac{1}{3}&\frac{2}{3}&1&2\\\frac{2}{3}&\frac{22}{3}&4&8\end{bmatrix}.$$

第二步,我们计算得

$$\frac{|a_{22}|}{s_2}=\frac{\frac{2}{3}}{2}=\frac{1}{3},\quad \frac{|a_{32}|}{s_3}=\frac{\frac{22}{3}}{10}=\frac{11}{15}.$$

因而,第三行为主行,$\frac{22}{3}$为主元.交换 s_2 与 s_3 得 $s_2=10, s_3=2$.交换增广矩阵的第 3 行与第 2 行(此例中把 l_{21}和 l_{31}也交换),即

$$\begin{bmatrix}3 & 4 & 0 & 3\\ \frac{1}{3} & \frac{2}{3} & 1 & 2\\ \frac{2}{3} & \frac{22}{3} & 4 & 8\end{bmatrix}\xrightarrow[r_2\leftrightarrow r_3]{}\begin{bmatrix}3 & 4 & 0 & 3\\ \frac{2}{3} & \frac{22}{3} & 4 & 8\\ \frac{1}{3} & \frac{2}{3} & 1 & 2\end{bmatrix}.$$

计算乘子

$$a_{32}\leftarrow l_{32}=\frac{a_{32}}{a_{22}}=\frac{1}{11}.$$

经第二步消元后,增广矩阵化为

$$\begin{bmatrix}3 & 4 & 0 & 3\\ \frac{2}{3} & \frac{22}{3} & 4 & 8\\ \frac{1}{3} & \frac{1}{11} & \frac{7}{11} & \frac{14}{11}\end{bmatrix}.$$

最后,由回代过程计算得

$$x_3=\frac{\frac{14}{11}}{\frac{7}{11}}=2,$$

$$x_2=\frac{8-4\times 2}{\frac{22}{3}}=0,$$

$$x_1=\frac{3-4\times 0-0\times 2}{3}=1.$$

算法 3.2 中,若不进行增广矩阵的行交换,则可引进一个向量 $\boldsymbol{p}=[p_1,p_2,\cdots,p_n]^{\mathrm{T}}$ 来记录行交换. $\boldsymbol{p}$ 的分量最初为 $p_i=i, i=1,2,\cdots,n$,即 $\boldsymbol{p}=[1,2,\cdots,n]^{\mathrm{T}}$.若在消元过程的第 k 步需要交换增广矩阵的第 k 行与第 r 行,则交换 $\boldsymbol{p}$ 的第 k 与第 r 个分量.消元过程结束时,向量 $\boldsymbol{p}$ 便给出消元过程中一组主行的指示.这样,最后的 p_1 指示原始增广矩阵在第一步被选为主行的行,p_2 指示第二步被选为主行的行,等等.在消元过程中,对增广矩阵进行行交换的目的是把系数矩阵化为一个

上三角阵. 由此可知,最后一个方程仅含 x_n,倒数第二个方程含 x_n 和 x_{n-1} 等等. 但是 $\boldsymbol{p}$ 的最后元素也给出这种信息:第 p_n 个方程仅含 x_n,第 p_{n-1} 个方程含 x_n 和 x_{n-1},等等.

例 4　我们仍以例 3 的方程组

$$\begin{bmatrix}1 & 2 & 1\\3 & 4 & 0\\2 & 10 & 4\end{bmatrix}\begin{bmatrix}x_1\\x_2\\x_3\end{bmatrix}=\begin{bmatrix}3\\3\\10\end{bmatrix}.$$

为例来说明这种方法.

开始,向量 $\boldsymbol{p}=[1,2,3]^{\mathrm{T}}(p_1=1, p_2=2, p_3=3)$. 计算得

$$s_1 = 2,\quad s_2 = 4,\quad s_3 = 10.$$

由于

$$\frac{|a_{p_1,1}|}{s_{p_1}} = \frac{1}{2},\quad \frac{|a_{p_2,1}|}{s_{p_2}} = \frac{3}{4},\quad \frac{|a_{p_3,1}|}{s_{p_3}} = \frac{1}{5},$$

因此 $p_2=2$ 是第一步消元的主行. 我们把 $\boldsymbol{p}$ 修改为 $\boldsymbol{p}=[2,1,3]^{\mathrm{T}}(p_1=2, p_2=1, p_3=3)$,并且计算得乘子

$$a_{11} = a_{p_2,1} \leftarrow a_{p_2,1}/a_{p_1,1} = \frac{1}{3},$$

$$a_{31} = a_{p_3,1} \leftarrow a_{p_3,1}/a_{p_1,1} = \frac{2}{3}.$$

经第一步消元后,把增广矩阵修改为

$$\begin{bmatrix}\frac{1}{3} & \frac{2}{3} & 1 & 2\\3 & 4 & 0 & 3\\\frac{2}{3} & \frac{22}{3} & 4 & 8\end{bmatrix}.$$

第二步,计算得

$$\frac{|a_{p_2,2}|}{s_{p_2}} = \frac{1}{3},\quad \frac{|a_{p_3,2}|}{s_{p_3}} = \frac{22}{30},$$

因而 $p_3=3$ 是主行. 我们把 $\boldsymbol{p}$ 修改为 $\boldsymbol{p}=[2,3,1]^{\mathrm{T}}(p_1=2, p_2=3, p_3=1)$,并且计算得乘子

$$a_{12} = a_{p_3,2} \leftarrow a_{p_3,2}/a_{p_2,2} = \frac{1}{11},$$

最后的矩阵是

$$\begin{bmatrix} \frac{1}{3} & \frac{1}{11} & \frac{7}{11} & \frac{14}{11} \\ 3 & 4 & 0 & 3 \\ \frac{2}{3} & \frac{22}{3} & 4 & 8 \end{bmatrix}.$$

由于最后修改得 $\boldsymbol{p}=[p_1,p_2,p_3]^{\mathrm{T}}=[2,3,1]^{\mathrm{T}}$,因此,现在右端向量为

$$\boldsymbol{b} = [\tilde{b}_1,\tilde{b}_2,\tilde{b}_3]^{\mathrm{T}} = [\tilde{b}_{p_3},\tilde{b}_{p_1},\tilde{b}_{p_2}]^{\mathrm{T}} = \left[\frac{14}{11},3,8\right]^{\mathrm{T}}.$$

若把最后矩阵中存放乘子的位置元素回复为 0,则最后的增广矩阵具有如下形式

$$\begin{bmatrix} 0 & 0 & \frac{7}{11} & \frac{14}{11} \\ 3 & 4 & 0 & 3 \\ 0 & \frac{22}{3} & 4 & 8 \end{bmatrix}.$$

这就容易看出,回代过程的计算式为

$$x_3 \leftarrow \frac{\tilde{b}_{p_3}}{a_{p_3,3}} = \frac{\tilde{b}_1}{a_{13}} = \frac{\frac{14}{11}}{\frac{7}{11}} = 2,$$

$$x_2 \leftarrow \frac{\tilde{b}_{p_2} - a_{p_2,3}x_3}{a_{p_2,2}} = \frac{8-4\times 2}{\frac{22}{3}} = 0,$$

$$x_1 \leftarrow \frac{\tilde{b}_{p_1} - a_{p_1,3}x_3 - a_{p_1,2}x_2}{a_{p_1,1}} = \frac{3-0\times 2-4\times 0}{3} = 1.$$

对于手算来说,这无疑是麻烦的.然而,在计算机上,它比同类的应用矩阵交换的算法则更为有效.由于在消元过程中我们保存了元素 l_{ij},因此可在消元结束后对方程组的右端向量 $\boldsymbol{b}$ 进行变换.这样,我们来修改算法 3.2.

算法 3.3 应用 Gauss 按比例列主元消去法(不作矩阵行交换)解 n 阶线性方程组 $A\boldsymbol{x}=\boldsymbol{b}$,其中 $A=[a_{ij}]_{n\times n}$,$\boldsymbol{b}=[b_1,b_2,\cdots,b_n]^{\mathrm{T}}$.

输入 方程组的阶数 n;系数矩阵 A;右端向量 $\boldsymbol{b}$.

输出 方程组的解 $x_1,x_2,\cdots,x_n$ 或系数矩阵奇异的信息.

step 1 对 $i=1,2,\cdots,n$

$s_i \leftarrow \max\limits_{1\leqslant j\leqslant n} |a_{ij}|$;

若 $s_i=0$,则输出('A is singular');

停机;

$p_i \leftarrow i$;

step 2　对 $k=1,2,\cdots,n-1$ 做 step 3～6.

step 3　选主元:求 r,使

$$\frac{|a_{p_r,k}|}{s_{p_r}}=\max_{k\leqslant i\leqslant n}\frac{|a_{p_i,k}|}{s_{p_i}}.$$

step 4　若 $a_{p_r,k}=0$,则输出('A is singular');
停机.

step 5　若 $k\neq r$,则 $\text{temp}\leftarrow p_k$;
$p_k\leftarrow p_r$;
$p_r\leftarrow\text{temp}$.

step 6　对 $i=k+1,\cdots,n$ 做 step 7～8.

step 7　$a_{p_i,k}\leftarrow a_{p_i,k}/a_{p_k,k}$.

step 8　对 $j=k+1,\cdots,n$

$$a_{p_i,j}\leftarrow a_{p_i,j}-a_{p_i,k}a_{p_k,j}.$$

step 9　$\tilde{b}_{p_1}\leftarrow b_{p_1}$.

step 10　对 $i=2,3,\cdots,n$

$$\tilde{b}_{p_i}\leftarrow b_{p_i}-\sum_{j=1}^{i-1}a_{p_i,j}\tilde{b}_{p_j}.$$

step 11　若 $a_{p_n,n}=0$,则输出('A is singular'),停机;否则 $x_n\leftarrow\tilde{b}_{p_n}/a_{p_n,n}$.

step 12　对 $i=n-1,n-2,\cdots,1$

$$x_i\leftarrow\left(\tilde{b}_{p_i}-\sum_{j=i+1}^{n}a_{p_i,j}x_j\right)/a_{p_i,i}.$$

step 13　输出($x_1,x_2,\cdots,x_n$);
停机.

3.1.4　Gauss-Jordan 消去法

解线性方程组(1.1)的 **Gauss-Jordan 消去法**实际上是无回代过程的 Gauss 消去法.为了不进行回代过程,只要在消元过程的每一步将主列中除主元以外的其余元素均消为零.在实际计算中,第 k 步消元之前不必将主元交换到(k,k)位置上,可以根据每一步选取的主元所在位置找出方程组的解.

类似于公式(1.9)的推导,容易导出 Gauss-Jordan 消去法(按列选主元)的计算公式.我们将方程组的右端项记作 $a_{i,n+1}$,$i=1,2,\cdots,n$,并设第 k 步选取的主元为 $a_{i_k,k}^{(k-1)}$(列主元),则在消元过程中有

$$\left.\begin{aligned}&m_{ik}=a_{ik}^{(k-1)}/a_{i_k,k}^{(k-1)},i=1,2,\cdots,n,i\neq i_k\\&a_{ik}^{(k)}=0,i=1,2,\cdots,n,i\neq i_k\\&a_{ij}^{(k)}=a_{ij}^{(k-1)}-m_{ik}a_{i_k,j}^{(k-1)},\begin{array}{l}i=1,2,\cdots,n,i\neq i_k\\j=k+1,\cdots,n,n+1\end{array}\\&a_{i_k,j}^{(k)}=a_{i_k,j}^{(k-1)},j=k,\cdots,n,n+1\end{aligned}\right\}k=1,2,\cdots,n,\tag{1.16}$$

其中 $a_{ij}^{(0)}=a_{ij},i=1,2,\cdots,n,j=1,2,\cdots,n+1$.

方程组的解为

$$x_k=a_{i_k,n+1}^{(n)}/a_{i_k,k}^{(k)},\quad k=1,2,\cdots,n.\tag{1.17}$$

算法 3.4 应用 Gauss-Jordan 列主元消去法解 n 阶线性方程组 $A\boldsymbol{x}=\boldsymbol{b}$,其中 $A=[a_{ij}]_{n\times n},\boldsymbol{b}=[a_{1,n+1},\cdots,a_{n,n+1}]^{\mathrm{T}}$.

输入 方程组的阶数 n;增广矩阵$[A,\boldsymbol{b}]$.

输出 方程组的解 $x_1,\cdots,x_n$ 或系数矩阵奇异的信息.

step 1 对 $k=1,2,\cdots,n$ 做 step 2~4.

step 2 选主元:求 i_k,使

$$|a_{i_k,k}|=\max_{\substack{i=1,\cdots,n\\i\neq i_1,\cdots,i_{k-1}}}|a_{ik}|.$$

step 3 若 $a_{i_k,k}=0$,则输出('A is singular');
停机.

step 4 对 $i=1,\cdots,n,i\neq i_k$ 做 step 5~6.

step 5 $a_{ik}\leftarrow m_{i,k}=a_{ik}/a_{i_k,k}$.

step 6 对 $j=k+1,\cdots,n+1$

$$a_{ij}\leftarrow a_{ij}-a_{ik}a_{i_k,j}.$$

step 7 对 $k=1,2,\cdots,n$

$$x_k\leftarrow a_{i_k,n+1}/a_{i_k,k}.$$

step 8 输出$(x_1,x_2,\cdots,x_n)$;
停机.

3.1.5 矩阵方程的解法

现在,我们应用 Gauss 消去法来解矩阵方程

$$AX=B,\tag{1.18}$$

其中 $A=[a_{ij}]_{n\times n},B=[B_{ij}]_{n\times m},X=[x_{ij}]_{n\times m}$. 假如按照自然顺序进行消元,则类似于公式(1.9),在消元过程的第 k 步得到

$$\left.\begin{aligned} &l_{ik} = a_{ik}^{(k-1)}/a_{kk}^{(k-1)} \\ &a_{ik}^{(k)} = 0 \\ &a_{ij}^{(k)} = a_{ij}^{(k-1)} - l_{ik}a_{kj}^{(k-1)}, j = k+1,\cdots,n \\ &b_{ij}^{(k)} = b_{ij}^{(k-1)} - l_{ik}b_{kj}^{(k-1)}, j = 1,\cdots,m \end{aligned}\right\} i = k+1,\cdots,n, \tag{1.19}$$

其中规定 $a_{ij}^{(0)} = a_{ij}, (i,j = 1,2,\cdots,n), b_{ij}^{(0)} = b_{ij} (i = 1,2,\cdots,n, j = 1,2,\cdots,m)$.
由回代过程得到方程(1.18)的解 X 的元素 x_{ij} 的计算公式为

$$x_{ij} = (b_{ij}^{(i-1)} - \sum_{k=i+1}^{n} a_{ik}^{(i-1)} x_{kj}) / a_{ii}^{(i-1)}, \tag{1.20}$$

$$i = n, n-1, \cdots, 1, \qquad j = 1, \cdots, m.$$

注意,逐步计算得 $a_{ij}^{(k)}$ 存放到 a_{ij} 的位置上,$b_{ij}^{(k)}$ 存放到 b_{ij} 的位置上,最后的解 x_{ij} 还可存放到 b_{ij} 的位置上.同解线性方程组 $A\boldsymbol{x} = \boldsymbol{b}$ 的情形完全一样,一般需要选主元.因此我们可以用 Gauss 列主元消去法或 Gauss-Jordan 列主元消去法解矩阵方程(1.18).

3.1.6 Gauss 消去法的矩阵表示形式

应用基本 Gauss 消去法(假设没有进行行交换)解线性方程组(1.1)或(1.2),消元过程的第一步得到

$$[A^{(1)}, \boldsymbol{b}^{(1)}] = L_1^{-1}[A, \boldsymbol{b}],$$

即有

$$L_1^{-1} A\boldsymbol{x} = L_1^{-1}\boldsymbol{b}, \tag{1.21}$$

其中

$$L_1^{-1} = \begin{bmatrix} 1 & & & \\ -l_{21} & 1 & & \\ \vdots & & \ddots & \\ -l_{n1} & & & 1 \end{bmatrix}, \quad l_{i1} = a_{i1}/a_{11}, \ i = 2,\cdots,n.$$

第二步得到

$$[A^{(2)}, \boldsymbol{b}^{(2)}] = L_2^{-1}[A^{(1)}, \boldsymbol{b}^{(1)}] = L_2^{-1}L_1^{-1}[A, \boldsymbol{b}],$$

即有

$$L_2^{-1}L_1^{-1}A\boldsymbol{x} = L_2^{-1}L_1^{-1}\boldsymbol{b},$$

其中

$$L_2^{-1} = \begin{bmatrix} 1 & & & & \\ & 1 & & & \\ & -l_{32} & 1 & & \\ & \vdots & & \ddots & \\ & -l_{n2} & & & 1 \end{bmatrix}, \quad l_{i2} = a_{i2}^{(1)}/a_{22}^{(1)}, \quad i = 3, \cdots, n.$$

假设进行了 $k-1$ 步,得到

$$[A^{(k-1)}, \boldsymbol{b}^{(k-1)}] = L_{k-1}^{-1} \cdots L_1^{-1} [A, \boldsymbol{b}],$$

即有

$$L_{k-1}^{-1} \cdots L_1^{-1} A\boldsymbol{x} = L_{k-1}^{-1} \cdots L_1^{-1} \boldsymbol{b},$$

或写成

$$A^{(k-1)} \boldsymbol{x} = \boldsymbol{b}^{(k-1)},$$

其中

$$\begin{aligned} A^{(k-1)} &= L_{k-1}^{-1} \cdots L_1^{-1} A, \\ \boldsymbol{b}^{(k-1)} &= L_{k-1}^{-1} \cdots L_1^{-1} \boldsymbol{b}. \end{aligned} \tag{1.22}$$

第 k 步则有

$$[A^{(k)}, \boldsymbol{b}^{(k)}] = L_k^{-1} [A^{(k-1)}, \boldsymbol{b}^{(k-1)}] = L_k^{-1} L_{k-1}^{-1} \cdots L_1^{-1} [A, \boldsymbol{b}],$$

即有

$$L_k^{-1} L_{k-1}^{-1} \cdots L_1^{-1} A\boldsymbol{x} = L_k^{-1} L_{k-1}^{-1} \cdots L_1^{-1} \boldsymbol{b}.$$

其中

$$L_k^{-1} = \begin{bmatrix} 1 & & & & & \\ & 1 & & & & \\ & & 1 & & & \\ & & -l_{k+1,k} & 1 & & \\ & & \vdots & & \ddots & \\ & & -l_{nk} & & & 1 \end{bmatrix}, \tag{1.23}$$

$$l_{ik} = a_{ik}^{(k-1)}/a_{kk}^{(k-1)}, \qquad i = k+1, \cdots, n.$$

经过 $n-1$ 步消元后,我们得到

$$L_{n-1}^{-1} \cdots L_2^{-1} L_1^{-1} A\boldsymbol{x} = L_{n-1}^{-1} \cdots L_2^{-1} L_1^{-1} \boldsymbol{b}, \tag{1.24}$$

即

$$A^{(n-1)} \boldsymbol{x} = \boldsymbol{b}^{(n-1)}. \tag{1.25}$$

$A^{(n-1)}$是一个上三角阵.回代过程是解上三角形方程组(1.25).

矩阵 L_k^{-1} 称为 **Gauss 变换矩阵**或**消元矩阵**.我们可以把它写成

$$L_k^{-1} = I - \boldsymbol{l}_k \boldsymbol{e}_k^{\mathrm{T}}, \tag{1.26}$$

其中 I 为 n 阶单位阵,$\boldsymbol{e}_k$ 是第 k 个分量是 1 而其余分量全为 0 的 n 维向量,以及

$$\boldsymbol{l}_k = [0,\cdots,0,l_{k+1,k},\cdots,l_{nk}]^{\mathrm{T}}.$$

特别地,若令 $\boldsymbol{x}=[x_1,x_2,\cdots,x_n]^{\mathrm{T}}$, $l_{ik}=x_i/x_k$, $i=k+1,\cdots,n$,则有

$$L_k^{-1}\boldsymbol{x} = [x_1,\cdots,x_k,0,\cdots,0]^{\mathrm{T}}.$$

这就是说,L_k^{-1} 把 $\boldsymbol{x}$ 的后 $n-k$ 个分量都消为零.

由于 $\boldsymbol{e}_k^{\mathrm{T}}\boldsymbol{l}_k=0$,因此有

$$(I - \boldsymbol{l}_k\boldsymbol{e}_k^{\mathrm{T}})(I + \boldsymbol{l}_k\boldsymbol{e}_k^{\mathrm{T}}) = I,$$

从而

$$L_k = I + \boldsymbol{l}_k\boldsymbol{e}_k^{\mathrm{T}} = \begin{bmatrix} 1 & & & & & \\ & 1 & & & & \\ & & 1 & & & \\ & & l_{k+1,k} & 1 & & \\ & & \vdots & & \ddots & \\ & & l_{nk} & & & 1 \end{bmatrix}.$$

其次,当 $i<j$ 时,由于

$$L_iL_j = (I + \boldsymbol{l}_i\boldsymbol{e}_i^{\mathrm{T}})(I + \boldsymbol{l}_j\boldsymbol{e}_j^{\mathrm{T}}) = I + \boldsymbol{l}_i\boldsymbol{e}_i^{\mathrm{T}} + \boldsymbol{l}_j\boldsymbol{e}_j^{\mathrm{T}} = L_i + L_j - I,$$

则有

$$L = L_1L_2\cdots L_{n-1} = \sum_{i=1}^{n-1} L_i - (n-2)I$$

$$= \begin{bmatrix} 1 & & & & \\ l_{21} & 1 & & & \\ l_{31} & l_{32} & 1 & & \\ \vdots & \vdots & & \ddots & \\ l_{n1} & l_{n2} & \cdots & l_{n,n-1} & 1 \end{bmatrix}$$

$$= \begin{bmatrix} 1 & & & & \\ \dfrac{a_{21}}{a_{11}} & 1 & & & \\ \dfrac{a_{31}}{a_{11}} & \dfrac{a_{32}^{(1)}}{a_{22}^{(1)}} & 1 & & \\ \vdots & \vdots & & \ddots & \\ \dfrac{a_{n1}}{a_{11}} & \dfrac{a_{n2}^{(1)}}{a_{22}^{(1)}} & \cdots & \dfrac{a_{n,n-1}^{(n-2)}}{a_{n-1,n-1}^{(n-2)}} & 1 \end{bmatrix}.$$

它是一个单位下三角阵.

记 $A^{(n-1)}=U$,据(1.24)和(1.25)式有

$$L_{n-1}^{-1}\cdots L_2^{-1}L_1^{-1}A = U,$$

因此

$$A = L_1L_2\cdots L_{n-1}U = LU. \tag{1.27}$$

这样,我们把矩阵 A 分解成一个单位下三角阵和一个上三角阵的乘积.

为了使基本 Gauss 消去法(不作行交换)能进行到底,我们假定了主元 a_{11}, $a_{22}^{(1)},\cdots,a_{n-1,n-1}^{(n-2)},a_{nn}^{(n-1)}$全不为零.自然,我们要问在什么情形下这些主元全不为零?

定理 在 Gauss 消去法中,主元 $a_{11},a_{22}^{(1)},\cdots,a_{kk}^{(k-1)}$全不为零的充分必要条件是矩阵$A$ 的顺序主子矩阵

$$A_1 = [a_{11}], A_2 = \begin{bmatrix} a_{11} & a_{12} \\ a_{21} & a_{22} \end{bmatrix},\cdots,A_k = \begin{bmatrix} a_{11} & a_{12} & \cdots & a_{1k} \\ a_{21} & a_{22} & \cdots & a_{2k} \\ \vdots & \vdots & & \vdots \\ a_{k1} & a_{k2} & \cdots & a_{kk} \end{bmatrix}$$

都是非奇异,此处 $k\leqslant n$.

证明 对 k 用归纳法证明.当 $k=1$ 时,$A_1=[a_{11}]$,定理结论显然成立.假设定理直到 $k-1$ 成立,即 $a_{11},a_{22}^{(1)},\cdots,a_{k-1,k-1}^{(k-2)}$全不为零的充分必要条件是顺序主子矩阵 $A_1,A_2,\cdots,A_{k-1}$都非奇异.因此,无论是假定 $a_{11},a_{22}^{(1)},\cdots,a_{k-1,k-1}^{(k-2)}$全不为零或是 $A_1,A_2,\cdots,A_{k-1}$都非奇异,Gauss 消去法的消元过程总可进行 $k-1$ 步,据(1.22)式

$$A^{(k-1)} = L_{k-1}^{-1}L_{k-2}^{-1}\cdots L_1^{-1}A.$$

由于 $A^{(k-1)}$的 k 阶顺序主子矩阵 $A_k^{(k-1)}$ 是以 $a_{11},a_{22}^{(1)},\cdots,a_{k-1,k-1}^{(k-2)},a_{kk}^{(k-1)}$为主对角元的上三角阵,并且易知

$$A_k^{(k-1)} = (L_{k-1}^{-1})_k(L_{k-2}^{-1})_k\cdots(L_1^{-1})_kA_k,$$

其中$(L_i^{-1})_k$ 表示L_i^{-1} 的k 阶顺序主子矩阵,$i=1,\cdots,k-1$.从而

$$\det A_k^{(k-1)} = \det(L_{k-1}^{-1})_k\cdots\det(L_1^{-1})_k\det A_k = \det A_k,$$

因此

$$\det A_k = a_{11}a_{22}^{(1)}\cdots a_{k-1,k-1}^{(k-2)}a_{kk}^{(k-1)}, \tag{1.28}$$

故 $a_{11},a_{22}^{(1)},\cdots,a_{k-1,k-1}^{(k-2)},a_{kk}^{(k-1)}$全不为零的充分必要条件是 $A_1,A_2\cdots,A_{k-1},A_k$ 都非奇异.

我们用 I_{rs}表示单位阵I 的第r 行(列)与第 s 行(列)交换得到的矩阵,通常称为初等排列阵.初等排列阵 I_{rs}具有下列简单性质:

(1) $I_{rs}=I_{sr}$;

(2) 用 I_{rs}左乘矩阵A,就是交换 A 的第r 行与第s 行,而用 I_{rs}右乘A 就是交换A 的第r 列与第s 列;

(3) $I_{rs}^{\mathrm{T}} = I_{rs} = I_{rs}^{-1}, I_{rs}I_{sr} = I$;

(4) $\det I_{rs} = -1$.

现在,我们可以将 Gauss 列主元消去法的消元过程叙述如下.

第一步,假设选取 $a_{i_1,1}(i_1 \geqslant 1)$为主元.类似于(1.21),我们得到

$$L_1^{-1} I_{i_1,1} A\boldsymbol{x} = L_1^{-1} I_{i_1,1} \boldsymbol{b}.$$

第二步,若选 $a_{i_2,2}^{(1)}(i_2 \geqslant 2)$为主元,我们有

$$L_2^{-1} I_{i_2,2} L_1^{-1} I_{i_1,1} A\boldsymbol{x} = L_2^{-1} I_{i_2,2} L_1^{-1} I_{i_1,1} \boldsymbol{b}.$$

进行 $n-1$ 步消元后,原方程组 $A\boldsymbol{x} = \boldsymbol{b}$ 便化为一个上三角形方程组

$$\begin{aligned} & L_{n-1}^{-1} I_{i_{n-1},n-1} L_{n-2}^{-1} I_{i_{n-2},n-2} \cdots L_1^{-1} I_{i_1,1} A\boldsymbol{x} \\ & = L_{n-1}^{-1} I_{i_{n-1},n-1} \cdots L_1^{-1} I_{i_1,1} \boldsymbol{b}. \end{aligned} \tag{1.29}$$

类似于 Gauss 消去法的讨论,假定 Gauss-Jordan 消去法按自然顺序选主元,且进行 $k-1$ 步后方程组已化为

$$A^{(k-1)} \boldsymbol{x} = \boldsymbol{b}^{(k-1)}. \tag{1.30}$$

第 k 步则是用矩阵

$$M_k = \begin{bmatrix} 1 & & & m_{1k} & & & \\ & \ddots & & \vdots & & & \\ & & 1 & m_{k-1,k} & & & \\ & & & m_{kk} & & & \\ & & & m_{k+1,k} & 1 & & \\ & & & \vdots & & \ddots & \\ & & & m_{nk} & & & 1 \end{bmatrix} \tag{1.31}$$

左乘方程(1.30)的两端,其中

$$m_{ik} = \begin{cases} 1, & i = k, \\ -a_{ik}^{(k-1)}/a_{kk}^{(k-1)}, & i \neq k, \end{cases} \qquad i = 1,2,\cdots,n,$$

$a_{ij}^{(k-1)}$是$A^{(k-1)}$的(i,j)元素.从而,方程组(1.30)化为

$$A^{(k)} \boldsymbol{x} = \boldsymbol{b}^{(k)},$$

其中

$$A^{(k)} = M_k A^{(k-1)}, \quad \boldsymbol{b}^{(k)} = M_k \boldsymbol{b}^{(k-1)}.$$

最后,进行了 n 步消元得到

$$D\boldsymbol{x} = \boldsymbol{b}^{(n)}, \tag{1.32}$$

其中

$$D = M_n M_{n-1} \cdots M_1 A = \mathrm{diag}(a_{11}, a_{22}^{(1)}, \cdots, a_{nn}^{(n-1)}).$$

假如消元过程的每一步都作主行元素除以主元的运算,那么消元过程的第 k

步,M_k 中的元素 $m_{ik}(i=1,\cdots,n)$为

$$m_{ik}=\begin{cases}1/a_{kk}^{(k-1)}, & i=k,\\ -a_{ik}^{(k-1)}/a_{kk}^{(k-1)}, & i\neq k.\end{cases}$$

消元过程完成时,我们得到

$$M_nM_{n-1}\cdots M_1A=I. \tag{1.33}$$

原方程组 $A\boldsymbol{x}=\boldsymbol{b}$ 则化为

$$\boldsymbol{x}=\boldsymbol{b}^{(n)}=M_nM_{n-1}\cdots M_1\boldsymbol{b}. \tag{1.34}$$

它便是方程组 $A\boldsymbol{x}=\boldsymbol{b}$ 的解.

再假设 Gauss-Jordan 消去法按列选主元,第 k 步的主元为 $a_{i_k,k}^{(k-1)}$,并且每一步都作主行元素除以主元的运算.消元过程完成时,便将方程组 $A\boldsymbol{x}=\boldsymbol{b}$ 化为

$$M_nI_{i_n,n}M_{n-1}I_{i_{n-1},n-1}\cdots M_1I_{i_1,1}A\boldsymbol{x}=M_nI_{i_n,n}\cdots M_1I_{i_1,1}\boldsymbol{b}. \tag{1.35}$$

现在

$$M_nI_{i_n,n}M_{n-1}I_{i_{n-1},n-1}\cdots M_1I_{i_1,1}A=I, \tag{1.36}$$

因此

$$\boldsymbol{x}=M_nI_{i_n,n}M_{n-1}I_{i_{n-1},n-1}\cdots M_1I_{i_1,1}\boldsymbol{b}.$$

3.2 直接三角分解法

3.2.1 矩阵三角分解

在 3.1.6 节中我们已经知道,在 n 阶矩阵 A 的顺序主子矩阵 $A_k(k=1,2,\cdots,n-1)$均非奇异的假定下,Gauss 消去法的消元过程能进行到底.这样,还可以把矩阵 A 分解成

$$A=LU,$$

其中 L 是一个单位下三角阵,U 是一个上三角阵.

定义 若方阵 A 可以分解成一个下三角阵 L 和一个上三角阵 U 的乘积,即

$$A=LU, \tag{2.1}$$

则这种分解称为方阵 A 的一种**三角分解**或 ***LU* 分解**.特别,若 L 为单位下三角阵时,则称它为 **Doolittle 分解**;若 U 为单位上三角阵时,则称它为 **Crout 分解**.

据 3.1 节定理知,若 n 阶方阵 A 的顺序主子矩阵 $A_1,A_2,\cdots,A_{n-1}$均非奇异,则 Gauss 消去法的消元过程可以作出 A 的 Doolittle 分解 $A=LU$.但对任一非奇异对角阵 D,我们有

$$A=(LD)(D^{-1}U)=L'U',$$

这也是 A 的一种三角分解.这说明矩阵的三角分解并不唯一.为了讨论矩阵 A 的

三角分解的唯一性问题,我们将 A 分解成

$$A = LDR, \tag{2.2}$$

其中,L,R 分别为单位下、上三角阵,D 为一个对角阵.这种分解称为矩阵 A 的一种 ***LDR* 分解**.

定理 1 n 阶矩阵 A 有唯一的 LDR 分解的充分必要条件是 A 的顺序主子矩阵 $A_1,A_2,\cdots,A_{n-1}$ 均非奇异.

证明 *充分性* 设 $A_1,A_2,\cdots,A_{n-1}$ 均非奇异,则由 Gauss 消去法的消元过程可实现一个 Doolittle 分解:$A=LU$,上三角阵 U 的主对角元为 $a_{11},a_{22}^{(1)},\cdots,a_{n-1,n-1}^{(n-2)}$ 和 $a_{nn}^{(n-1)}$ 且 $a_{11},a_{22}^{(1)},\cdots,a_{n-1,n-1}^{(n-2)}$ 都不为零.若 A 非奇异,则由

$$\det A = \det L \cdot \det U \neq 0$$

知 $a_{nn}^{(n-1)} \neq 0$.于是,令

$$D = \mathrm{diag}(a_{11},a_{22}^{(1)},\cdots,a_{nn}^{(n-1)}),$$

则 D 非奇异,且

$$A = LU = LDD^{-1}U = LDR, \tag{2.3}$$

其中 $R=D^{-1}U$ 为单位上三角阵.故(2.3)式是一个 LDR 分解.若 A 奇异,则 $a_{nn}^{(n-1)}=0$.这时,令

$$D = \mathrm{diag}(a_{11},a_{22}^{(1)},\cdots,a_{n-1,n-1}^{(n-2)},0),$$
$$D_{n-1} = \mathrm{diag}(a_{11},a_{22}^{(1)},\cdots,a_{n-1,n-1}^{(n-2)}),$$

则

$$U = \begin{bmatrix} U_{n-1} & \boldsymbol{c} \\ \boldsymbol{0}^{\mathrm{T}} & 0 \end{bmatrix} = \begin{bmatrix} D_{n-1} & \boldsymbol{0} \\ \boldsymbol{0}^{\mathrm{T}} & 0 \end{bmatrix} \begin{bmatrix} D_{n-1}^{-1}U_{n-1} & D_{n-1}^{-1}\boldsymbol{c} \\ \boldsymbol{0}^{\mathrm{T}} & 1 \end{bmatrix} = DR,$$
$$A = LU = LDR.$$

因此,矩阵 A 仍存在一个 LDR 分解.

当 A 非奇异时,设另有一个 LDR 分解:$A=L_1D_1R_1$,L_1,D_1,R_1 也都是非奇异的,则

$$LDR = L_1D_1R_1. \tag{2.4}$$

于是有

$$L_1^{-1}L = D_1R_1R^{-1}D^{-1}. \tag{2.5}$$

(2.5)式左端是单位下三角阵,右端是单位上三角阵,因此它们应该都是单位阵 I,即

$$L_1^{-1}L = I, \qquad D_1R_1R^{-1}D^{-1} = I.$$

从而有

$$L_1 = L$$

以及

$$R_1R^{-1} = D_1^{-1}D. \tag{2.6}$$

又因 R_1R^{-1}是一个单位上三角阵,$D_1^{-1}D$ 是对角阵,因此由(2.6)式有

$$R_1R^{-1} = I, \qquad D_1^{-1}D = I.$$

故

$$R_1 = R, \qquad D_1 = D.$$

若 A 奇异,则(2.4)可写成分块形式

$$\begin{bmatrix} \widetilde{L} & \mathbf{0} \\ \boldsymbol{b}^{\mathrm{T}} & 1 \end{bmatrix}\begin{bmatrix} \widetilde{D} & \mathbf{0} \\ \mathbf{0}^{\mathrm{T}} & 0 \end{bmatrix}\begin{bmatrix} \widetilde{R} & \boldsymbol{c} \\ \mathbf{0}^{\mathrm{T}} & 1 \end{bmatrix} = \begin{bmatrix} \widetilde{L}_1 & \mathbf{0} \\ \boldsymbol{b}_1^{\mathrm{T}} & 1 \end{bmatrix}\begin{bmatrix} \widetilde{D}_1 & \mathbf{0} \\ \mathbf{0}^{\mathrm{T}} & 0 \end{bmatrix}\begin{bmatrix} \widetilde{R}_1 & \boldsymbol{c}_1 \\ \mathbf{0}^{\mathrm{T}} & 1 \end{bmatrix}.$$

由此得出

$$\begin{bmatrix} \widetilde{L}\widetilde{D}\widetilde{R} & \widetilde{L}\widetilde{D}\boldsymbol{c} \\ \boldsymbol{b}^{\mathrm{T}}\widetilde{D}\widetilde{R} & \boldsymbol{b}^{\mathrm{T}}\widetilde{D}\boldsymbol{c} \end{bmatrix} = \begin{bmatrix} \widetilde{L}_1\widetilde{D}_1\widetilde{R}_1 & \widetilde{L}_1\widetilde{D}_1\boldsymbol{c}_1 \\ \boldsymbol{b}^{\mathrm{T}}\widetilde{D}_1\widetilde{R}_1 & \boldsymbol{b}_1^{\mathrm{T}}\widetilde{D}_1\boldsymbol{c}_1 \end{bmatrix},$$

其中 $\widetilde{L},\widetilde{D},\widetilde{R},\widetilde{L}_1,\widetilde{D}_1,\widetilde{R}_1$ 皆非奇异.类似于前面的推导,可得

$$\widetilde{L}_1 = \widetilde{L}, \quad \widetilde{D}_1 = \widetilde{D}, \quad \widetilde{R}_1 = \widetilde{R},$$

$$\boldsymbol{b}_1^{\mathrm{T}} = \boldsymbol{b}^{\mathrm{T}}, \quad \boldsymbol{c}_1 = \boldsymbol{c}.$$

必要性 假设矩阵 A 有唯一的 LDR 分解.当 A 非奇异时,L,D,R 皆非奇异.当 A 奇异时,设 $D=\mathrm{diag}(d_1,d_2,\cdots,d_n)$,则必 $d_i\neq 0(i=1,\cdots,n-1),d_n=0$,否则 A 的 LDR 分解不可能唯一.因此,不论哪种情形,L,D,R 的 i 阶主子矩阵 L_i,D_i,R_i 都非奇异,$i=1,2,\cdots,n-1$.由于

$$A_i = L_iD_iR_i, \quad i = 1,2,\cdots,n-1,$$

因此 $A_1,A_2,\cdots,A_{n-1}$都非奇异.

如果对线性方程组

$$A\boldsymbol{x} = \boldsymbol{b} \tag{2.7}$$

的系数矩阵 A 作出 LU 分解(由 A 确定 L 和 U),那么方程组(2.7)可写成

$$LU\boldsymbol{x} = \boldsymbol{b}.$$

于是,解方程组(2.7)便等价于解下面的两个方程组:

$$L\boldsymbol{y} = \boldsymbol{b} \tag{2.8}$$

和

$$U\boldsymbol{x} = \boldsymbol{y}. \tag{2.9}$$

这就是解线性方程组的**直接三角分解法**.(2.8)和(2.9)分别为下、上三角形方程组,极容易求解.

Gauss 消去法的消元过程是将 A 的三角分解和解方程组(2.8)同时进行(注意 L 是单位下三角阵,即作 Doolittle 分解),其回代过程是解方程组(2.9).然而,直接三角分解法是从矩阵 A 的元素直接由关系式$A=LU$ 确定 L 和 U 的元素,不必像 Gauss 消去法那样计算那些中间结果.

3.2.2 Crout 方法

设矩阵 $A=[a_{ij}]_{n\times n}$ 可作出 Crout 分解

$$A = LU$$

其中

$$L = \begin{bmatrix} l_{11} & & & & \\ l_{21} & l_{22} & & & \\ \vdots & \vdots & \ddots & & \\ l_{i1} & l_{i2} & \cdots & l_{ii} & \\ \vdots & \vdots & & & \\ l_{n1} & l_{n2} & \cdots & \cdots & l_{nn} \end{bmatrix}, \quad U = \begin{bmatrix} u_{11} & u_{12} & \cdots & u_{1j} & \cdots & u_{1n} \\ & u_{22} & \cdots & u_{2j} & \cdots & u_{2n} \\ & & \ddots & \vdots & & \vdots \\ & & & u_{jj} & \cdots & u_{jn} \\ & & & & \ddots & \vdots \\ & & & & & u_{nn} \end{bmatrix}, \tag{2.10}$$

$u_{jj}=1,j=1,\cdots,n$.我们根据这个三角分解式来确定 L 的元素 l_{ij} 和 U 的元素 u_{ij}.由 $A=LU$ 两端矩阵的(i,j)位置元素对应相等,有

$$a_{ij} = \sum_{r=1}^{\min(i,j)} l_{ir}u_{rj}, \quad i,j = 1,2,\cdots,n. \tag{2.11}$$

当 $j=1$ 时,有

$$l_{i1} = l_{i1}u_{11} = a_{i1}, \quad i = 1,2,\cdots,n. \tag{2.12}$$

当 $i=1$ 时,有

$$l_{11}u_{1j} = a_{1j}, \quad j = 2,\cdots,n,$$

因而设 $l_{11}\neq 0$,则有

$$u_{1j} = a_{1j}/l_{11}, \quad j = 2,\cdots,n. \tag{2.13}$$

因此,第一步是由(2.12)式计算 L 的第一列元素,而由(2.13)式计算 U 的第一行元素.

第二步,我们计算 L 的第二列和 U 的第二行元素.

假设我们进行了 $k-1$ 步,计算得 L 的前 $k-1$ 列元素和 U 的前 $k-1$ 行元素.第 k 步,将要计算 L 的第 k 列元素和 U 的第 k 行元素.由(2.11)式,当 $j=k$ 时,对 $i=k,k+1,\cdots,n$ 有

$$a_{ik} = \sum_{r=1}^{k} l_{ir}u_{rk} = \sum_{r=1}^{k-1} l_{ir}u_{rk} + l_{ik},$$

即

$$l_{ik} = a_{ik} - \sum_{r=1}^{k-1} l_{ir}u_{rk}, \quad i = k,\cdots,n. \tag{2.14}$$

(2.14)式右端所有的项均为已知,从而便可以用(2.14)式来计算 L 的第 k 列元素.仿此,由(2.11)式,当 $i=k$ 时,对于 $j=k+1,\cdots,n$ 有

$$a_{kj} = \sum_{r=1}^{k} l_{kr}u_{rj} = \sum_{r=1}^{k-1} l_{kr}u_{rj} + l_{kk}u_{kj}.$$

因此,假设 $l_{kk}\neq 0$,则有

$$u_{kj} = (a_{kj} - \sum_{r=1}^{k-1} l_{kr}u_{rj})/l_{kk}, \quad j = k+1,\cdots,n. \tag{2.15}$$

(2.15)式右端的各项均为已知,从而便可由(2.15)式来计算 U 的第 k 行元素.

综合上述,进行 n 步计算便可得 L 和 U 的全部元素. 注意,进行第 n 步计算时,必须由(2.14)式计算 L 的元素 l_{nn},但不必用(2.15)式来计算 u_{nn},因 $u_{nn}=1$.

实现矩阵 A 的 Crout 分解后,解方程组 $A\boldsymbol{x}=\boldsymbol{b}$ 就等价于解两个三角形方程组 $L\boldsymbol{y}=\boldsymbol{b}$ 和 $U\boldsymbol{x}=\boldsymbol{y}$.

上述解线性方程组 $A\boldsymbol{x}=\boldsymbol{b}$ 的方法称为 **Crout 方法**. 现将它的计算步骤归结如下:

(1) 计算 A 的 LU 分解中 L 的第一列和 U 的第一行元素:

$$l_{i1} = a_{i1}, \quad i = 1,2,\cdots,n;$$

$$u_{1j} = a_{1j}/l_{11}, \quad j = 2,\cdots,n(u_{11} = 1).$$

(2) 对 $k=2,\cdots,n$ 计算 L 的第 k 列元素:

$$l_{ik} = a_{ik} - \sum_{r=1}^{k-1} l_{ir}u_{rk}, \quad i = k,\cdots,n$$

以及 U 的第 $k(k\neq n, u_{nn}=1)$ 行元素:

$$u_{kj} = (a_{kj} - \sum_{r=1}^{k-1} l_{kr}u_{rj})/l_{kk}, \quad j = k+1,\cdots,n$$

$(u_{kk}=1)$.

(3) 解下三角形方程组 $L\boldsymbol{y}=\boldsymbol{b}$:

$$y_1 = b_1/l_{11},$$

$$y_k = (b_k - \sum_{r=1}^{k-1} l_{kr}y_r)/l_{kk}, \quad k = 2,\cdots,n.$$

(4) 解单位上三角形方程组 $U\boldsymbol{x}=\boldsymbol{y}$:

$$x_n = y_n,$$

$$x_k = y_k - \sum_{r=k+1}^{n} u_{kr}x_r, \quad k = n-1,\cdots,1.$$

在作矩阵 A 的 LU 分解时,A 的元素 a_{ij} 在计算出 l_{ij} 或 u_{ij} 以后不再使用了. 因此,L 和 U 的元素便可存放到矩阵 A 中相应元素的位置上($u_{ii}=1$ 不必存贮,$i=1,\cdots,n$). 这样,最后矩阵 A 的位置存放的元素就变成

$$\begin{bmatrix} l_{11} & u_{12} & \cdots & u_{1n} \\ l_{21} & l_{22} & & \vdots \\ \vdots & \vdots & & u_{n-1,n} \\ l_{n1} & l_{n2} & \cdots & l_{nn} \end{bmatrix}.$$

例 1　应用 Crout 方法解方程组

$$\begin{bmatrix} 6 & 2 & 1 & -1 \\ 2 & 4 & 1 & 0 \\ 1 & 1 & 4 & -1 \\ -1 & 0 & -1 & 3 \end{bmatrix}\begin{bmatrix} x_1 \\ x_2 \\ x_3 \\ x_4 \end{bmatrix} = \begin{bmatrix} 6 \\ -1 \\ 5 \\ -5 \end{bmatrix}.$$

解　首先,对方程组的系数矩阵 A 作 Crout 分解 $A=LU$:

$$A = \begin{bmatrix} 6 & 2 & 1 & -1 \\ 2 & 4 & 1 & 0 \\ 1 & 1 & 4 & -1 \\ -1 & 0 & -1 & 3 \end{bmatrix} \xrightarrow{k=1} \begin{bmatrix} 6 & \frac{1}{3} & \frac{1}{6} & -\frac{1}{6} \\ 2 & 4 & 1 & 0 \\ 1 & 1 & 4 & -1 \\ -1 & 0 & -1 & 3 \end{bmatrix}$$

$$\xrightarrow{k=2} \begin{bmatrix} 6 & \frac{1}{3} & \frac{1}{6} & -\frac{1}{6} \\ 2 & \frac{10}{3} & \frac{1}{5} & \frac{1}{10} \\ 1 & \frac{2}{3} & 4 & -1 \\ -1 & \frac{1}{3} & -1 & 3 \end{bmatrix} \xrightarrow{k=3} \begin{bmatrix} 6 & \frac{1}{3} & \frac{1}{6} & -\frac{1}{6} \\ 2 & \frac{10}{3} & \frac{1}{5} & \frac{1}{10} \\ 1 & \frac{2}{3} & \frac{37}{10} & -\frac{9}{37} \\ -1 & \frac{1}{3} & -\frac{9}{10} & 3 \end{bmatrix}$$

$$\xrightarrow{k=4} \begin{bmatrix} 6 & \frac{1}{3} & \frac{1}{6} & -\frac{1}{6} \\ 2 & \frac{10}{3} & \frac{1}{5} & \frac{1}{10} \\ 1 & \frac{2}{3} & \frac{37}{10} & -\frac{9}{37} \\ -1 & \frac{1}{3} & -\frac{9}{10} & \frac{191}{74} \end{bmatrix},$$

于是得到

$$L=\begin{bmatrix}6&0&0&0\\2&\frac{10}{3}&0&0\\1&\frac{2}{3}&\frac{37}{10}&0\\-1&\frac{1}{3}&-\frac{9}{10}&\frac{191}{74}\end{bmatrix},\quad U=\begin{bmatrix}1&\frac{1}{3}&\frac{1}{6}&-\frac{1}{6}\\0&1&\frac{1}{5}&\frac{1}{10}\\0&0&1&-\frac{9}{37}\\0&0&0&1\end{bmatrix}.$$

其次,求方程组 $L\boldsymbol{y}=\boldsymbol{b}$($\boldsymbol{b}=[6,-1,5,-5,]^{\mathrm{T}}$)的解,得

$$y_1=1,\quad y_2=-\frac{9}{10},\quad y_3=\frac{46}{37},\quad y_4=-1.$$

最后,求方程组 $U\boldsymbol{x}=\boldsymbol{y}$ 的解,得

$$x_1=1,\quad x_2=-1,\quad x_3=1,\quad x_4=-1.$$

这就是所要求的方程组的解.

设矩阵 $A=[a_{ij}]_{n\times n}$的各顺序主子矩阵都非奇异,据定理1可推知Crout分解是唯一的,且分解式 LU 中 L 的主对角元 $l_{11},\cdots,l_{nn}$ 皆非零.这就是说,Crout分解过程可以进行到底.但是,一般地,我们只限于 A 非奇异,因此还需类似于Gauss列主元消去法那样选主元进行Crout分解.就是每计算得 L 的一列元素后,找出该列中绝对值最大的元素,比方说 $l_{i_k,k}$,然后交换矩阵 A 以及 L 的第 i_k 行与第 k 行,再进行其后的计算.这样并不影响分解式中已经计算得 L 和 U 的其它元素.

若用按列选主元的Crout方法解线性方程组 $A\boldsymbol{x}=\boldsymbol{b}$,进行 A 和 L 的行交换的同时,还要交换右端向量 $\boldsymbol{b}$ 的相应分量.

例2 应用按列选主元Crout方法解方程组

$$\begin{bmatrix}1&2&-1&1\\1&1&2&-1\\3&-1&1&1\\2&1&3&-1\end{bmatrix}\begin{bmatrix}x_1\\x_2\\x_3\\x_4\end{bmatrix}=\begin{bmatrix}1\\-2\\6\\-1\end{bmatrix}.$$

解 首先,我们按列选主元对系数矩阵进行Crout分解并相应地交换方程组的右端项:

$$[A,\boldsymbol{b}]=\begin{bmatrix}1&2&-1&1&1\\1&1&2&-1&-2\\3&-1&1&1&6\\2&1&3&-1&-1\end{bmatrix}\xrightarrow[r_1\leftrightarrow r_3]{k=1}\begin{bmatrix}3&-1&1&1&6\\1&1&2&-1&-2\\1&2&-1&1&1\\2&1&3&-1&-1\end{bmatrix}$$

$$
\longrightarrow \begin{bmatrix} 3 & -\frac{1}{3} & \frac{1}{3} & \frac{1}{3} & 6 \\ 1 & 1 & 2 & -1 & -2 \\ 1 & 2 & -1 & 1 & 1 \\ 2 & 1 & 3 & -1 & -1 \end{bmatrix} \xrightarrow{k=2} \begin{bmatrix} 3 & -\frac{1}{3} & \frac{1}{3} & \frac{1}{3} & 6 \\ 1 & \frac{4}{3} & 2 & -1 & -2 \\ 1 & \frac{7}{3} & -1 & 1 & 1 \\ 2 & \frac{5}{3} & 3 & -1 & -1 \end{bmatrix}
$$

$$
\xrightarrow[r_2 \leftrightarrow r_3]{} \begin{bmatrix} 3 & -\frac{1}{3} & \frac{1}{3} & \frac{1}{3} & 6 \\ 1 & \frac{7}{3} & -1 & 1 & 1 \\ 1 & \frac{4}{3} & 2 & -1 & -2 \\ 2 & \frac{5}{3} & 3 & -1 & -1 \end{bmatrix} \longrightarrow \begin{bmatrix} 3 & -\frac{1}{3} & \frac{1}{3} & \frac{1}{3} & 6 \\ 1 & \frac{7}{3} & -\frac{4}{7} & \frac{2}{7} & 1 \\ 1 & \frac{4}{3} & 2 & -1 & -2 \\ 2 & \frac{5}{3} & 3 & -1 & -1 \end{bmatrix}
$$

$$
\xrightarrow{k=3} \begin{bmatrix} 3 & -\frac{1}{3} & \frac{1}{3} & \frac{1}{3} & 6 \\ 1 & \frac{7}{3} & -\frac{4}{7} & \frac{2}{7} & 1 \\ 1 & \frac{4}{3} & \frac{17}{7} & -1 & -2 \\ 2 & \frac{5}{3} & \frac{23}{7} & -1 & -1 \end{bmatrix} \xrightarrow[r_3 \leftrightarrow r_4]{} \begin{bmatrix} 3 & -\frac{1}{3} & \frac{1}{3} & \frac{1}{3} & 6 \\ 1 & \frac{7}{3} & -\frac{4}{7} & \frac{2}{7} & 1 \\ 2 & \frac{5}{3} & \frac{23}{7} & -1 & -1 \\ 1 & \frac{4}{3} & \frac{17}{7} & -1 & -2 \end{bmatrix}
$$

$$
\longrightarrow \begin{bmatrix} 3 & -\frac{1}{3} & \frac{1}{3} & \frac{1}{3} & 6 \\ 1 & \frac{7}{3} & -\frac{4}{7} & \frac{2}{7} & 1 \\ 2 & \frac{5}{3} & \frac{23}{7} & -\frac{15}{23} & -1 \\ 1 & \frac{4}{3} & \frac{17}{7} & -1 & -2 \end{bmatrix} \xrightarrow{k=4} \begin{bmatrix} 3 & -\frac{1}{3} & \frac{1}{3} & \frac{1}{3} & 6 \\ 1 & \frac{7}{3} & -\frac{4}{7} & \frac{2}{7} & 1 \\ 2 & \frac{5}{3} & \frac{23}{7} & -\frac{15}{23} & -1 \\ 1 & \frac{4}{3} & \frac{17}{7} & -\frac{3}{23} & -2 \end{bmatrix}.
$$

因此,得到

$$
I_{43} I_{32} I_{31} A = LU,
$$

其中

$$L=\begin{bmatrix}3&0&0&0\\1&\frac{7}{3}&0&0\\2&\frac{5}{3}&\frac{23}{7}&0\\1&\frac{4}{3}&\frac{17}{7}&-\frac{3}{23}\end{bmatrix},\quad U=\begin{bmatrix}1&-\frac{1}{3}&\frac{1}{3}&\frac{1}{3}\\0&1&-\frac{4}{7}&\frac{2}{7}\\0&0&1&-\frac{15}{23}\\0&0&0&1\end{bmatrix}.$$

方程组 $A\boldsymbol{x}=\boldsymbol{b}$ 便化为

$$LU\boldsymbol{x}=I_{43}I_{32}I_{31}\boldsymbol{b},$$

即

$$LU\boldsymbol{x}=[6,1,-1,-2]^{\mathrm{T}}.$$

其次,我们解方程组 $L\boldsymbol{y}=[6,1,-1,-2]^{\mathrm{T}}$,得

$$\boldsymbol{y}=\left[2,-\frac{3}{7},-\frac{30}{23},2\right]^{\mathrm{T}}.$$

最后,解方程组 $U\boldsymbol{x}=\boldsymbol{y}$ 得

$$\boldsymbol{x}=[1,-1,0,2]^{\mathrm{T}}.$$

它便是原方程组 $A\boldsymbol{x}=\boldsymbol{b}$ 的解.

算法 3.5 应用按列选主元 Crout 分解方法解 n 阶线性方程组 $A\boldsymbol{x}=\boldsymbol{b}$,其中 $A=[a_{ij}]_{n\times n}$,$\boldsymbol{b}=[a_{1,n+1},\cdots,a_{n,n+1}]^{\mathrm{T}}$.

输入 方程组的阶数 n;增广矩阵 $[A,b]$.

输出 方程组的解 $x_1,\cdots,x_n$ 或系数矩阵奇异的信息.

step 1 求 m,使

$$|a_{m1}|=\max_{1\leqslant i\leqslant n}|a_{i1}|;$$

若 $|a_{m1}|=0$,则输出('A is singular');

停机.

step 2 若 $m\neq1$,则交换 $[A,\boldsymbol{b}]$ 的第 1 行与第 m 行.

step 3 对 $j=2,\cdots,n$

$$a_{1j}\leftarrow a_{1j}/a_{11}.$$

step 4 对 $k=2,\cdots,n-1$ 做 step 5~8.

step 5 对 $i=k,\cdots,n$

$$a_{ik}\leftarrow a_{ik}-\sum_{r=1}^{k-1}a_{ir}a_{rk}.$$

step 6 求 m,使

$$|a_{m,k}|=\max_{k\leqslant i\leqslant n}|a_{ik}|;$$

若 $|a_{m,k}|=0$,则输出('A is singular');

停机.

step 7　若 $m \neq k$,则交换 $[A, b]$ 的第 k 行与第 m 行.

step 8　对 $j = k+1, \cdots, n$

$$a_{kj} \leftarrow \left(a_{kj} - \sum_{r=1}^{k-1} a_{kr} a_{rj}\right) / a_{kk} .$$

step 9　$a_{nn} \leftarrow a_{nn} - \sum_{r=1}^{n-1} a_{nr} a_{rn}$. 若 $|a_{nn}| = 0$,则输出('A is singular'),停机.

step 10　$a_{1,n+1} \leftarrow a_{1,n+1} / a_{11}$.

step 11　对 $k = 2, \cdots, n$

$$a_{k,n+1} \leftarrow \left(a_{k,n+1} - \sum_{r=1}^{k-1} a_{kr} a_{r,n+1}\right) / a_{kk} .$$

step 12　$x_n \leftarrow a_{n,n+1}$.

step 13　对 $k = n-1, \cdots, 1$

$$x_k \leftarrow a_{k,n+1} - \sum_{r=k+1}^{n} a_{kr} x_r .$$

step 14　输出 $(x_1, \cdots, x_n)$;
停机.

3.2.3 Cholesky 分解

在许多实际问题中,需要求解的线性方程组的系数矩阵是实对称正定的.对这类方程组,直接三角分解法还可以简化.

定理 2　假设 A 是 n 阶实对称正定矩阵,则必存在非奇异下三角矩阵 L,使

$$A = LL^{\mathrm{T}}, \tag{2.16}$$

并且当 L 的主对角元均为正时,这种分解是唯一的.

证明　设 A 是 n 阶实对称正定矩阵,则它的各顺序主子矩阵 A_k 都非奇异 $(k=1, \cdots, n)$.据定理 1 知,矩阵 A 可唯一地分解成

$$A = L_1 D R,$$

其中 L_1 为单位下三角阵,R 为单位上三角阵,D 为非奇异对角阵.由 A 的对称性:$A^{\mathrm{T}} = A$,得到

$$L_1 D R = R^{\mathrm{T}} D L_1^{\mathrm{T}}.$$

从而,据分解的唯一性,便有

$$L_1 = R^{\mathrm{T}}, \quad R = L_1^{\mathrm{T}},$$

因此

$$A = L_1 D L_1^{\mathrm{T}}.$$

记 $D = \mathrm{diag}(d_1, \cdots, d_n)$,由于 A 正定,因此 $d_i > 0 (i=1, \cdots, n)$.于是,可令

$$D^{\frac{1}{2}} = \mathrm{diag}(\sqrt{d_1}, \cdots, \sqrt{d_n}).$$

这样

$$A = L_1 D L_1^{\mathrm{T}} = L_1 D^{\frac{1}{2}} D^{\frac{1}{2}} L_1^{\mathrm{T}} = (L_1 D^{\frac{1}{2}})(L_1 D^{\frac{1}{2}})^{\mathrm{T}} = LL^{\mathrm{T}}.$$

此处,$L = L_1 D^{\frac{1}{2}}$为非奇异下三角阵.易知,限定 L 的主对角元均为正时,这种分解是唯一的.

通常称(2.16)为矩阵 A 的 **Cholesky 分解**或 **LL^{T} 分解**.

现在,我们来确定分解式(2.16)中下三角阵 L 的元素 l_{ij}.设 $A = [a_{ij}]_{n \times n}$.由(2.16)两端矩阵的$(i, j)$位置元素对应相等,我们有

$$\sum_{k=1}^{j} l_{ik} l_{jk} = a_{ij}, \quad i > j$$

以及

$$\sum_{k=1}^{i} l_{ik} l_{ik} = a_{ii},$$

即

$$\sum_{k=1}^{j-1} l_{ik} l_{jk} + l_{ij} l_{jj} = a_{ij}, \quad i > j$$

以及

$$\sum_{k=1}^{i-1} l_{ik}^2 + l_{ii}^2 = a_{ii}.$$

从而得到计算 l_{ij}的递推公式:

$$l_{ij} = \begin{cases} (a_{ii} - \sum_{k=1}^{i-1} l_{ik}^2)^{\frac{1}{2}}, & i = j; \\ (a_{ij} - \sum_{k=1}^{j-1} l_{ik} l_{jk}) / l_{jj}, & i > j; \\ 0, & i < j. \end{cases} \tag{2.17}$$

算法3.6 求实对称正定矩阵 A 的 Cholesky 分解 $A = LL^{\mathrm{T}}$,其中 L 是下三角阵.

输入 矩阵 A 的阶数 n;元素 $a_{ij}(i, j = 1, \cdots, n)$.

输出 L 的元素 $l_{ij}(i = 1, \cdots, n, j = 1, \cdots, i)$.

step 1 $a_{11} \leftarrow l_{11} = \sqrt{a_{11}}$.

step 2 对 $i = 2, \cdots, n$

$a_{i1} \leftarrow l_{i1} = a_{i1} / l_{11}$.

step 3 对 $j = 2, \cdots, n-1$ 做 step 4~5.

step 4 $a_{jj} \leftarrow l_{jj} = (a_{jj} - \sum_{k=1}^{j-1} l_{jk}^2)^{\frac{1}{2}}$.

step 5　对 $i=j+1,\cdots,n$

$$a_{ij} \leftarrow l_{ij} = (a_{ij} - \sum_{k=1}^{j-1} l_{ik}l_{jk})/a_{jj}.$$

step 6　$a_{nn} \leftarrow l_{nn} = (a_{nn} - \sum_{k=1}^{n-1} l_{nk}^2)^{\frac{1}{2}}.$

step 7　输出$(a_{ij}, i=1,\cdots,n, j=1,\cdots,i)$;

停机.

在算法3.6中,因 A 对称,实际上只要输入 A 的下三角部分元素.我们把计算得 L 的元素 l_{ij} 仍然存放到 A 的 (i,j) 位置上.

例3　求矩阵

$$A = \begin{bmatrix} 4 & -1 & 1 \\ -1 & 4.25 & 2.75 \\ 1 & 2.75 & 3.5 \end{bmatrix}$$

的 Cholesky 分解 $A=LL^{\mathrm{T}}$.

解　由于

$$l_{11} = \sqrt{a_{11}} = \sqrt{4} = 2,$$

$$l_{21} = \frac{a_{21}}{l_{11}} = -\frac{1}{2} = -0.5, \quad l_{31} = \frac{a_{31}}{l_{11}} = \frac{1}{2} = 0.5,$$

因此

$$A = \begin{bmatrix} 4 & -1 & 1 \\ -1 & 4.25 & 2.75 \\ 1 & 2.75 & 3.5 \end{bmatrix} \longrightarrow \begin{bmatrix} 2 & -1 & 1 \\ -0.5 & 4.25 & 2.75 \\ 0.5 & 2.75 & 3.5 \end{bmatrix}.$$

又

$$l_{22} = (a_{22} - l_{21}^2)^{\frac{1}{2}} = (4.25 - (-0.5)^2)^{\frac{1}{2}} = 2,$$

$$l_{32} = (a_{32} - l_{31}l_{21})/l_{22} = (2.75 - 0.5(-0.5))/2 = 1.5.$$

从而

$$\begin{bmatrix} 2 & -1 & 1 \\ -0.5 & 4.25 & 2.75 \\ 0.5 & 2.75 & 3.5 \end{bmatrix} \longrightarrow \begin{bmatrix} 2 & -1 & 1 \\ -0.5 & 2 & 2.75 \\ 0.5 & 1.5 & 3.5 \end{bmatrix}.$$

最后

$$l_{33} = (a_{33} - l_{31}^2 - l_{32}^2)^{\frac{1}{2}} = (3.5 - (0.5)^2 - (1.5)^2)^{\frac{1}{2}} = 1,$$

$$\begin{bmatrix} 2 & -1 & 1 \\ -0.5 & 2 & 2.75 \\ 0.5 & 1.5 & 3.5 \end{bmatrix} \longrightarrow \begin{bmatrix} 2 & -1 & 1 \\ -0.5 & 2 & 2.75 \\ 0.5 & 1.5 & 1 \end{bmatrix}.$$

这样,我们得到 Cholesky 分解 $A = LL^{\mathrm{T}}$,其中

$$L = \begin{bmatrix} 2 & 0 & 0 \\ -0.5 & 2 & 0 \\ 0.5 & 1.5 & 1 \end{bmatrix}.$$

将实对称正定矩阵 $A = [a_{ij}]_{n\times n}$ 作出 Cholesky 分解,得到下三角阵 L 后,求解方程组 $A\boldsymbol{x} = \boldsymbol{b}$ 便等价于求解下面两个方程组:

$$L\boldsymbol{y} = \boldsymbol{b}, \tag{2.18}$$

$$L^{\mathrm{T}}\boldsymbol{x} = \boldsymbol{y}, \tag{2.19}$$

即从下三角形方程组(2.18)解出 $\boldsymbol{y}$ 作为上三角形方程组(2.19)的右端项,然后从方程组(2.19)解出 $\boldsymbol{x}$,它便是原方程组 $A\boldsymbol{x} = \boldsymbol{b}$ 的解. 由(2.18)容易导出计算 $\boldsymbol{y}$ 的各分量 y_i 的公式:

$$y_i = \left(b_i - \sum_{k=1}^{i-1} l_{ik}y_k\right)/l_{ii}, \quad i = 1,2,\cdots,n.$$

据(2.19),则有计算 $\boldsymbol{x}$ 的各分量 x_i 的公式:

$$x_i = \left(y_i - \sum_{k=i+1}^{n} l_{ki}x_k\right)/l_{ii}, \quad i = n,n-1,\cdots,1.$$

在这两个公式中,我们仍然规定 $\sum_{1}^{0}(\cdots) = 0, \sum_{n+1}^{n}(\cdots) = 0$.

应用 Cholesky 分解来解线性方程组的方法又称为**平方根法**.

3.2.4 LDL^{T} 分解

设 $A = [a_{ij}]_{n\times n}$ 是实对称正定矩阵,则有唯一的分解式

$$A = LDR,$$

其中 L 为单位下三角阵,R 为单位上三角阵,D 为非奇异对角阵. 由矩阵 A 的对称性和分解式的唯一性,立即可得

$$A = LDL^{\mathrm{T}}. \tag{2.20}$$

设 L 的元素为 l_{ij},$D = \mathrm{diag}(d_1, d_2, \cdots, d_n)$,则 $d_1, \cdots, d_n$ 均大于零. 由(2.20)两端矩阵的(i,j)位置元素对应相等,我们有

$$\sum_{k=1}^{j} l_{ik}d_kl_{jk} = a_{ij}, \quad j < i$$

和

$$\sum_{k=1}^{i} l_{ik}d_kl_{ik} = a_{ii}.$$

从而有

$$l_{ij} = \left(a_{ij} - \sum_{k=1}^{j-1} l_{ik}d_kl_{jk}\right)/d_j, \quad j < i. \tag{2.21}$$

$$d_i = (a_{ii} - \sum_{k=1}^{i-1} l_{ik} d_k l_{ik}). \tag{2.22}$$

对给定的线性方程组 $A\boldsymbol{x} = \boldsymbol{b}$，其中 A 为对称正定的. 若令

$$L\boldsymbol{y} = \boldsymbol{b}, L^{\mathrm{T}}\boldsymbol{x} = D^{-1}\boldsymbol{y},$$

则

$$A\boldsymbol{x} = LDL^{\mathrm{T}}\boldsymbol{x} = LDD^{-1}\boldsymbol{y} = \boldsymbol{b}.$$

因此，解方程组 $A\boldsymbol{x} = \boldsymbol{b}$ 的问题便归结为

(1) 对矩阵 A 作 LDL^{T} 分解，即由(2.21)和(2.22)式分别计算 L, D 的元素 l_{ij}, d_i；

(2) 解方程组 $L\boldsymbol{y} = \boldsymbol{b}$. 计算 $\boldsymbol{y} = [y_1, \cdots, y_n]^{\mathrm{T}}$ 的递推公式为

$$y_i = b_i - \sum_{k=1}^{i-1} l_{ik} y_k, \quad i = 1, 2, \cdots, n;$$

(3) 解方程组 $L^{\mathrm{T}}\boldsymbol{x} = D^{-1}\boldsymbol{y}$. 计算 $\boldsymbol{x}$ 的递推公式为

$$x_i = y_i / d_i - \sum_{k=i+1}^{n} l_{ki} x_k, \quad i = n, n-1, \cdots, 1.$$

作矩阵的 LDL^{T} 分解，即按(2.21)和(2.22)式计算 l_{ij} 和 d_i，与对 A 作 Cholesky 分解相比较，避免了开方运算. 但是，乘除运算次数约增加一倍. 为了减少乘除运算次数，现将 LDL^{T} 分解进行修改. 我们将(2.21)改写成

$$l_{ij} d_j = a_{ij} - \sum_{k=1}^{j-1} l_{ik} d_k l_{jk}, \quad j = 1, \cdots, i-1. \tag{2.23}$$

令

$$g_{ij} = l_{ij} d_j,$$

则(2.23)和(2.22)式可分别写成

$$g_{ij} = a_{ij} - \sum_{k=1}^{j-1} g_{ik} l_{jk}, \quad j = 1, \cdots, i-1$$

和

$$d_i = a_{ii} - \sum_{k=1}^{i-1} g_{ik} l_{ik}.$$

这样，我们得到应用**修改的 $\boldsymbol{LDL^{\mathrm{T}}}$ 分解**来解对称正定方程组 $A\boldsymbol{x} = \boldsymbol{b}$ 的计算公式：

$$d_1 = a_{11}$$

$$\left.\begin{aligned} g_{ij} &= a_{ij} - \sum_{k=1}^{j-1} g_{ik} l_{jk} (j = 1, \cdots, i-1) \\ l_{ij} &= g_{ij} / d_j (j = 1, \cdots, i-1) \\ d_i &= a_{ii} - \sum_{k=1}^{i-1} g_{ik} l_{ik} \end{aligned}\right\} i = 2, \cdots, n, \tag{2.24}$$

$$y_i = b_i - \sum_{k=1}^{i-1} l_{ik} y_k, \qquad i = 1,2,\cdots,n. \tag{2.25}$$

$$x_i = y_i / d_i - \sum_{k=i+1}^{n} l_{ki} x_k, \quad i = n, n-1, \cdots, 1. \tag{2.26}$$

例 4 应用修改的 LDL^T 分解解方程组

$$\begin{bmatrix} 4 & -2 & 1 & 0 \\ -2 & 6 & -2 & 1 \\ 1 & -2 & 6 & -2 \\ 0 & 1 & -2 & 4 \end{bmatrix} \begin{bmatrix} x_1 \\ x_2 \\ x_3 \\ x_4 \end{bmatrix} = \begin{bmatrix} 3 \\ 3 \\ 3 \\ 3 \end{bmatrix}.$$

解 $i=1$ 时，$d_1 = a_{11} = 4$.

$i=2$ 时，

$$g_{21} = a_{21} = -2,$$
$$l_{21} = g_{21}/d_1 = -0.5,$$
$$d_2 = a_{22} - g_{21} l_{21} = 5.$$

$i=3$ 时，

$$g_{31} = a_{31} = 1, \qquad g_{32} = a_{32} - g_{31} l_{21} = -1.5,$$
$$l_{31} = g_{31}/d_1 = 0.25, \quad l_{32} = g_{32}/d_2 = -0.3,$$
$$d_3 = a_{33} - g_{31} l_{31} - g_{32} l_{32} = 5.3.$$

$i=4$ 时，

$$g_{41} = a_{41} = 0, \qquad g_{42} = a_{42} - g_{41} l_{21} = 1,$$
$$g_{43} = a_{43} - g_{41} l_{31} - g_{42} l_{32} = -1.7,$$
$$l_{41} = g_{41}/d_1 = 0, \qquad l_{42} = g_{42}/d_2 = 0.2,$$
$$l_{43} = g_{43}/d_3 = -0.320754717,$$
$$d_4 = a_{44} - g_{41} l_{41} - g_{42} l_{42} - g_{43} l_{43} = 3.254716981.$$

于是

$$y_1 = b_1 = 3,$$
$$y_2 = b_2 - l_{21} y_1 = 4.5,$$
$$y_3 = b_3 - l_{31} y_1 - l_{32} y_2 = 3.6,$$
$$y_4 = b_4 - l_{41} y_1 - l_{42} y_2 - l_{43} y_3 = 3.254716981.$$

最后，我们有

$$x_4 = y_4 / d_4 = 1,$$
$$x_3 = y_3 / d_3 - l_{43} x_4 = 1,$$
$$x_2 = y_2 / d_2 - l_{32} x_3 - l_{42} x_4 = 1,$$

$$x_1 = y_1/d_1 - l_{21}x_2 - l_{31}x_3 - l_{41}x_4 = 1.$$

引进 g_{ij}后，显然增加了存贮量(工作单元)．但是，我们注意到，计算第 i 行的 g_{ij}时，(2.24)右端中诸 g_{ik}的行标只出现下标 i．这就是说，在计算第 $i+1$ 行以后的 $g_{i+1,j}, g_{i+2,j}, \cdots$时，并不需要 g_{ij}．因此只需用长度为 n 的一维数组来存放诸g_{ij}．l_{ij}可存放于 A 中 a_{ij}相应的位置．d_i 存放在 A 的主对角线上．

如果 $d_i \neq 0 (i=1,2,\cdots,n)$，那么修改的 LDL^{T} 分解可以用来解对称方程组(对于对称正定方程组，$d_i>0, i=1,\cdots,n$)．

算法 3.7　应用修改的 LDL^{T} 分解解 n 阶对称线性方程组 $A\boldsymbol{x}=\boldsymbol{b}$，其中 $A=[a_{ij}]_{n\times n}$，$\boldsymbol{b}=[b_1,\cdots,b_n]^{\mathrm{T}}$．

输入　方程组的阶数 n；矩阵 A；右端项 $\boldsymbol{b}$．

输出　方程组的解 $x_1,\cdots,x_n$ 或方法失败信息．

step 1　若 $a_{11}=0$，则输出(‘Method failed’)；停机．

step 2　$g_1 \leftarrow a_{21}$;

$a_{21} \leftarrow g_1/a_{11}$;

$a_{22} \leftarrow a_{22} - g_1 a_{21}$.

step 3　若 $a_{22}=0$，则输出(‘Method failed’)；停机．

step 4　对 $i=3,\cdots,n$ 做 step 5～10．

step 5　$g_1 \leftarrow a_{i1}$.

step 6　对$j=2,\cdots,i-1$

$$g_j \leftarrow a_{ij} - \sum_{k=1}^{j-1} g_k a_{jk}.$$

step 7　$a_{i1} \leftarrow g_1/a_{11}$.

step 8　对$j=2,\cdots,i-1$

$a_{ij} \leftarrow g_j/a_{jj}$.

step 9　$a_{ii} \leftarrow a_{ii} - \sum_{k=1}^{i-1} g_k a_{ik}$.

step 10　若 $a_{ii}=0$，则输出(‘Method failed’)；停机．

step 11　对$i=2,\cdots,n$

$$b_i \leftarrow y_i = b_i - \sum_{k=1}^{i-1} a_{ik} b_k.$$

step 12　$x_n \leftarrow b_n/a_{nn}$.

step 13　对$i=n-1,\cdots,1$

$$x_i \leftarrow b_i / a_{ii} - \sum_{k=i+1}^{n} a_{ki} x_k .$$

step 14 输出$(x_1, x_2, \cdots, x_n)$;
停机.

为节省工作单元,在算法 3.7 中,可把方程组的解存放到 $\boldsymbol{b}$ 中.

3.2.5 对称正定带状矩阵的对称分解

假设 $A = [a_{ij}]_{n \times n}$是实对称矩阵,且对所有的 $j \leqslant i$,当 $i - j > \theta_i$ 时,有

$$a_{ij} = 0,$$

其中 θ_i 是较 n 小得多的正整数或零,则称 A 为**对称带状矩阵**. 例如,三对角对称矩阵,五对角对称矩阵都是对称带状矩阵. 又如矩阵

$$\begin{bmatrix} 1 & 2 & 3 & 0 & 0 & 0 \\ 2 & 4 & 0 & 0 & 0 & 0 \\ 3 & 0 & 2 & 0 & -1 & 0 \\ 0 & 0 & 0 & 1 & -2 & 0 \\ 0 & 0 & -1 & -2 & 1 & 3 \\ 0 & 0 & 0 & 0 & 3 & 2 \end{bmatrix} \tag{2.27}$$

是一个对称带状矩阵,我们可取

$$\theta_1 = 0, \theta_2 = 1, \theta_3 = 2, \theta_4 = 0, \theta_5 = 2, \theta_6 = 1.$$

通常 θ_i 随 i 而异,我们说这种对称带状矩阵是**变带宽**的,例如矩阵(2.27)就是变带宽的对称带状矩阵. 若 $\theta_i = \theta$(常数),则说 A 是**定带宽**的对称带状矩阵,称

$$\beta = 2\theta + 1 \tag{2.28}$$

为 A 的带宽. 此时,θ 可以看成是矩阵 A 的带内下(或上)次对角线的数目. 就上例的矩阵(2.27),我们可以取 $\theta = 2$,从而也将变带宽的矩阵扩充带内元素(这些元素是零元素)后变成定带宽的情形.

为了不存储对称带状矩阵的带外零元素以减小存储量,我们可以采用紧缩存储方法. 将对称带状矩阵 A 的下三角部分(包括主对角线)的带内元素按行存放到一维数组 AN 中,即对每一行来说只存放自第一个非零元素(自左至右)到该行主对角元为止的所有元素;另外,为了指明 A 的元素在 AN 中的位置,还需给出主对角元的信息:用一维数组 ID 存放 A 的主对角元排在 AN 中的位置,即 $ID(i)$表示 a_{ii}在 AN 中的位置,规定 $ID(0) = 0$.

只要这两个一维数组的内容确定了,矩阵 A 就唯一确定. 例如矩阵(2.27),

$$AN = [1,2,4,3,0,2,1,-1,-2,1,3,2],$$

$$ID = [0,1,3,6,7,10,12].$$

设 a_{ij}是带内元素,它在 AN 中的位置为 l,则

$$l = ID(i) - i + j, \tag{2.29}$$

即 $AN(ID(i)-i+j)$存放 a_{ij}.

设 m_i 是A 的第i 行的第一个非零元素a_{i,m_i}的列标,则 a_{i,m_i}在AN 中的位置为$ID(i-1)+1$.再由(2.29)式便有

$$ID(i) - i + m_i = ID(i-1) + 1.$$

因此

$$m_i = i - [ID(i) - ID(i-1)] + 1. \tag{2.30}$$

给定方程组

$$A\boldsymbol{x} = \boldsymbol{b},$$

其中 $A=[a_{ij}]_{n\times n}$为实对称正定矩阵.由3.2.4节,利用矩阵 A 的LDL^{T}分解求解此线性方程组的计算公式为

$$\left.\begin{aligned} l_{ij} &= (a_{ij} - \sum_{k=1}^{j-1} l_{ik}d_k l_{jk})/d_j, j = 1,2,\cdots,i-1 \\ d_i &= a_{ii} - \sum_{k=1}^{i-1} l_{ik}d_k l_{ik}, \end{aligned}\right\} i = 1,2,\cdots,n,$$

$$y_i = b_i - \sum_{k=1}^{i-1} l_{ik}y_k, \quad i = 1,2,\cdots,n,$$

$$x_i = y_i/d_i - \sum_{k=i+1}^{n} l_{ki}x_k, \quad i = n,n-1,\cdots,1.$$

现设 A 为对称正定的带状矩阵.若 a_{ij}为带外元素,则 $a_{i1}=\cdots=a_{i,j-1}=a_{ij}=0$.因此 $l_{i1}=\cdots=l_{i,j-1}=l_{ij}=0$.令

$$m_{ij} = \max(m_i, m_j),$$

其中 m_i,m_j 分别为A 的第i 行和第j 行的第一个非零元素的列标.据上述性质,应用 LDL^{T}分解求解对称正定带状方程组的计算公式可以简化为

$$\left.\begin{aligned} l_{ij} &= (a_{ij} - \sum_{k=m_{ij}}^{j-1} l_{ik}d_k l_{jk})/d_j,\ j = m_i,\cdots,i-1 \\ d_i &= a_{ii} - \sum_{k=m_i}^{i-1} l_{ik}d_k l_{ik} \end{aligned}\right\} i = 1,\cdots,n, \tag{2.31}$$

$$y_i = b_i - \sum_{k=m_i}^{i-1} l_{ik}y_k, \quad i = 1,\cdots,n, \tag{2.32}$$

$$x_i = y_i/d_i - \sum_{\substack{k=i+1 \\ m_k<i+1}}^{n} l_{ki}x_k, \quad i = n,n-1,\cdots,1. \tag{2.33}$$

最后一式中,条件 $m_k<i+1$ 表示只对带内元素 l_{ki}求和.

由前三个公式计算 l_{ij},d_i 和y_i 的过程称为**分解过程**;由第四个式子计算 x_i 的

过程称为**回代过程**. 回代过程就是求方程组 $L^{\mathrm{T}}\boldsymbol{x}=D^{-1}\boldsymbol{y}$ 的解 $x_i(i=n,n-1,\cdots,1)$. 我们可以采取将方程组 $L^{\mathrm{T}}\boldsymbol{x}=D^{-1}\boldsymbol{y}$ 逐次降阶的方法来求其解. 首先有 $x_n=y_n/d_n$, 将它代入方程组 $L^{\mathrm{T}}\boldsymbol{x}=D^{-1}\boldsymbol{y}$ 中, 然后将常数项全部移到方程组右端, 便得到一个 $n-1$ 阶方程组, 从而立即可得到 x_{n-1}; 其次, 将 x_{n-1} 代入这个 $n-1$ 阶方程组便得到一个 $n-2$ 阶方程组, 依此类推. 这种方法的计算步骤如下:

(1) $y_i \leftarrow y_i/d_i, i=1,2,\cdots,n$;

(2) 对 $i=n,n-2,\cdots,2$ 循环计算

$$y_k \leftarrow y_k - l_{ki}y_i, \quad k=m_i,\cdots,i-1.$$

从而得到

$$x_i = y_i, \quad i=n,n-1,\cdots,1.$$

为了减小乘除运算次数, 我们可以应用修改的 LDL^{T} 分解求解对称正定带状方程组 $A\boldsymbol{x}=\boldsymbol{b}$, 其计算公式如下:

$$\left.\begin{array}{l} \left.\begin{array}{l} g_{ij} = a_{ij} - \sum\limits_{k=m_{ij}}^{i-1} g_{ik}l_{jk} \\ l_{ij} = g_{ij}/d_j \end{array}\right\} j = m_i,\cdots,i-1 \\ d_i = a_{ii} - \sum\limits_{k=m_i}^{i-1} g_{ik}l_{ik} \end{array}\right\} i = 1,2,\cdots,n, \tag{2.34}$$

$$y_i = b_i - \sum_{k=m_i}^{i-1} l_{ik}y_k, \quad i=1,2,\cdots,n, \tag{2.35}$$

$$x_i = y_i/d_i - \sum_{\substack{k=i+1 \\ m_k<i+1}}^{n} l_{ki}x_k, \quad i=n,n-1,\cdots,1. \tag{2.36}$$

若 A 是一个定带宽的对称正定带状矩阵, 其带宽为 $\beta=2\theta+1$, 则

$$m_i = \begin{cases} 1, & i \leqslant \theta+1; \\ i-\theta, & i > \theta+1, \end{cases} \tag{2.37}$$

$$m_{ij} = \max_{j\leqslant i}(m_i,m_j) = m_i.$$

这样, 计算公式(2.31)~(2.33)和(2.34)~(2.36)还可得到相应的简化. 例如, (2.33)和(2.36)可改写成

$$x_i = y_i/d_i - \sum_{k=i+1}^{t} l_{ki}x_k, \quad i=n,n-1,\cdots,1, \tag{2.38}$$

其中

$$t = \begin{cases} n, & i > n-\theta-1; \\ i+\theta, & i \leqslant n-\theta-1. \end{cases}$$

3.2.6 解三对角线性方程组的三对角算法(追赶法)

现在,我们考虑三对角线性方程组 $A\boldsymbol{x}=\boldsymbol{b}$ 的解法.这里,系数矩阵是三对角矩阵

$$A=\begin{bmatrix} d_1 & c_1 & & & & \\ a_2 & d_2 & c_2 & & & \\ & a_3 & d_3 & c_3 & & \\ & & \ddots & \ddots & \ddots & \\ & & & a_{n-1} & d_{n-1} & c_{n-1} \\ & & & & a_n & d_n \end{bmatrix}, \tag{2.39}$$

右端项 $\boldsymbol{b}=[b_1,b_2,\cdots,b_n]^{\mathrm{T}}$.将矩阵 A 作如下形式的 Crout 分解:

$$A=\begin{bmatrix} p_1 & & & & \\ a_2 & p_2 & & & \\ & a_3 & p_3 & & \\ & & \ddots & \ddots & \\ & & & a_n & p_n \end{bmatrix}\begin{bmatrix} 1 & q_1 & & & & \\ & 1 & q_2 & & & \\ & & 1 & q_3 & & \\ & & & \ddots & \ddots & \\ & & & & & q_{n-1} \\ & & & & & 1 \end{bmatrix}. \tag{2.40}$$

容易得到 Crout 方法的计算公式:

$$\begin{aligned} & p_1 = d_1, \qquad q_1 = c_1/d_1, \\ & \left.\begin{aligned} p_k &= d_k - a_k q_{k-1} \\ q_k &= c_k/p_k \end{aligned}\right\} \quad k = 2,\cdots,n-1, \\ & p_n = d_n - a_n q_{n-1}, \\ & y_1 = b_1/d_1, \\ & y_k = (b_k - a_k y_{k-1})/p_k, \quad k = 2,\cdots,n, \\ & x_n = y_n, \\ & x_k = y_k - q_k x_{k+1}, \quad k = n-1,n-2,\cdots,1. \end{aligned}$$

计算 y_k 的过程常称为"追"过程;计算 x_k 的过程称为"赶"过程,因此这个方法又称为**追赶法**.

算法 3.8　应用追赶法解三对角线性方程组 $A\boldsymbol{x}=\boldsymbol{b}$,其中 A 的下次对角元素为 $a_2,a_3,\cdots,a_n$,主对角元素为 $d_1,d_2,\cdots,d_n$,上次对角元素为 $c_1,c_2,\cdots,c_{n-1}$,以及 $\boldsymbol{b}=[b_1,b_2,\cdots,b_n]^{\mathrm{T}}$.

输入　方程组的阶数 n; A 元素;$\boldsymbol{b}$ 的分量.

输出　方程组的解 $x_1,x_2,\cdots,x_n$ 或方法失败信息.

step 1 若 $d_1=0$,则输出('Method failed');
停机.

step 2 $p_1 \leftarrow d_1$;
$q_1 \leftarrow c_1/d_1$;

step 3 对 $k=2,\cdots,n-1$ 做 step 4~6.

step 4 $p_k \leftarrow d_k - a_k q_{k-1}$.

step 5 若 $p_k=0$,则输出('Method failed');
停机.

step 6 $q_k \leftarrow c_k/p_k$.

step 7 $p_n \leftarrow d_n - a_n q_{n-1}$.

step 8 若 $p_n=0$,则输出('Method failed');
停机.

step 9 $y_1 \leftarrow b_1/p_1$.

step 10 对$k=2,\cdots,n$
$y_k \leftarrow (b_k - a_k y_{k-1})/p_k$.

step 11 $x_n \leftarrow y_n$.

step 12 对$k=n-1,\cdots,1$
$x_k \leftarrow y_k - q_k x_{k+1}$.

step 13 输出$(x_1,\cdots,x_n)$;
停机.

例 5 应用三对角算法解方程组

$$\begin{bmatrix} 2 & -1 & 0 & 0 \\ -1 & 2 & -1 & 0 \\ 0 & -1 & 2 & -1 \\ 0 & 0 & -1 & 2 \end{bmatrix} \begin{bmatrix} x_1 \\ x_2 \\ x_3 \\ x_4 \end{bmatrix} = \begin{bmatrix} 1 \\ 0 \\ 0 \\ 1 \end{bmatrix}.$$

解

$$k=1, p_1=d_1=2, q_1=c_1/p_1=-\frac{1}{2}.$$

$$k=2, p_2=d_2-a_2q_1=2-(-1)\left(-\frac{1}{2}\right)=\frac{3}{2},$$

$$q_2=c_2/p_2=(-1)\Big/\left(\frac{3}{2}\right)=-\frac{2}{3}.$$

$$k=3, p_3=d_3-a_3q_2=2-(-1)\left(-\frac{2}{3}\right)=\frac{4}{3},$$

$$q_3=c_3/p_3=(-1)\Big/\left(\frac{4}{3}\right)=-\frac{3}{4}.$$

$$k=4,p_4=d_4-a_4q_3=2-(-1)\left(-\frac{3}{4}\right)=\frac{5}{4}.$$

于是有

$$y_1=b_1/p_1=\frac{1}{2},$$

$$y_2=(b_2-a_2y_1)/p_2=\left(0-(-1)\left(\frac{1}{2}\right)\right)\bigg/\left(\frac{3}{2}\right)=\frac{1}{3},$$

$$y_3=(b_3-a_3y_2)/p_3=\left(0-(-1)\left(\frac{1}{3}\right)\right)\bigg/\left(\frac{4}{3}\right)=\frac{1}{4},$$

$$y_4=(b_4-a_4y_3)/p_4=\left(1-(-1)\left(\frac{1}{4}\right)\right)\bigg/\left(\frac{5}{4}\right)=1.$$

最后得到

$$x_4=y_4=1,$$

$$x_3=y_3-q_3x_4=\frac{1}{4}-\left(-\frac{3}{4}\right)=1,$$

$$x_2=y_2-q_2x_3=\frac{1}{3}-\left(-\frac{2}{3}\right)=1,$$

$$x_1=y_1-q_1x_2=\frac{1}{2}-\left(-\frac{1}{2}\right)=1.$$

在解三对角方程组的三对角算法中,若有某一 $p_i=0$,则计算过程无法继续进行下去.下面,我们给出保证 $p_i\neq0(i=1,\cdots,n)$的条件.

定理3　设三对角矩阵(2.39)满足优对角条件:

(1) $|d_1|>|c_1|>0$;

(2) $|d_k|\geqslant|a_k|+|c_k|$,且 $a_kc_k\neq0,k=2,3,\cdots,n-1$;

(3) $|d_n|>|a_n|>0$.

那么 $p_1,p_2,\cdots,p_n$ 皆非零.

证明　首先,用归纳法证明 $|q_k|<1,k=1,2,\cdots,n-1$. 显然 $|q_1|<1$. 假设 $|q_{k-1}|<1$,则有

$$|q_k|=\left|\frac{c_k}{p_k}\right|=\left|\frac{c_k}{d_k-a_kq_{k-1}}\right|\leqslant\frac{|c_k|}{\big||d_k|-|a_k||q_{k-1}|\big|}<\frac{|c_k|}{|d_k|-|a_k|}\leqslant1,$$

即有

$$|q_k|<1.$$

其次,由于

$$|p_k|=|d_k-a_kq_{k-1}|\geqslant\big||d_k|-|a_k||q_{k-1}|\big|>|d_k|-|a_k|\geqslant|c_k|\geqslant0$$

以及

$$p_1=d_1\neq0,$$

于是，$p_k \neq 0, k=1,2,\cdots,n$.

假设三对角矩阵(2.39)满足定理 3 中的优对角条件. 据 Crout 分解(2.40)可知，三对角矩阵 A 非奇异. 从而，方程组 $A\boldsymbol{x}=\boldsymbol{b}$ 有唯一解，且三对角算法的计算过程可以进行到底.

3.3 行列式和逆矩阵的计算

设 $A=[a_{ij}]$ 是 n 阶矩阵. 这一节，我们讨论矩阵 A 的行列式 $\det A$ 和逆矩阵 A^{-1} 的计算.

3.3.1 行列式的计算

前面介绍的解线性方程组 $A\boldsymbol{x}=\boldsymbol{b}$ 的方法都可以用来计算行列式 $\det A$.

1. Gauss 消去法

Gauss 消去法的消元过程完成时，便计算得各步主元 $a_{11}, a_{22}^{(1)}, \cdots, a_{n-1,n-1}^{(n-2)}$ 和 $a_{nn}^{(n-1)}$. 由 3.1.6 节(1.28)式立即推得

$$\det A = a_{11}a_{22}^{(1)}\cdots a_{n-1,n-1}^{(n-2)}a_{nn}^{(n-1)}, \tag{3.1}$$

即矩阵 A 的行列式为各主元的乘积.

2. Gauss 列主元消去法

从 3.1.6 节我们知道，Gauss 列主元消去法的消元过程将方程组 $A\boldsymbol{x}=\boldsymbol{b}$ 化为一个上三角形方程组(1.29)：

$$L_{n-1}^{-1}I_{i_{n-1},n-1}\cdots L_1^{-1}I_{i_1,1}A = L_{n-1}^{-1}I_{i_{n-1},n-1}\cdots L_1^{-1}I_{i_1,1}\boldsymbol{b}.$$

令

$$U = L_{n-1}^{-1}I_{i_{n-1},n-1}\cdots L_1^{-1}I_{i_1,1}A,$$

则

$$\det U = \det(L_{n-1}^{-1})\det(I_{i_{n-1},n-1})\cdots\det(L_1^{-1})\det(I_{i_1,1})\det A.$$

由于

$$\det L_k^{-1} = 1, \quad k=1,2,\cdots,n-1,$$
$$\det U = a_{i_1,1}a_{i_2,2}^{(1)}\cdots a_{i_n,n}^{(n-1)},$$

其中 $a_{i_1,1}, a_{i_2,2}^{(1)}, \cdots, a_{i_n,n}^{(n-1)}$ 为各步选取的主元，以及

$$\det I_{i_k,k} = \begin{cases} 1, & i_k = k; \\ -1, & i_k \neq k, \end{cases}$$

因此

$$\det A = (-1)^s a_{i_1,1}a_{i_2,2}^{(1)}\cdots a_{i_n,n}^{(n-1)}, \tag{3.2}$$

其中 s 为消元过程中行交换的总次数.

3. Crout 分解

将矩阵 A 分解成

$$A = LU,$$

其中 L 为下三角阵,U 为单位上三角阵. 于是

$$\det = \det L \det U = \det L = l_{11} l_{22} \cdots l_{nn}, \tag{3.3}$$

其中 $l_{11}, l_{22}, \cdots, l_{nn}$ 为下三角阵 L 的主对角元.

4. LL^{T} 分解和 LDL^{T} 分解

设 A 为 n 阶对称正定矩阵. 我们可以将 A 分解成

$$A = LL^{\mathrm{T}}, \tag{3.4}$$

或

$$A = LDL^{\mathrm{T}}. \tag{3.5}$$

(3.4)式中 L 为下三角阵,设其主对角元为 $l_{11}, l_{22}, \cdots, l_{nn}$. (3.5)式中 L 为单位下三角阵,D 为对角阵,设

$$D = \mathrm{diag}(d_1, d_2, \cdots, d_n).$$

由(3.4)式,有

$$\det A = \det(LL^{\mathrm{T}}) = \det L \det L^{\mathrm{T}} = l_{11}^2 l_{22}^2 \cdots l_{nn}^2. \tag{3.6}$$

由(3.5)式,有

$$\det A = \det(LDL^{\mathrm{T}}) = \det L \det D \det L^{\mathrm{T}} = \det D = d_1 d_2 \cdots d_n. \tag{3.7}$$

3.3.2 逆矩阵的计算

设矩阵 $A = [a_{ij}]_{n \times n}$ 是非奇异的,则其逆矩阵 A^{-1} 存在,记

$$A^{-1} = X = [x_{ij}]_{n \times n}.$$

由于

$$AX = I, \tag{3.8}$$

因此,计算矩阵 A 的逆矩阵 A^{-1} 的问题便化为解矩阵方程(3.8)的问题. 我们可用 3.1.5 节所介绍的方法解矩阵方程(3.8). 然而,我们注意到,现在的矩阵方程(3.8)的右端是特殊形状的矩阵——单位阵,采用 Gauss-Jordan 消去法计算逆矩阵比较简单.

从 3.1.6 节我们知道,假定 Gauss-Jordan 消去法按自然顺序消元,并且在消元过程中的每一步都作主行元素除以主元的运算,那么,消元过程结束时,我们得到

$$M_n M_{n-1} \cdots M_2 M_1 AX = M_n M_{n-1} \cdots M_2 M_1 I,$$

其中

$$M_k = \begin{bmatrix} 1 & & & m_{1k} & & & \\ & \ddots & & \vdots & & & \\ & & 1 & & & & \\ & & & m_{kk} & & & \\ & & & & 1 & & \\ & & & \vdots & & \ddots & \\ & & & m_{nk} & & & 1 \end{bmatrix},$$

$$m_{ik} = \begin{cases} 1/a_{kk}^{(k-1)}, & i = k; \\ -a_{ik}^{(k-1)}/a_{kk}^{(k-1)}, & i \neq k. \end{cases}$$

但

$$I = M_n M_{n-1} \cdots M_2 M_1 A, \tag{3.9}$$

因此

$$A^{-1} = X = M_n M_{n-1} \cdots M_2 M_1 I. \tag{3.10}$$

从(3.10)式看到,逐次将 M_k 连乘起来便得到 A^{-1}. 在作连乘的过程中,用 M_2 左乘 M_1 的结果与 M_1 相比较,只是 M_1 的第一、二列元素发生变化,而 M_2M_1 的第二列与 M_2 的第二列元素相同;计算出连乘 $M_{k-1}\cdots M_1$ 后,再用 M_k 左乘它时,只是 $M_{k-1}\cdots M_1$ 的前 k 列元素发生变化,而且结果中的第 k 列与 M_k 的第 k 列相同. 另一方面,经过 k 步消元后,原矩阵 A 的第 k 列已变成单位向量 $\boldsymbol{e}_k$,在以后的计算中,这些存储单元不再被使用. 因此,可将 M_k 的第 k 列元素存放到原矩阵 A 的第 k 列位置上. 再比较(3.9)和(3.10)式,我们发现,作(3.10)中的连乘运算可以在消元过程中进行,进行了 k 步消元,也就完成 $M_kM_{k-1}\cdots M_1$ 的连乘运算. 这样,消元过程结束时,矩阵的位置上存放的就是 A^{-1}.

综合上述,用 Gauss-Jordan 消元法计算矩阵 A 的逆矩阵的步骤如下:

对 $k=1,\cdots,n$ 依次进行下列运算并存放相应的元素:

(1) $a_{kk} \leftarrow c = 1/a_{kk}$;

(2) $a_{ik} \leftarrow -ca_{ik}, i=1,\cdots,n, i \neq k$;

(3) $a_{ij} \leftarrow a_{ij} + a_{ik}a_{kj}; i=1,\cdots,n, i\neq k, j=1,\cdots,n, j\neq k$;

(4) $a_{kj} \leftarrow ca_{kj}, j=1,\cdots,n, j\neq k$.

例 1 应用 Gauss-Jordan 消去法求矩阵

$$A = \begin{bmatrix} 1 & 2 & -1 \\ 1 & 1 & 2 \\ 3 & -1 & 1 \end{bmatrix}$$

的逆矩阵 A^{-1}.

解

$$A=\begin{bmatrix}1 & 2 & -1\\ 1 & 1 & 2\\ 3 & -1 & 1\end{bmatrix}\xrightarrow{k=1}\begin{bmatrix}1 & 2 & -1\\ -1 & -1 & 3\\ -3 & -7 & 4\end{bmatrix}$$

$$\xrightarrow{k=2}\begin{bmatrix}-1 & 2 & 5\\ 1 & -1 & -3\\ 4 & -7 & -17\end{bmatrix}\xrightarrow{k=3}\begin{bmatrix}\frac{3}{17} & -\frac{1}{17} & \frac{5}{17}\\ \frac{5}{17} & \frac{4}{17} & -\frac{3}{17}\\ -\frac{4}{17} & \frac{7}{17} & -\frac{1}{17}\end{bmatrix}=A^{-1}.$$

为了避免消元过程中断和保证求逆结果的精确度,我们可以采用按列选主元的方法.设第 k 步消元选取的主元为 $a_{i_k,k}^{(k-1)}(i_k\geqslant k)$,并且每一步都作主行元素除以主元的运算.这样,消元过程完成时,便将矩阵方程 $AX=I$ 化为

$$M_nI_{i_n,n}M_{n-1}I_{i_{n-1},n-1}\cdots M_1I_{i_1,1}AX=M_nI_{i_n,n}M_{n-1}I_{i_{n-1},n-1}\cdots M_1I_{i_1,1}I,$$

而

$$I=M_nI_{i_n,n}M_{n-1}I_{i_{n-1},n-1}\cdots M_1I_{i_1,1}A,\tag{3.11}$$

因此

$$A^{-1}=X=M_nI_{i_n,n}M_{n-1}I_{i_{n-1},n-1}\cdots M_1I_{i_1,1}I.\tag{3.12}$$

我们仍然可将(3.12)中的连乘运算结合在消元过程中来进行,并逐次将 M_k 的第 k 列元素存放到原矩阵 A 的第 k 列位置上.但算得 $M_{k-1}I_{i_{k-1},k-1}\cdots M_1I_{i_1,1}I$ 后,再用 $M_kI_{i_k,k}$ 左乘它时,M_k 的第 k 列元素实际并不在第 k 列上,而是在第 i_k 列上.因此,消元过程完成后,尽管矩阵 A 的位置上存放着逆矩阵 A^{-1} 的元素,但 A^{-1} 的元素已不按其应有的列次序排列,而必须对 $k=n,n-1,\cdots,1$ 交换 A 的第 i_k 列与第 k 列,使 A^{-1} 的元素按其应有的列次序排列.

算法 3.9　应用 Gauss-Jordan 列主元消去法求矩阵 $A=[a_{ij}]_{n\times n}$ 的逆矩阵 A^{-1}.

输入　矩阵 A 的阶数 n;A 的元素.

输出　A^{-1} 的元素或 A 奇异的信息.

step 1　对 $k=1,\cdots,n$ 做 step2～8.

step 2　选主元:求 r 使

$$|a_{rk}|=\max_{k\leqslant i\leqslant n}|a_{ik}|,$$

并且记录 r:$p_k\leftarrow r$.

step 3　若 $a_{p_k,k}=0$,则输出('A is singular');

停机.

step 4 若 $p_k \neq k$,则交换 A 的第k 行与第 p_k 行.

step 5 $a_{kk} \leftarrow 1/a_{kk}$.

step 6 对$i=1,\cdots,n,i\neq k$

$a_{ik} \leftarrow -a_{kk}a_{ik}$.

step 7 对$i=1,\cdots,n,i\neq k$

$a_{ij} \leftarrow a_{ij}+a_{ik}a_{kj},j=1,\cdots,n,j\neq k$.

step 8 对$j=1,\cdots,n,j\neq k$

$a_{kj} \leftarrow a_{kk}a_{kj}$.

step 9 对 $k=n,n-1,\cdots,1$

若 $k\neq p_k$,则交换 A 的第k 列与第 p_k 列.

step 10 输出(A);

停机.

例 2 应用 Gauss-Jordan 列主元消去法求例 1 矩阵 A 的逆矩阵A^{-1}.

解

$$A=\begin{bmatrix}1 & 2 & -1\\ 1 & 1 & 2\\ 3 & -1 & 1\end{bmatrix}\xrightarrow[r_1\leftrightarrow r_3]{p_1=3}\begin{bmatrix}3 & -1 & 1\\ 1 & 1 & 2\\ 1 & 2 & -1\end{bmatrix}$$

$$\xrightarrow{k=1}\begin{bmatrix}\frac{1}{3} & -\frac{1}{3} & \frac{1}{3}\\ -\frac{1}{3} & \frac{4}{3} & \frac{5}{3}\\ -\frac{1}{3} & \frac{7}{3} & -\frac{4}{3}\end{bmatrix}\xrightarrow[r_2\leftrightarrow r_3]{p_2=3}\begin{bmatrix}\frac{1}{3} & -\frac{1}{3} & \frac{1}{3}\\ -\frac{1}{3} & \frac{7}{3} & -\frac{4}{3}\\ -\frac{1}{3} & \frac{4}{3} & \frac{5}{3}\end{bmatrix}$$

$$\xrightarrow{k=2}\begin{bmatrix}\frac{2}{7} & \frac{1}{7} & \frac{1}{7}\\ -\frac{1}{7} & \frac{3}{7} & -\frac{4}{7}\\ -\frac{1}{7} & -\frac{4}{7} & \frac{17}{7}\end{bmatrix}\xrightarrow{k=3}\begin{bmatrix}\frac{5}{17} & \frac{3}{17} & -\frac{1}{17}\\ -\frac{3}{17} & \frac{5}{17} & \frac{4}{17}\\ -\frac{1}{17} & -\frac{4}{17} & \frac{7}{17}\end{bmatrix}$$

$$\xrightarrow[c_3\leftrightarrow c_2]{p_2=3}\begin{bmatrix}\frac{5}{17} & -\frac{1}{17} & \frac{3}{17}\\ -\frac{3}{17} & \frac{4}{17} & \frac{5}{17}\\ -\frac{1}{17} & \frac{7}{17} & -\frac{4}{17}\end{bmatrix}\xrightarrow[c_3\leftrightarrow c_1]{p_1=3}\begin{bmatrix}\frac{3}{17} & -\frac{1}{17} & \frac{5}{17}\\ \frac{5}{17} & \frac{4}{17} & -\frac{3}{17}\\ -\frac{4}{17} & \frac{7}{17} & -\frac{1}{17}\end{bmatrix}=A^{-1}.$$

上面的记号 $c_3\leftrightarrow c_2$ 表示第 3 列与第 2 列交换,$c_3\leftrightarrow c_1$ 表示第 3 列与第 1 列交换.

3.4 向量和矩阵的范数

在数值代数,误差分析和微分方程的数值解法中,都要用到向量和矩阵的“大小”即范数以及极限概念.这一节,我们来讨论这些问题.

3.4.1 向量范数

设 R^n(或 C^n)表示实数域 R(或复数域 C)上的全体 n 维向量构成的线性空间,$\boldsymbol{x}=[x_1,x_2,\cdots,x_n]^{\mathrm{T}}\in R^n$(或 C^n).若在 $R^n(C^n)$中定义了一个实值函数,记作 $\|\boldsymbol{x}\|$,它满足下列条件:

(1) 非负性:

$$\|\boldsymbol{x}\|>0,\qquad \forall\,\boldsymbol{x}\in R^n(\text{或 }C^n),\boldsymbol{x}\neq\boldsymbol{0};\tag{4.1}$$

(2) 齐次性:

$$\|\lambda\boldsymbol{x}\|=|\lambda|\,\|\boldsymbol{x}\|,\qquad \forall\,\boldsymbol{x}\in R^n(\text{或 }C^n),\text{以及 }\forall\,\lambda\in R(\text{或 }C);\tag{4.2}$$

(3) 三角不等式:

$$\|\boldsymbol{x}+\boldsymbol{y}\|\leqslant\|\boldsymbol{x}\|+\|\boldsymbol{y}\|,\quad \forall\,\boldsymbol{x},\boldsymbol{y}\in R^n(\text{或 }C^n),\tag{4.3}$$

则称 $\|\boldsymbol{x}\|$ 为 $\boldsymbol{x}$ 的一种**范数**,并说 R^n(或 C^n)是赋以范数 $\|\boldsymbol{x}\|$ 的**赋范线性空间**.

在赋范线性空间 R^n(或 C^n)中,我们可以定义向量 $\boldsymbol{x}$ 和 $\boldsymbol{y}$ 的距离:

$$d(\boldsymbol{x},\boldsymbol{y})=\|\boldsymbol{x}-\boldsymbol{y}\|.$$

为叙述简单,下面若无特别申明,我们限于讨论 R^n 空间的向量范数.C^n 空间的向量范数可完全类似地讨论.

我们可以定义各种具体的范数,只要它满足范数的条件(4.1)~(4.3).在 R^n 中引进函数

$$f_p(\boldsymbol{x})=\Big(\sum_{i=1}^{n}|x_i|^p\Big)^{1/p},$$

其中 $\boldsymbol{x}=[x_1,x_2,\cdots,x_n]^{\mathrm{T}}$,$p$ 为正整数且 $p\geqslant1$.容易验证,$f_p(\boldsymbol{x})$满足条件(4.1)和(4.2).再根据 Minkowski 不等式:

$$\Big(\sum_{i=1}^{n}|x_i+y_i|^p\Big)^{1/p}\leqslant\Big(\sum_{i=1}^{n}|x_i|^p\Big)^{1/p}+\Big(\sum_{i=1}^{n}|y_i|^p\Big)^{1/p},$$

立即推得 $f_p(\boldsymbol{x})$满足条件(4.3).因此 $f_p(\boldsymbol{x})$是 R^n 中的一种范数.我们称 $f_p(\boldsymbol{x})$为向量 $\boldsymbol{x}$ 的 **$\boldsymbol{l}_p$ 范数**,记作 $\|\boldsymbol{x}\|_p$,即

$$\|\boldsymbol{x}\|_p=\Big(\sum_{i=1}^{n}|x_i|^p\Big)^{1/p},\quad p\geqslant1.\tag{4.4}$$

对于数值方法来说,特别有用的是 $p=1,2,\infty$的情形.显然,我们有

$$\| \boldsymbol{x} \|_1 = \sum_{i=1}^{n} | x_i |, \tag{4.5}$$

$$\| \boldsymbol{x} \|_2 = (\sum_{i=1}^{n} | x_i |^2)^{1/2}, \tag{4.6}$$

$$\| \boldsymbol{x} \|_\infty = \lim_{p \to \infty} \| \boldsymbol{x} \|_p = \lim_{p \to \infty} (\sum_{i=1}^{n} | x_i |^p)^{1/p}.$$

现证明

$$\| \boldsymbol{x} \|_\infty = \max_{1 \leqslant i \leqslant n} | x_i |. \tag{4.7}$$

事实上,令$| x_j | = \max\limits_{1 \leqslant i \leqslant n} | x_i |$,则

$$(\sum_{i=1}^{n} | x_i |^p)^{1/p} = | x_j | \left(\sum_{i=1}^{n} \left| \frac{x_i}{x_j} \right|^p \right)^{1/p}, \quad \boldsymbol{x} \neq \boldsymbol{0},$$

由于

$$\left| \frac{x_i}{x_j} \right| \leqslant 1,$$

因此

$$1 \leqslant \sum_{i=1}^{n} \left| \frac{x_i}{x_j} \right|^p \leqslant n.$$

从而可知

$$\lim_{p \to \infty} \left(\sum_{i=1}^{n} \left| \frac{x_i}{x_j} \right|^p \right)^{1/p} = 1.$$

于是

$$\| \boldsymbol{x} \|_\infty = | x_j | = \max_{1 \leqslant i \leqslant n} | x_i |.$$

$\boldsymbol{x} = \boldsymbol{0}$时,(4.7)式显然成立.

在R^n空间中,向量$\boldsymbol{x} = [x_1, \cdots, x_n]^{\mathrm{T}}$和$\boldsymbol{y} = [y_1, \cdots, y_n]^{\mathrm{T}}$的内积记作$(\boldsymbol{x}, \boldsymbol{y})$,可定义为

$$(\boldsymbol{x}, \boldsymbol{y}) = \sum_{i=1}^{n} x_i y_i = \boldsymbol{y}^{\mathrm{T}} \boldsymbol{x}.$$

定义了上述内积的空间R^n又称为n维(实)Euclid空间.此时

$$\| \boldsymbol{x} \|_2 = \sqrt{(\boldsymbol{x}, \boldsymbol{x})}.$$

因此,通常又称$\| \boldsymbol{x} \|_2$为**Euclid范数**或**Euclid长度**.

同样,在C^n空间中,向量$\boldsymbol{x} = [x_1, \cdots, x_n]^{\mathrm{T}}$和$\boldsymbol{y} = [y_1, \cdots, y_n]^{\mathrm{T}}$的内积可定义为

$$(\boldsymbol{x}, \boldsymbol{y}) = \sum_{i=1}^{n} x_i \bar{y}_i = \boldsymbol{y}^{\mathrm{H}} \boldsymbol{x},$$

其中 $\bar{y}_i$ 为 y_i 的共轭复数，$i=1,\cdots,n$，$\boldsymbol{y}^{\mathrm{H}}=[\bar{y}_1,\cdots,\bar{y}_n]$. 引进了内积的 C^n 空间又称为酉空间或复 Euclid 空间. 此时，仍有

$$\|\boldsymbol{x}\|_2=\sqrt{(\boldsymbol{x},\boldsymbol{x})}.$$

在 Euclid 空间 R^n 中，任意两个向量 $\boldsymbol{x},\boldsymbol{y}$ 满足 Cauchy-Schwarz 不等式：

$$|(\boldsymbol{x},\boldsymbol{y})|\leqslant\|\boldsymbol{x}\|_2\|\boldsymbol{y}\|_2 \tag{4.8}$$

当且仅当 $\boldsymbol{x}$ 与 $\boldsymbol{y}$ 线性相关时，(4.8)式等号成立. 设 $\boldsymbol{x}=[x_1,\cdots,x_n]^{\mathrm{T}}$，$\boldsymbol{y}=[y_1,\cdots,y_n]^{\mathrm{T}}$，则(4.8)式可改写成

$$\left|\sum_{i=1}^n x_iy_i\right|\leqslant\left(\sum_{i=1}^n x_i^2\right)^{\frac{1}{2}}\left(\sum_{i=1}^n y_i^2\right)^{\frac{1}{2}}. \tag{4.9}$$

例 1　向量

$$\boldsymbol{x}=\begin{bmatrix}1\\-2\\3\end{bmatrix},\quad \boldsymbol{y}=\begin{bmatrix}0\\2\\3\end{bmatrix}$$

的 l_1,l_2,l_∞ 范数分别为

$$\|\boldsymbol{x}\|_1=6,\qquad \|\boldsymbol{y}\|_1=5,$$

$$\|\boldsymbol{x}\|_2=\sqrt{14},\qquad \|\boldsymbol{y}\|_2=\sqrt{13},$$

$$\|\boldsymbol{x}\|_\infty=\|\boldsymbol{y}\|_\infty=3.$$

例 2　设 A 是给定的 n 阶实对称正定矩阵，$\boldsymbol{x}\in R^n$，则

$$\|\boldsymbol{x}\|_A=(\boldsymbol{x}^{\mathrm{T}}A\boldsymbol{x})^{1/2}$$

是 R^n 中的一种向量范数.

证明　只要验证它满足范数的三个条件：

(1) 因 A 对称正定，因此，对一切 $\boldsymbol{x}\in R^n$，$\boldsymbol{x}\neq\boldsymbol{0}$，有 $\|\boldsymbol{x}\|_A=(\boldsymbol{x}^{\mathrm{T}}A\boldsymbol{x})^{1/2}>0$；

(2) 对任意的实数 λ，

$$\|\lambda\boldsymbol{x}\|_A=(\lambda\boldsymbol{x}^{\mathrm{T}}A\lambda\boldsymbol{x})^{1/2}=|\lambda|\,\|\boldsymbol{x}\|_A;$$

(3) 因 A 正定，因此总存在非奇异下三角阵 L，使得

$$A=LL^{\mathrm{T}}.$$

于是

$$\|\boldsymbol{x}\|_A=(\boldsymbol{x}^{\mathrm{T}}LL^{\mathrm{T}}\boldsymbol{x})^{1/2}=((L^{\mathrm{T}}\boldsymbol{x})^{\mathrm{T}}(L^{\mathrm{T}}\boldsymbol{x}))^{1/2}=\|L^{\mathrm{T}}\boldsymbol{x}\|_2,$$

从而，对任意的 $\boldsymbol{x},\boldsymbol{y}\in R^n$，恒有

$$\begin{aligned}\|\boldsymbol{x}+\boldsymbol{y}\|_A&=\|L^{\mathrm{T}}(\boldsymbol{x}+\boldsymbol{y})\|_2=\|L^{\mathrm{T}}\boldsymbol{x}+L^{\mathrm{T}}\boldsymbol{y}\|_2\\&\leqslant\|L^{\mathrm{T}}\boldsymbol{x}\|_2+\|L^{\mathrm{T}}\boldsymbol{y}\|_2=\|\boldsymbol{x}\|_A+\|\boldsymbol{y}\|_A.\end{aligned}$$

R^n 中的向量范数具有下列性质.

(1) $\|\boldsymbol{0}\|=0$.

(2) $\forall\,\boldsymbol{x},\boldsymbol{y}\in R^n$，恒有

$$|\ \|\boldsymbol{x}\| - \|\boldsymbol{y}\|\ | \leqslant \|\boldsymbol{x}-\boldsymbol{y}\|.$$

按不同公式规定的向量范数,其大小一般不相等.然而,我们有下面的范数等价性.

(3) R^n 中的一切向量范数都是等价的,即对任意两种范数 $\|\boldsymbol{x}\|_\alpha$ 和 $\|\boldsymbol{x}\|_\beta$(不限于 l_p 范数)总存在两个与 $\boldsymbol{x}$ 无关的正常数 $C_1, C_2 \in R$,使得

$$C_1\|\boldsymbol{x}\|_\beta \leqslant \|\boldsymbol{x}\|_\alpha \leqslant C_2\|\boldsymbol{x}\|_\beta, \qquad \forall\, \boldsymbol{x} \in R^n. \tag{4.10}$$

证明 我们注意到,不等式(4.10)等价于存在正常数 $C_3, C_4 \in R$,使得

$$C_3\|\boldsymbol{x}\|_\alpha \leqslant \|\boldsymbol{x}\|_\beta \leqslant C_4\|\boldsymbol{x}\|_\alpha, \qquad \forall\, \boldsymbol{x} \in R^n.$$

因此,只要证明,对于任意一种范数和某一种固定的范数,例如 $\|\boldsymbol{x}\|_2$,不等式(4.10)成立就行了.事实上,假设 $\|\boldsymbol{x}\|_\alpha$ 和 $\|\boldsymbol{x}\|_\beta$ 为任意的两种范数,它们都与 $\|\boldsymbol{x}\|_2$ 等价,则存在正常数 a_1, a_2 以及 b_1, b_2,使得

$$a_1\|\boldsymbol{x}\|_2 \leqslant \|\boldsymbol{x}\|_\alpha \leqslant a_2\|\boldsymbol{x}\|_2,$$

$$b_1\|\boldsymbol{x}\|_\beta \leqslant \|\boldsymbol{x}\|_2 \leqslant b_2\|\boldsymbol{x}\|_\beta.$$

因此有

$$a_1b_1\|\boldsymbol{x}\|_\beta \leqslant \|\boldsymbol{x}\|_\alpha \leqslant a_2b_2\|\boldsymbol{x}\|_\beta.$$

令 $a_1b_1 = C_1, a_2b_2 = C_2$,便得到不等式(4.10).

现在,我们证明任意一种范数 $\|\boldsymbol{x}\|_\alpha$ 和范数 $\|\boldsymbol{x}\|_2$ 满足不等式(4.10),令 $\boldsymbol{e}_i$ 表示第 i 个分量为 1,其余分量皆为 0 的 n 维向量,则 R^n 中的任何一个向量 $\boldsymbol{x} = [x_1, \cdots, x_n]^{\mathrm{T}}$ 可以表示成

$$\boldsymbol{x} = x_1\boldsymbol{e}_1 + x_2\boldsymbol{e}_2 + \cdots + x_n\boldsymbol{e}_n.$$

据(4.3)、(4.2)和 Cauchy-Schwarz 不等式(4.9),我们有

$$\|\boldsymbol{x}\|_\alpha = \left\|\sum_{i=1}^n x_i\boldsymbol{e}_i\right\|_\alpha \leqslant \sum_{i=1}^n |x_i|\,\|\boldsymbol{e}_i\|_\alpha \leqslant M\|\boldsymbol{x}\|_2,$$

其中

$$M = \left(\sum_{i=1}^n \|\boldsymbol{e}_i\|_\alpha^2\right)^{1/2}.$$

从而,据范数性质(2),有

$$|\ \|\boldsymbol{x}\|_\alpha - \|\boldsymbol{y}\|_\alpha| \leqslant \|\boldsymbol{x}-\boldsymbol{y}\|_\alpha \leqslant M\|\boldsymbol{x}-\boldsymbol{y}\|_2.$$

这说明范数 $\|\boldsymbol{x}\|_\alpha$ 关于 l_2 范数是 $\boldsymbol{x}$ 的连续函数,或者 $\|\boldsymbol{x}\|_\alpha$ 是赋以 l_2 范数的赋范空间 R^n 的一个连续函数.由于 R^n 中的单位球面

$$S = \{\boldsymbol{x} \mid \|\boldsymbol{x}\|_2 = 1, \boldsymbol{x} \in R^n\}$$

是有界闭集,因此 $\|\boldsymbol{x}\|_\alpha$ 必可在 S 上达到最大值 C_2 和最小值 C_1,即

$$C_2 = \max_{\|\boldsymbol{x}\|_2 = 1}\|\boldsymbol{x}\|_\alpha,$$

$$C_1 = \min_{\| x \|_2 = 1} \| x \|_\alpha .$$

由于 $\| x \|_2 = 1$,因此 $x \neq 0$,从而 C_1 和 C_2 都大于零. 对任意的 $x \in R^n$,令 $y = x / \| x \|_2$,则

$$\| x \|_\alpha = \| x \|_2 \left\| \frac{x}{\| x \|_2} \right\|_\alpha = \| x \|_2 \| y \|_\alpha .$$

因 $\| y \|_2 = 1$,因此

$$C_1 \leqslant \| y \|_\alpha \leqslant C_2,$$

从而有

$$C_1 \| x \|_2 \leqslant \| x \|_\alpha \leqslant C_2 \| x \|_2 .$$

(4) R^n 中的向量范数 $\| x \|_\alpha$ 关于任意一个范数 $\| x \|_\beta$ 是 x 的一致连续函数,即对任给 $\varepsilon > 0$,存在 $\delta = \delta(\varepsilon) > 0$,使得当 $\| y - x \|_\beta < \delta$ 时,恒有

$$\big| \| y \|_\alpha - \| x \|_\alpha \big| < \varepsilon .$$

证明 据范数性质(2)和(3),有

$$\big| \| y \|_\alpha - \| x \|_\alpha \big| \leqslant \| y - x \|_\alpha \leqslant M \| y - x \|_\beta ,$$

其中 M 是一个正常数. 对于任给 $\varepsilon > 0$,取 $\delta = \varepsilon / M$. 当 $\| y - x \|_\beta < \delta$ 时,便有

$$| \| y \|_\alpha - \| x \|_\alpha | < \varepsilon .$$

R^n 空间中的 $l_p (p = 1, 2, \infty)$ 范数满足下面关系式:

$$\| x \|_\infty \leqslant \| x \|_1 \leqslant n \| x \|_\infty , \tag{4.11}$$

$$\| x \|_\infty \leqslant \| x \|_2 \leqslant \sqrt{n} \| x \|_\infty , \tag{4.12}$$

$$\frac{1}{\sqrt{n}} \| x \|_1 \leqslant \| x \|_2 \leqslant \| x \|_1 . \tag{4.13}$$

不等式(4.11),(4.12)以及(4.13)的右边都是显然成立的. 根据 Cauchy-Schwarz 不等式,我们有

$$\begin{aligned}
(|x_1| + |x_2| + \cdots + |x_n|)^2 &= (|x_1| \cdot 1 + |x_2| \cdot 1 + \cdots + |x_n| \cdot 1)^2 \\
&\leqslant (|x_1|^2 + |x_2|^2 + \cdots + |x_n|^2)(1^2 + 1^2 + \cdots + 1^2) \\
&= n(|x_1|^2 + |x_2|^2 + \cdots + |x_n|^2).
\end{aligned}$$

两边开方并除以 $\sqrt{n}$,便得到(4.13)左边不等式.

3.4.2 矩阵范数

假设 $R^{n \times n}$ 表示全体 $n \times n$ 阶实矩阵构成的线性空间,$A \in R^{n \times n}$. 若在 $R^{n \times n}$ 中定义了一个实值函数,记作 $\| A \|$,它满足下列条件:

(1) $\| A \| > 0, \forall A \in R^{n \times n}, A \neq O$; (4.14)

(2) $\| \lambda A \| = |\lambda| \| A \|, \forall A \in R^{n \times n}, \lambda \in R$; (4.15)

(3) $\| A+B \| \leqslant \| A \| + \| B \|, \forall A,B \in R^{n\times n}$; (4.16)

(4) $\| AB \| \leqslant \| A \| \cdot \| B \|, \forall A,B \in R^{n\times n}$, (4.17)

则称 $\| A \|$ 为矩阵 A 的一种**范数**.

假设在 $R^{n\times n}$ 中规定了一种矩阵范数 $\| \cdot \|_\beta$,在 R^n 中规定了一种向量范数 $\| \cdot \|_\alpha$. 若对 $R^{n\times n}$ 中的任何一个矩阵 A 和 R^n 中的任何一个向量 $\boldsymbol{x}$,恒有不等式

$$\| A\boldsymbol{x} \|_\alpha \leqslant \| A \|_\beta \| \boldsymbol{x} \|_\alpha \tag{4.18}$$

成立,则说上述矩阵范数和向量范数是**相容**的.

定理 1 设 $\| A \|_\beta$ 是 $R^{n\times n}$ 中的任意一种矩阵范数,则在 R^n 中至少存在一种向量范数 $\| \boldsymbol{x} \|_\alpha$,使得 $\| A \|_\beta$ 和 $\| \boldsymbol{x} \|_\alpha$ 是相容的.

证明 设 $\boldsymbol{x} = [x_1, \cdots, x_n]^{\mathrm{T}} \in R^n$. 取

$$\| \boldsymbol{x} \|_\alpha = \left\| \begin{bmatrix} x_1 & 0 & \cdots & 0 \\ x_2 & 0 & \cdots & 0 \\ \vdots & \vdots & & \vdots \\ x_n & 0 & \cdots & 0 \end{bmatrix} \right\|_\beta$$

就是这样的一种向量范数. 事实上,据矩阵范数应满足的条件(4.14)~(4.16)易知,$\| \boldsymbol{x} \|_\alpha$ 满足向量范数定义中的条件(4.1)~(4.3). 设 $A = [a_{ij}]_{n\times n}$,再由(4.17)可知

$$\left\| \begin{bmatrix} \sum_{j=1}^{n} a_{1j} x_j & 0 & \cdots & 0 \\ \vdots & \vdots & & \vdots \\ \sum_{j=1}^{n} a_{nj} x_j & 0 & \cdots & 0 \end{bmatrix} \right\|_\beta \leqslant \left\| \begin{bmatrix} a_{11} & \cdots & a_{1n} \\ \vdots & & \vdots \\ a_{n1} & \cdots & a_{nn} \end{bmatrix} \right\|_\beta \left\| \begin{bmatrix} x_1 & 0 & \cdots & 0 \\ \vdots & \vdots & & \vdots \\ x_n & 0 & \cdots & 0 \end{bmatrix} \right\|_\beta .$$

因此,据 $\| \boldsymbol{x} \|_\alpha$ 的定义,便有

$$\| A\boldsymbol{x} \|_\alpha \leqslant \| A \|_\beta \| \boldsymbol{x} \|_\alpha .$$

假定矩阵范数 $\| A \|_\beta$ 和向量范数 $\| \boldsymbol{x} \|_\alpha$ 相容,且对每一个 $A \in R^{n\times n}$ 都存在一个非零向量 $\boldsymbol{x}_0 \in R^n$(它与 A 有关),使得

$$\| A\boldsymbol{x}_0 \|_\alpha = \| A \|_\beta \| \boldsymbol{x}_0 \|_\alpha , \tag{4.19}$$

则说 $\| A \|_\beta$ 是**从属于**向量范数 $\| \boldsymbol{x} \|_\alpha$ 的矩阵范数.

任何一种矩阵范数 $\| \cdot \|_\beta$ 从属于某种向量范数 $\| \cdot \|_\alpha$ 的必要条件是 $\| I \|_\beta = 1$,其中 I 表示单位矩阵. 这是因为,对于单位矩阵 I 必存在一个向量 $\boldsymbol{x} \neq \boldsymbol{0}$,使得

$$\| I\boldsymbol{x} \|_\alpha = \| I \|_\beta \| \boldsymbol{x} \|_\alpha ,$$

但 $\| I\boldsymbol{x} \|_\alpha = \| \boldsymbol{x} \|_\alpha$,因此

$$\| \boldsymbol{x} \|_\alpha = \| I \|_\beta \| \boldsymbol{x} \|_\alpha ,$$

故 $\|I\|_\beta = 1$.

定理 2　对于 $\mathbf{R}^n$ 中的每一向量范数 $\|\boldsymbol{x}\|_\alpha$, $R^{n\times n}$ 中至少存在一种从属于它的矩阵范数.定义

$$\|A\| = \max_{\|\boldsymbol{x}\|_\alpha=1} \|A\boldsymbol{x}\|_\alpha \tag{4.20}$$

就是这样的一种矩阵范数.

证明　首先,对于任意的一个矩阵 $A\in R^{n\times n}$,由于 $\|A\boldsymbol{x}\|_\alpha$ 在有界闭集 $\|\boldsymbol{x}\|_\alpha=1$ 上连续(见习题 3 第 30 题),因此必达到它的最大值.这就是说,一定存在一个非零向量 $\boldsymbol{x}_0\in R^n$,使得 $\|\boldsymbol{x}_0\|_\alpha=1$,而且

$$\|A\boldsymbol{x}_0\|_\alpha = \|A\| = \|A\|\ \|\boldsymbol{x}_0\|_\alpha.$$

故条件(4.19)成立.

其次验证,按(4.20)定义的 $\|A\|$ 满足矩阵范数的条件(4.14)~(4.17)以及相容性条件(4.18).

(1) 设 $A\neq O$,则必存在 $\boldsymbol{y}\neq\boldsymbol{0}\in R^n$,使得 $A\boldsymbol{y}\neq\boldsymbol{0}$.我们可以将 $\boldsymbol{y}$ 规格化,即令 $\boldsymbol{x}=\boldsymbol{y}/\|\boldsymbol{y}\|_\alpha$,则 $\|\boldsymbol{x}\|_\alpha=1$,并且仍然有 $A\boldsymbol{x}\neq\boldsymbol{0}$,从而 $\|A\boldsymbol{x}\|_\alpha>0$.因此

$$\|A\| = \max_{\|\boldsymbol{x}\|_\alpha=1}\|A\boldsymbol{x}\|_\alpha > 0.$$

(2) 对于任意的 $\lambda\in R$,据定义(4.20)和向量范数条件(4.2),

$$\|\lambda A\| = \max_{\|\boldsymbol{x}\|_\alpha=1}\|\lambda A\boldsymbol{x}\|_\alpha = |\lambda| \max_{\|\boldsymbol{x}\|_\alpha=1}\|A\boldsymbol{x}\|_\alpha = |\lambda|\ \|A\|.$$

(3) 据向量范数条件(4.3)有

$$\begin{aligned}\|A+B\| &= \max_{\|\boldsymbol{x}\|_\alpha=1}\|(A+B)\boldsymbol{x}\|_\alpha = \max_{\|\boldsymbol{x}\|_\alpha=1}\|A\boldsymbol{x}+B\boldsymbol{x}\|_\alpha\\ &\leqslant \max_{\|\boldsymbol{x}\|_\alpha=1}\|A\boldsymbol{x}\|_\alpha + \max_{\|\boldsymbol{x}\|_\alpha=1}\|B\boldsymbol{x}\|_\alpha\\ &= \|A\| + \|B\|.\end{aligned}$$

(4) 对任意的非零 $\boldsymbol{x}\in R^n$,由于

$$\left\|\frac{1}{\|\boldsymbol{x}\|_\alpha}\boldsymbol{x}\right\|_\alpha = 1,$$

因此

$$\|A\boldsymbol{x}\|_\alpha = \|\boldsymbol{x}\|_\alpha \left\|A\left(\frac{1}{\|\boldsymbol{x}\|_\alpha}\boldsymbol{x}\right)\right\|_\alpha \leqslant \|A\|\ \|\boldsymbol{x}\|_\alpha,$$

相容条件(4.18)成立.

(5) 对于任意的 $A,B\in R^{n\times n}$,

$$\begin{aligned}\|AB\| &= \max_{\|\boldsymbol{x}\|_\alpha=1}\|AB\boldsymbol{x}\|_\alpha = \max_{\|\boldsymbol{x}\|_\alpha=1}\|A(B\boldsymbol{x})\|_\alpha\\ &\leqslant \max_{\|\boldsymbol{x}\|_\alpha=1}\|A\|\cdot\|B\boldsymbol{x}\|_\alpha = \|A\|\cdot\|B\|.\end{aligned}$$

条件(4.17)成立.

在定义(4.20)中,分别取向量的 $l_p(p=1,2,\infty)$范数,得到具体的矩阵范数,记作 $\|A\|_p(p=1,2,\infty)$. 这三种矩阵范数分别从属于 $l_p(p=1,2,\infty)$范数,它们有比较明显的表达式. 设 $A=[a_{ij}]_{n\times n}$,则

$$\|A\|_1=\max_{1\leqslant j\leqslant n}\sum_{i=1}^{n}|a_{ij}|, \tag{4.21}$$

$$\|A\|_2=\sqrt{\lambda_1},\qquad \lambda_1\text{ 是 } A^{\mathrm{T}}A \text{ 的最大特征值}, \tag{4.22}$$

$$\|A\|_\infty=\max_{1\leqslant i\leqslant n}\sum_{j=1}^{n}|a_{ij}|. \tag{4.23}$$

$\|A\|_2$ 又称为矩阵 A 的**谱范数**.

证明 (1) 首先证明(4.21)式. 记

$$A=[\boldsymbol{a}_1,\boldsymbol{a}_2,\cdots,\boldsymbol{a}_n],$$

$$\boldsymbol{a}_j=[a_{1j},\cdots,a_{nj}]^{\mathrm{T}},\qquad j=1,2,\cdots,n,$$

则

$$\max_{1\leqslant j\leqslant n}\sum_{i=1}^{n}|a_{ij}|=\max_{1\leqslant j\leqslant n}\|\boldsymbol{a}_j\|_1.$$

对任意的 $\boldsymbol{x}=[x_1,\cdots,x_n]^{\mathrm{T}}\in R^n$,有

$$\begin{aligned}\|A\boldsymbol{x}\|_1&=\|x_1\boldsymbol{a}_1+x_2\boldsymbol{a}_2+\cdots+x_n\boldsymbol{a}_n\|_1\\&\leqslant|x_1|\,\|\boldsymbol{a}_1\|_1+\cdots+|x_n|\,\|\boldsymbol{a}_n\|_1\\&\leqslant(|x_1|+\cdots+|x_n|)\max_{1\leqslant j\leqslant n}\|\boldsymbol{a}_j\|_1\\&=\|\boldsymbol{x}\|_1\cdot\max_{1\leqslant j\leqslant n}\|\boldsymbol{a}_j\|_1,\end{aligned}$$

当 $\|\boldsymbol{x}\|_1=1$ 时,有

$$\|A\boldsymbol{x}\|_1\leqslant\max_{1\leqslant j\leqslant n}\|\boldsymbol{a}_j\|_1=\max_{1\leqslant j\leqslant n}\sum_{i=1}^{n}|a_{ij}|.$$

另一方面,设 $j=k$ 时,

$$\max_{1\leqslant j\leqslant n}\|\boldsymbol{a}_j\|_1=\|\boldsymbol{a}_k\|_1.$$

取 $\boldsymbol{x}=\boldsymbol{e}_k$,显然 $\|\boldsymbol{e}_k\|_1=1$,且

$$\|A\boldsymbol{e}_k\|_1=\|\boldsymbol{a}_k\|_1=\max_{1\leqslant j\leqslant n}\sum_{i=1}^{n}|a_{ij}|.$$

故

$$\|A\|_1=\max_{\|\boldsymbol{x}\|_1=1}\|A\boldsymbol{x}\|_1=\max_{1\leqslant j\leqslant n}\sum_{i=1}^{n}|a_{ij}|.$$

(2) 其次证明(4.22)式. 由于矩阵 $A^{\mathrm{T}}A$ 是实对称正定或半正定的,它的特征值皆为实的且非负,因此 $A^{\mathrm{T}}A$ 的最大特征值 λ_1 必存在. 由(4.6)式,

$$\| Ax \|_2 = (Ax, Ax)^{1/2} = (x, A^T Ax)^{1/2} = (x^T A^T Ax)^{1/2}.$$

再据实二次型的极性：

$$\max_{\|x\|_2=1} x^T A^T Ax = \lambda_1$$

便得到

$$\| A \|_2 = \max_{\|x\|_2=1} \| Ax \|_2 = \sqrt{\lambda_1}.$$

(3) 最后证明(4.23)式.由(4.7),

$$\begin{aligned}\| Ax \|_\infty &= \max_{1\leqslant i\leqslant n} \left| \sum_{j=1}^{n} a_{ij} x_j \right| \\ &\leqslant \max_{1\leqslant i\leqslant n} \left(\sum_{j=1}^{n} | a_{ij} | | x_j | \right) \\ &\leqslant \max_{1\leqslant i\leqslant n} \left(\sum_{j=1}^{n} | a_{ij} | \right) \| x \|_\infty .\end{aligned}$$

于是,若 $\| x \|_\infty = 1$,便得到

$$\max_{\|x\|_\infty=1} \| Ax \|_\infty \leqslant \max_{1\leqslant i\leqslant n} \left(\sum_{j=1}^{n} | a_{ij} | \right).$$

另一方面,如果我们能够找到向量 $x_0 \in R^n$,使得 $\| x_0 \|_\infty = 1$, $\| Ax_0 \|_\infty = \max\limits_{1\leqslant i\leqslant n} \sum\limits_{j=1}^{n} | a_{ij} |$,那么,便证得(4.23)式.设 $i = k$ 时, $\sum\limits_{j=1}^{n} | a_{ij} |$ 取得最大值,即

$$\max_{1\leqslant i\leqslant n} \left(\sum_{j=1}^{n} | a_{ij} | \right) = \sum_{j=1}^{n} | a_{kj} |.$$

注意到,$a_{kj} = | a_{kj} | \mathrm{sign} a_{kj}$,取 $x_0 = [x_1^{(0)}, x_2^{(0)}, \cdots, x_n^{(0)}]^T$,其中

$$x_j^{(0)} = \begin{cases} 1, & 若\ a_{kj} \geqslant 0, \\ -1, & 若\ a_{kj} < 0, \end{cases}$$

则 $\| x_0 \|_\infty = 1$,且当 $i \neq k$ 时,

$$\left| \sum_{j=1}^{n} a_{ij} x_j^{(0)} \right| \leqslant \sum_{j=1}^{n} | a_{ij} | \leqslant \sum_{j=1}^{n} | a_{kj} |,$$

而

$$\left| \sum_{j=1}^{n} a_{kj} x_j^{(0)} \right| = \sum_{j=1}^{n} | a_{kj} |,$$

因此

$$\max_{1\leqslant i\leqslant n} \left| \sum_{j=1}^{n} a_{ij} x_j^{(0)} \right| = \sum_{j=1}^{n} | a_{kj} |.$$

故

$$\| Ax_0 \|_\infty = \sum_{j=1}^{n} |a_{kj}| = \max_{1 \leqslant i \leqslant n} \sum_{j=1}^{n} |a_{ij}|.$$

还有一种常用的矩阵范数是 **Frobenius 范数**(又称为 **Suchur 范数**):

$$\| A \|_F = (\sum_{i,j=1}^{n} |a_{ij}|^2)^{1/2}, \tag{4.24}$$

其中 $A=[a_{ij}]_{n\times n}$.我们容易直接验证它满足矩阵范数的条件(4.14)~(4.16).现验证条件(4.17):

$$\| AB \|_F \leqslant \| A \|_F \| B \|_F.$$

令 $B=[b_{ij}]_{n\times n}$,据 Cauchy-Schwarz 不等式,有

$$\left| \sum_{r=1}^{n} a_{ir} b_{rj} \right|^2 \leqslant (\sum_{r=1}^{n} |a_{ir}|^2)(\sum_{s=1}^{n} |b_{sj}|^2),$$

于是

$$\begin{aligned} \| AB \|_F^2 &= \sum_{i=1}^{n} \sum_{j=1}^{n} \left| \sum_{r=1}^{n} a_{ir} b_{rj} \right|^2 \leqslant \sum_{i=1}^{n} \sum_{j=1}^{n} (\sum_{r=1}^{n} |a_{ir}|^2)(\sum_{s=1}^{n} |b_{sj}|^2) \\ &= (\sum_{i=1}^{n} \sum_{r=1}^{n} |a_{ir}|^2)(\sum_{j=1}^{n} \sum_{s=1}^{n} |b_{sj}|^2) = \| A \|_F^2 \| B \|_F^2. \end{aligned}$$

故有

$$\| AB \|_F \leqslant \| A \|_F \| B \|_F.$$

Frobenius 范数和 l_2 范数是相容的.事实上,

$$\begin{aligned} \| Ax \|_2^2 &= \sum_{i=1}^{n} \left| \sum_{j=1}^{n} a_{ij} x_j \right|^2 \\ &\leqslant \sum_{i=1}^{n} (\sum_{j=1}^{n} |a_{ij}|^2)(\sum_{j=1}^{n} |x_j|^2) \\ &= (\sum_{i=1}^{n} \sum_{j=1}^{n} |a_{ij}|^2)(\sum_{j=1}^{n} |x_j|^2) = \| A \|_F^2 \| x \|_2^2, \end{aligned}$$

即

$$\| Ax \|_2 \leqslant \| A \|_F \| x \|_2. \tag{4.25}$$

但是,由于

$$\| I \|_F = \sqrt{n},$$

因此,当 $n>1$ 时,Frobenius 范数不从属于任何向量范数.

类似于向量范数的性质(1)~(4),对于矩阵范数有下列性质.

(1) 零矩阵的范数等于零,即

$$\| O \| = 0.$$

(2) 对任意的 $A, B \in R^{n\times n}$,恒有

$$| \| A \| - \| B \| | \leqslant \| A - B \|.$$

(3) 设 $\| \cdot \|_\alpha$ 和 $\| \cdot \|_\beta$ 是 $R^{n\times n}$ 中的任意两个矩阵范数,则存在正常数 $c_1, c_2 \in R$ 使得

$$c_1 \| A \|_\beta \leqslant \| A \|_\alpha \leqslant c_2 \| A \|_\beta, \qquad \forall A \in R^{n\times n}.$$

证明　只要证明对任意一种矩阵范数 $\| \cdot \|_\alpha$ 都存在正常数 $d_1, d_2 \in R$ 使得

$$d_1 \| A \|_M \leqslant \| A \|_\alpha \leqslant d_2 \| A \|_M$$

就行了.此处

$$\| A \|_M = n \max_{1\leqslant i,j\leqslant n} | a_{ij} |,$$

其中 $A = [a_{ij}]_{n\times n}$(参见习题3第35题).这个证明类似于向量范数性质(3)的证明,故从略.

(4) $R^{n\times n}$ 中的矩阵范数 $\| A \|_\alpha$ 是关于 $R^{n\times n}$ 任意一种矩阵范数 $\| A \|_\beta$ 的 A 的一致连续函数.

Frobenius 范数和谱范数满足不等式:

$$\| A \|_2 \leqslant \| A \|_F \leqslant \sqrt{n} \| A \|_2, \tag{4.26}$$

其中 $A \in R^{n\times n}$.事实上,据(4.25)式立即推得(4.26)左边不等式.由于

$$\begin{aligned} \| A \|_2^2 &= \max_{1\leqslant i\leqslant n} \lambda_i \geqslant \frac{1}{n}(\lambda_1 + \lambda_2 + \cdots + \lambda_n) \\ &= \frac{1}{n}\mathrm{tr}(A^{\mathrm{T}}A) = \frac{1}{n} \| A \|_F^2, \end{aligned}$$

此处 $\lambda_1, \cdots, \lambda_n$ 是 $A^{\mathrm{T}}A$ 的特征值,$\mathrm{tr}(A^{\mathrm{T}}A)$ 是 $A^{\mathrm{T}}A$ 的追迹,因此(4.26)右边不等式成立.

设 $A = [a_{ij}]_{n\times n}$.记 $|A| = [|a_{ij}|]_{n\times n}$,则

$$\| |A| \|_F = \| A \|_F, \tag{4.27}$$

$$\| |A| \|_1 = \| A \|_1, \tag{4.28}$$

$$\| |A| \|_\infty = \| A \|_\infty, \tag{4.29}$$

但 $\| |A| \|_2 \neq \| A \|_2$.据(4.20)式,我们有

$$\| A \|_2 \leqslant \| |A| \|_2. \tag{4.30}$$

又据(4.26)和(4.27),有

$$\| |A| \|_2 \leqslant \| |A| \|_F = \| A \|_F \leqslant \sqrt{n} \| A \|_2. \tag{4.31}$$

以上介绍的 $n \times n$ 阶矩阵范数还可以推广到 $m \times n$ 阶矩阵的情形.设 $C^{m\times n}$ 表示全体 $m \times n$ 阶复矩阵构成的线性空间,$A \in C^{m\times n}$.若在 $C^{m\times n}$ 中定义了一个实值函数 $\| A \|$,它满足下列条件:

(1) $\| A \| > 0, \forall A \in C^{m\times n}, A \neq O$;

(2) $\| \lambda A \| = |\lambda| \| A \|, \forall A \in C^{m\times n}, \lambda \in C$;

(3) $\|A+B\| \leqslant \|A\| + \|B\|, \forall A, B \in C^{m\times n}$,
则 $\|A\|$ 称为矩阵 A 的一种范数.

假设在 $C^{m\times n}, C^{n\times p}$ 和 $C^{m\times p}$ 中分别规定了矩阵范数 $\|\cdot\|, \|\cdot\|_\alpha$ 和 $\|\cdot\|_\beta$. 若对任意的 $A\in C^{m\times n}, B\in C^{n\times p}$,恒有

$$\|AB\|_\beta \leqslant \|A\| \|B\|_\alpha, \tag{4.32}$$

则说矩阵范数 $\|\cdot\|$ 和 $\|\cdot\|_\alpha, \|\cdot\|_\alpha$ 相容.

特别,$p=1$ 时,视 $C^{n\times 1}=C^n$ 和 $C^{m\times 1}=C^m$,对任意的 $A\in C^{m\times n}$ 及 $\boldsymbol{x}\in C^n$,(4.32)改写成

$$\|A\boldsymbol{x}\|_\beta \leqslant \|A\| \|\boldsymbol{x}\|_\alpha. \tag{4.33}$$

此时,我们说矩阵范数 $\|\cdot\|$ 和向量范数 $\|\cdot\|_\alpha, \|\cdot\|_\beta$ 是相容的. 更若对任意的 $A\in C^{m\times n}$,存在 $\boldsymbol{x}_0\in C^n$. 使得(4.33)中等号成立,即

$$\|A\boldsymbol{x}_0\|_\beta = \|A\| \|\boldsymbol{x}_0\|_\alpha, \tag{4.34}$$

则说 $\|A\|$ 是从属于向量范数 $\|\boldsymbol{x}\|_\alpha, \|\boldsymbol{x}\|_\beta$ 的矩阵范数.

假设 $m=n=p$,则(4.32)式可写成

$$\|AB\| \leqslant \|A\| \|B\|.$$

此时,说 $C^{m\times n}$ 中的矩阵范数 $\|\cdot\|$ 是相容的. 因此,n 阶矩阵范数定义中的条件(4)表明所定义的范数是相容的.

假设 $A\in C^{m\times n}$. 现在,按(4.20)式定义的矩阵范数可改写成

$$\|A\| = \max_{\|\boldsymbol{x}\|_\alpha=1} \|A\boldsymbol{x}\|_\beta, \tag{4.35}$$

其中 $\|\cdot\|_\alpha, \|\cdot\|_\beta$ 分别是 C^n 和 C^m 中规定了的向量范数. 设 $A\in C^{m\times n}$,则

$$\|A\|_1 = \max_{1\leqslant j\leqslant n} \sum_{i=1}^{m} |a_{ij}|; \tag{4.36}$$

$$\|A\|_2 = \sqrt{\lambda_1}, \tag{4.37}$$

其中 λ_1 是 $A^{\mathrm{H}}A$ 的最大特征值,A^{H} 是 A 的共轭转置矩阵;

$$\|A\|_\infty = \max_{1\leqslant i\leqslant m} \sum_{j=1}^{n} |a_{ij}|.$$

前述 n 阶实矩阵范数的性质,对于 $m\times n$ 阶复矩阵范数仍然成立. Frobenius 范数及有关结论可推广到 n 阶复矩阵的情形. 设 $A\in C^{n\times n}$,则定理 1,定理 2(R^n 空间换成 C^n 空间)以及(4.26)~(4.31)式都成立.

假设 $A\in C^{n\times n}$. 我们用 $\rho(A)$ 表示矩阵 A 的谱半径,即

$$\rho(A) = \max_{1\leqslant i\leqslant n} |\lambda_i|, \tag{4.38}$$

其中 $\lambda_1, \cdots, \lambda_n$ 是 A 的 n 个特征值. $C^{n\times n}$ 中矩阵范数和谱半径之间有下面的关系.

定理 3 对于 $C^{n\times n}$ 中的任何矩阵范数 $\|\cdot\|$,恒有

$$\rho(A) \leqslant \| A \| . \tag{4.39}$$

证明　对于 $C^{n\times n}$中的任意一种矩阵范数 $\|\cdot\|$,据定理1知,必存在 C^n 中的向量范数 $\|\cdot\|_\alpha$,使得对一切 $A\in C^{n\times n}$和一切 $\boldsymbol{x}\in C^n$,(4.18)式

$$\| A\boldsymbol{x} \|_\alpha \leqslant \| A \| \| \boldsymbol{x} \|_\alpha$$

成立.设 λ 是 A 的任意一个特征值,$\boldsymbol{x}_\lambda\in C^n$ 是相应于 λ 的特征向量,则有 $A\boldsymbol{x}_\lambda = \lambda\boldsymbol{x}_\lambda$,从而

$$\| A\boldsymbol{x}_\lambda \|_\alpha = |\lambda| \| \boldsymbol{x}_\lambda \|_\alpha .$$

把它与(4.18)式比较,便有

$$|\lambda| \leqslant \| A \| .$$

故(4.39)式成立.

定理4　设 $A\in C^{n\times n}$.对于任意给定的一个正数 $\varepsilon>0$,在 $C^{n\times n}$中至少存在一种矩阵范数 $\|\cdot\|_\beta$,使得

$$\| A \|_\beta \leqslant \rho(A) + \varepsilon . \tag{4.40}$$

证明　$A\in C^{n\times n}$必与一个 Jordan 标准形 J 相似,即存在非奇异矩阵 P 使得

$$P^{-1}AP = J .$$

令 $D=\mathrm{diag}(1,\varepsilon,\cdots,\varepsilon^{n-1})$,$D^{-1}JD=\tilde{J}$,则 $\tilde{J}$ 是J 的每一个非对角元素1换成 ε 得到的.于是,我们有 $\tilde{J}=Q^{-1}AQ$,其中 $Q=PD$.由于

$$\| Q^{-1}AQ \|_1 = \| \tilde{J} \|_1 \leqslant \rho(A) + \varepsilon ,$$

且 $\| A \|_\beta = \| Q^{-1}AQ \|_1$ 是 $C^{n\times n}$中的一种矩阵范数,因此证得(4.40)式.

定理5(Banach 引理)　设 $B\in C^{n\times n}$,且 $\rho(B)<1$,则矩阵 $I\pm B$ 都是非奇异的.而且,对任何使 $\| I \| =1$ 的矩阵范数 $\|\cdot\|$,若有 $\| B \| <1$,则

$$\frac{1}{1+\| B \|} \leqslant \| (I\pm B)^{-1} \| \leqslant \frac{1}{1-\| B \|} . \tag{4.41}$$

证明　设 B 的特征值为$\lambda_i(i=1,\cdots,n)$,则$|\lambda_i|<1(i=1,\cdots,n)$,而 $I\pm B$ 的特征值为 $1\pm\lambda_i$,因此 $I\pm B$ 的全部特征值皆非零.故 $I\pm B$ 都是非奇异的.因 $I-B=I+(-B)$,因此只要对 $I+B$ 的情形证明(4.41)式.由于

$$I = (I+B)^{-1}(I+B),$$

应用(4.17)和(4.16)式,我们有

$$\begin{aligned} 1 = \| I \| &\leqslant \| (I+B)^{-1} \| \| I+B \| \leqslant \| (I+B)^{-1} \| (\| I \| + \| B \|) \\ &= \| (I+B)^{-1} \| (1+\| B \|). \end{aligned}$$

这就证得(4.41)的左边不等式.又由于

$$I = (I+B)^{-1}(I+B) = (I+B)^{-1} + (I+B)^{-1}B,$$

因此有

$$(I+B)^{-1} = I - (I+B)^{-1}B.$$

再应用(4.16)和(4.17)式,得

$$\| (I+B)^{-1} \| \leqslant \| I \| + \| (I+B)^{-1} \| \| B \|,$$

于是有

$$(1 - \| B \|) \| (I+B)^{-1} \| \leqslant 1.$$

当 $\| B \| < 1$ 时,便得到(4.41)的右边不等式.

3.4.3 向量和矩阵序列的极限

假设给定了 C^n 空间中的向量序列 $\boldsymbol{x}_1, \boldsymbol{x}_2, \cdots, \boldsymbol{x}_k, \cdots$,简记作 $\{\boldsymbol{x}_k\}$,其中

$$\boldsymbol{x}_k = [x_1^{(k)}, x_2^{(k)}, \cdots, x_n^{(k)}]^{\mathrm{T}}.$$

若 $\boldsymbol{x}_k$ 的每一个分量 $x_i^{(k)}$ 都存在极限 x_i,即

$$\lim_{k \to \infty} x_i^{(k)} = x_i, \quad i = 1, \cdots, n,$$

则称向量 $\boldsymbol{x} = [x_1, x_2, \cdots, x_n]^{\mathrm{T}}$ 为向量序列 $\{\boldsymbol{x}_k\}$ 的极限,或者说向量序列 $\{\boldsymbol{x}_k\}$ 收敛于向量 $\boldsymbol{x}$,记作

$$\lim_{k \to \infty} \boldsymbol{x}_k = \boldsymbol{x}$$

或

$$\boldsymbol{x}_k \to \boldsymbol{x}, \text{当 } k \to \infty \text{ 时}.$$

例 3 设

$$\boldsymbol{x}_k = \left[\frac{1}{k}, \frac{k}{k+1}\right]^{\mathrm{T}}.$$

当 $k \to \infty$ 时,

$$\frac{1}{k} \to 0, \qquad \frac{k}{k+1} \to 1,$$

因此

$$\lim_{k \to \infty} \boldsymbol{x}_k = [0, 1]^{\mathrm{T}}.$$

易知,向量序列 $\{\boldsymbol{x}_k\}$ 收敛于向量 $\boldsymbol{x}$ 的充分必要条件为向量序列 $\{\boldsymbol{x}_k - \boldsymbol{x}\}$ 收敛于零向量.

令

$$\boldsymbol{y}_k = \sum_{j=1}^{k} \boldsymbol{x}_j.$$

若 $\lim\limits_{k \to \infty} \boldsymbol{y}_k$ 存在,设其为 $\boldsymbol{y}$,则说向量级数 $\sum\limits_{j=1}^{\infty} \boldsymbol{x}_j$ 收敛,并说这个极限为该级数的和,即

$$\sum_{j=1}^{\infty} \boldsymbol{x}_j = \lim_{k \to \infty} \boldsymbol{y}_k = \boldsymbol{y};$$

否则,说级数 $\sum_{j=1}^{\infty} \boldsymbol{x}_j$ 发散.

同样,可以定义矩阵序列的极限.假设给定一个矩阵序列 $\{A_k\}$,其中 $A_k = [a_{ij}^{(k)}] \in C^{m \times n}$.若 A_k 的每一个元素序列 $\{a_{ij}^{(k)}\}$ 都存在极限 a_{ij},即

$$\lim_{k \to \infty} a_{ij}^{(k)} = a_{ij}, \quad i = 1, \cdots, m; j = 1, \cdots, n,$$

则称矩阵 $A = [a_{ij}] \in C^{m \times n}$ 为矩阵序列 $\{A_k\}$ 的极限,或者说矩阵序列 $\{A_k\}$ 收敛于矩阵 A,记作

$$\lim_{k \to \infty} A_k = A$$

或

$$A_k \to A, \quad \text{当 } k \to \infty \text{ 时}.$$

例 4　设

$$A_k = \begin{bmatrix} \frac{1}{k} & e^{-k} \\ 2 & 1 + \frac{\sin k}{k} \end{bmatrix}.$$

当 $k \to \infty$ 时,

$$\frac{1}{k} \to 0, \quad e^{-k} \to 0, \quad 1 + \frac{\sin k}{k} \to 1,$$

因此

$$\lim_{k \to \infty} A_k = \begin{bmatrix} 0 & 0 \\ 2 & 1 \end{bmatrix}.$$

令

$$S_k = A_1 + A_2 + \cdots + A_k.$$

若 $\lim_{k \to \infty} S_k$ 存在,设其为 S,则称矩阵级数

$$\sum_{k=1}^{\infty} A_k = A_1 + A_2 + \cdots + A_k + \cdots$$

收敛,且

$$\sum_{k=1}^{\infty} A_k = S.$$

根据向量范数的等价性,我们有下面定理.

定理 6　C^n 空间中向量序列 $\{\boldsymbol{x}_k\}$ 收敛于向量 $\boldsymbol{x}$ 的充分必要条件是对任意一种向量范数 $\|\cdot\|$,

$$\lim_{k \to \infty} \| \boldsymbol{x}_k - \boldsymbol{x} \| = 0.$$

证明　设 $\boldsymbol{x}_k = [x_1^{(k)}, \cdots, x_n^{(k)}]^{\mathrm{T}}$, $\boldsymbol{x} = [x_1, \cdots, x_n]^{\mathrm{T}}$.据向量范数的等价性易

知,若对某种向量范数,例如 l_∞范数,有

$$\lim_{k\to\infty}\|\boldsymbol{x}_k-\boldsymbol{x}\|_\infty=0,$$

则对任意一种范数 $\|\cdot\|$ 都有

$$\lim_{k\to\infty}\|\boldsymbol{x}_k-\boldsymbol{x}\|=0.$$

因此,我们只要对 l_∞范数证明本定理.

必要性 假设当 $k\to\infty$时,$\boldsymbol{x}_k\to\boldsymbol{x}$,则当 $k\to\infty$时,$\boldsymbol{x}_k-\boldsymbol{x}\to\boldsymbol{0}$.从而,当 $k\to\infty$时,$x_i^{(k)}-x_i\to 0,i=1,\cdots,n$.因此,对任给的 $\varepsilon>0$,对每一个 $i(i=1,2,\cdots,n)$总可找到自然数 K_i,当 $k>K_i$ 时,有

$$|x_i^{(k)}-x_i|<\varepsilon.$$

取 $K=\max\limits_{1\leqslant i\leqslant n}K_i$,当 $k>K$ 时,有

$$|x_i^{(k)}-x_i|<\varepsilon,\quad i=1,2,\cdots,n.$$

因此

$$\max_{1\leqslant i\leqslant n}|x_i^{(k)}-x_i|<\varepsilon,$$

即

$$\|\boldsymbol{x}_k-\boldsymbol{x}\|_\infty<\varepsilon.$$

故当 $k\to\infty$时,$\|\boldsymbol{x}_k-\boldsymbol{x}\|_\infty\to 0$.

充分性 假设 $\|\boldsymbol{x}_k-\boldsymbol{x}\|_\infty\to 0,k\to\infty$,即

$$\max_{1\leqslant i\leqslant n}|x_i^{(k)}-x_i|\to 0,\quad k\to\infty.$$

由于

$$|x_j^{(k)}-x_j|\leqslant\max_{1\leqslant i\leqslant n}|x_i^{(k)}-x_i|,\quad j=1,2,\cdots,n,$$

因此

$$|x_j^{(k)}-x_j|\to 0,\quad k\to\infty,\quad j=1,2,\cdots,n,$$

即

$$\lim_{k\to\infty}\boldsymbol{x}_k=\boldsymbol{x}.$$

定理 7 $C^{n\times n}$空间中矩阵序列 $A_1,A_2,\cdots,A_k,\cdots$收敛于矩阵 A 的充分必要条件是对于任意的一种矩阵范数 $\|\cdot\|$,

$$\lim_{k\to\infty}\|A_k-A\|=0.$$

定理 8 设 $A\in C^{n\times n}$. $\lim\limits_{k\to\infty}A^k=O$ 的充分必要条件为

$$\rho(A)<1. \tag{4.42}$$

证明 必要性 假设 $\rho(A)\geqslant 1$,则对一切自然数 k,$\rho(A^k)\geqslant 1$.因此,据定理 3,对于 $C^{n\times n}$中任意的一种矩阵范数 $\|\cdot\|$ 都有

$$\|A^k\|\geqslant\rho(A^k)\geqslant 1.$$

另一方面，根据定理7，若 $A^k \to O(k\to\infty)$，则 $\| A^k \| \to 0$，但当 $\rho(A)\geqslant 1$ 时，这是不可能的. 因此，$\rho(A)<1$ 是 $A^k\to O$ 的必要条件.

充分性　据定理4，对任意给定的正数 ε，在 $C^{n\times n}$ 中至少存在一种矩阵范数 $\|\cdot\|_\beta$，使得

$$\| A \|_\beta \leqslant \rho(A) + \varepsilon.$$

若 $\rho(A)<1$，则在上式中取 $\varepsilon = (1-\rho(A))/2$，便有

$$\| A \|_\beta < 1.$$

由于

$$\| A^k \|_\beta \leqslant \| A \|_\beta^k,$$

因此

$$\lim_{k\to\infty} \| A^k \|_\beta = 0.$$

据定理7，便证得 $\lim\limits_{k\to\infty} A^k = O$.

由定理3和定理8，立即得到下面的推论.

推论　设 $A\in C^{n\times n}$. 只要对 $C^{n\times n}$ 中某一种矩阵范数 $\|\cdot\|_\alpha$ 有 $\| A \|_\alpha<1$，则 $\lim\limits_{k\to\infty} A^k = O$.

定理9　设 $B\in C^{n\times n}$. 级数

$$\sum_{k=0}^{\infty} B^k = I + B + B^2 + \cdots + B^k + \cdots$$

收敛的充分必要条件为

$$\rho(B) < 1.$$

而且，若 $\rho(B)<1$，则 $(I-B)^{-1}$ 存在，且

$$(I - B)^{-1} = \sum_{k=0}^{\infty} B^k. \tag{4.43}$$

证明　*必要性*　假设级数 $\sum\limits_{k=0}^{\infty} B^k$ 收敛，那么容易证明 $\lim\limits_{k\to\infty} B^k = O$（见习题3第45题）. 因此，由定理8便证得 $\rho(B)<1$.

充分性　若 $\rho(B)<1$，据定理5知 $(I-B)^{-1}$ 存在. 令

$$S_k = I + B + B^2 + \cdots + B^k,$$

则

$$(I - B)S_k = I - B^{k+1},$$

从而

$$S_k - (I - B)^{-1} = -(I - B)^{-1}B^{k+1},$$

且对 $C^{n\times n}$ 中的任一种矩阵范数 $\|\cdot\|$ 有

$$\| S_k - (I - B)^{-1} \| \leqslant \| (I - B)^{-1} \| \, \| B^{k+1} \|.$$

由于 $\rho(B)<1$,据定理 8 和定理 7 知,$\lim\limits_{k\to\infty}\|B^{k+1}\|=0$.因此有

$$\lim_{k\to\infty}S_k=(I-B)^{-1}.$$

这也证得(4.43)式.

定理 10 设 $B\in C^{n\times n}$.若对 $C^{n\times n}$ 中的某一种矩阵范数 $\|\cdot\|$ 有 $\|B\|<1$,则级数

$$I+B+B^2+\cdots+B^k+\cdots$$

收敛于 $(I-B)^{-1}$,且对任何非负整数 k,有估计式

$$\|(I-B)^{-1}-(I+B+B^2+\cdots+B^k)\|\leqslant\frac{\|B\|^{k+1}}{1-\|B\|}. \tag{4.44}$$

证明 据定理 3,若 $\|B\|<1$,则 $\rho(B)<1$.因此,由定理 9 知级数 $I+B+B^2+\cdots$ 收敛于 $(I-B)^{-1}$.

现证明不等式(4.44).因对任何非负整数 k,

$$I-[(I+B+B^2+\cdots+B^k)+(B^{k+1}+B^{k+2}+\cdots+B^{k+m})](I-B)=B^{k+m+1},$$

因此

$$\begin{aligned}&(I-B)^{-1}-(I+B+B^2+\cdots+B^k)\\&=B^{k+1}+B^{k+2}+\cdots+B^{k+m}+B^{k+m+1}(I-B)^{-1}.\end{aligned}$$

令

$$B_m=B^{k+1}+B^{k+2}+\cdots+B^{k+m}.$$

由于 $m\to\infty$ 时,

$$B^{k+m+1}(I-B)^{-1}\to O,$$

因此

$$\lim_{m\to\infty}B_m=(I-B)^{-1}-(I+B+B^2+\cdots+B^k).$$

据范数的连续性,便有

$$\|(I-B)^{-1}-(I+B+B^2+\cdots+B^k)\|=\lim_{m\to\infty}\|B_m\|,$$

但

$$\begin{aligned}\|B_m\|&\leqslant\|B^{k+1}\|+\|B^{k+2}\|+\cdots+\|B^{k+m}\|\\&\leqslant\|B\|^{k+1}+\|B\|^{k+2}+\cdots+\|B\|^{k+m}\\&=\frac{\|B\|^{k+1}(1-\|B\|^m)}{1-\|B\|}\\&\leqslant\frac{\|B\|^{k+1}}{1-\|B\|},\end{aligned}$$

故得

$$\|(I-B)^{-1}-(I+B+B^2+\cdots+B^k)\|\leqslant\frac{\|B\|^{k+1}}{1-\|B\|}.$$

在不等式(4.44)中,取 $k=0$,便得到不等式

$$\| I-(I-B)^{-1} \| \leqslant \frac{\| B \|}{1-\| B \|}. \tag{4.45}$$

定理11　设 $A\in C^{n\times n}$.在酉变换下,谱范数 $\| A \|_2$ 和 Frobenius 范数 $\| A \|_F$ 保持不变,即设 $Q\in C^{n\times n}$,$Q^{\mathrm{H}}Q=I$,则有

$$\| A \|_2 = \| AQ \|_2 = \| QA \|_2,$$
$$\| A \|_F = \| AQ \|_F = \| QA \|_F.$$

证明　因 Q 是酉阵,即有 $Q^{\mathrm{H}}Q=I$,因此

$$\| Q^{\mathrm{H}} \|_2 = \| Q \|_2 = 1.$$

于是有

$$\| AQ \|_2 \leqslant \| A \|_2 \| Q \|_2 = \| A \|_2$$

以及

$$\| A \|_2 = \| AQQ^{\mathrm{H}} \|_2 \leqslant \| AQ \|_2 \| Q^{\mathrm{H}} \|_2 = \| AQ \|_2.$$

故有

$$\| A \|_2 = \| AQ \|_2.$$

同理有

$$\| A \|_2 = \| QA \|_2.$$

其次,设 $\boldsymbol{x}\in C^n$,则

$$\| Q\boldsymbol{x} \|_2^2 = (Q\boldsymbol{x})^{\mathrm{H}}Q\boldsymbol{x} = \boldsymbol{x}^{\mathrm{H}}Q^{\mathrm{H}}Q\boldsymbol{x} = \boldsymbol{x}^{\mathrm{H}}\boldsymbol{x} = \| \boldsymbol{x} \|_2^2.$$

这说明,在酉变换下,Euclid 长度保持不变.记

$$A = [\boldsymbol{a}_1,\boldsymbol{a}_2,\cdots,\boldsymbol{a}_n],$$

则

$$QA = [Q\boldsymbol{a}_1,Q\boldsymbol{a}_2,\cdots,Q\boldsymbol{a}_n].$$

于是

$$\| A \|_F^2 = \sum_{j=1}^{n} \| \boldsymbol{a}_j \|_2^2 = \sum_{j=1}^{n} \| Q\boldsymbol{a}_j \|_2^2 = \| QA \|_F^2.$$

故得

$$\| A \|_F = \| QA \|_F.$$

又

$$\| A \|_F = \| A^{\mathrm{H}} \|_F = \| Q^{\mathrm{H}}A^{\mathrm{H}} \|_F = \| (AQ)^{\mathrm{H}} \|_F = \| AQ \|_F.$$

3.4.4　条件数和摄动理论初步

在线性代数计算中,计算结果通常是近似的.这是因为,在计算过程中,由于计算机的字长有限,不可避免地产生舍入误差;另一方面,由于问题的初始数据,例如

线性方程组的系数矩阵和右端项,往往不是准确给出的,因此使计算结果产生误差.或者说,如果初始数据有摄动,那么计算结果亦将产生摄动.

我们先来看一下,初始数据的摄动对计算结果的影响.例如,矩阵

$$A(0)=\begin{bmatrix}5&7&6&5\\7&10&8&7\\6&8&10&9\\5&7&9&10\end{bmatrix}$$

的行列式 $\det A(0)=1$,而

$$A^{-1}(0)=\begin{bmatrix}68&-41&-17&10\\-41&25&10&-6\\-17&10&5&-3\\10&-6&-3&2\end{bmatrix}.$$

若 $A(0)$的$(1,1)$元素有微小摄动 t,即

$$A(t)=\begin{bmatrix}5+t&7&6&5\\7&10&8&7\\6&8&10&9\\5&7&9&10\end{bmatrix},$$

则 $\det A(t)=1+68t$.若取 $t=\dfrac{-1}{68}$,则矩阵 $A(t)$是奇异的.由此看到,方程组的系数矩阵的微小摄动,可能引起方程组性质上的变化.这是方程组本身的“条件问题”.

设 $A\in C^{n\times n}$是非奇异的.我们称量

$$\|A\|\ \|A^{-1}\|$$

为矩阵 A 关于所用范数的**条件数**,记作 $\operatorname{cond}(A)$,即

$$\operatorname{cond}(A)=\|A\|\ \|A^{-1}\|. \tag{4.46}$$

若所用的范数是谱范数,则称它为矩阵 A 的**谱条件数**,记作 $\operatorname{cond}(A)_2$ 或 $K(A)$,即

$$\operatorname{cond}(A)_2=K(A)=\|A\|_2\|A^{-1}\|_2. \tag{4.47}$$

谱条件数是一种常用的条件数.此外,$\|A\|_\infty\|A^{-1}\|_\infty$也是一种常用的条件数,我们将它记作

$$\operatorname{cond}(A)_\infty=\|A\|_\infty\cdot\|A^{-1}\|_\infty.$$

就上例

$$\|A(0)\|_\infty=33,$$

$$\|A^{-1}(0)\|_\infty=136,$$

$$\operatorname{cond}(A(0))_\infty=4488.$$

设 $A,B\in C^{n\times n}$均为非奇异的，$\|\cdot\|$ 是 $C^{n\times n}$中任意一种矩阵范数，则条件数具有下列一些性质：

(1) $\mathrm{cond}(A)\geqslant 1$；

(2) $\mathrm{cond}(kA)=\mathrm{cond}(A)$，$k\neq 0$ 是常数；

(3) $\mathrm{cond}(A^{-1})=\mathrm{cond}(A)$；

(4) $\mathrm{cond}(AB)\leqslant\mathrm{cond}(A)\mathrm{cond}(B)$.

这些性质容易由条件数的定义，矩阵范数的性质以及习题 3 第 38 题得到证明. 详细证明留给读者作为练习.

现在我们来讨论线性方程组的系数矩阵或右端项的摄动对解的影响问题. 设 n 阶线性方程组

$$A\boldsymbol{y}=\boldsymbol{b} \tag{4.48}$$

的系数矩阵 A 是非奇异的，其(准确)解是 $\boldsymbol{x}$. 我们假定所使用的矩阵范数从属于相应的向量范数.

1. 方程组的右端项有摄动的情形

设方程组(4.48)的右端项有误差(或者说摄动)$\delta\boldsymbol{b}$，则方程组

$$A\boldsymbol{y}=\boldsymbol{b}+\delta\boldsymbol{b}$$

的解不再是 $\boldsymbol{x}$，设其为 $\boldsymbol{x}+\delta\boldsymbol{x}$，即有等式

$$A(\boldsymbol{x}+\delta\boldsymbol{x})=\boldsymbol{b}+\delta\boldsymbol{b}.$$

由 $A\boldsymbol{x}=\boldsymbol{b}$，有

$$\delta\boldsymbol{x}=A^{-1}\delta\boldsymbol{b},$$

因此

$$\|\delta\boldsymbol{x}\|\leqslant\|A^{-1}\|\,\|\delta\boldsymbol{b}\|. \tag{4.49}$$

又因

$$\|\boldsymbol{b}\|\leqslant\|A\|\,\|\boldsymbol{x}\|,$$

因此，若 $\boldsymbol{b}\neq\boldsymbol{0}$(从而 $\boldsymbol{x}\neq\boldsymbol{0}$)，则有

$$\frac{1}{\|\boldsymbol{x}\|}\leqslant\frac{\|A\|}{\|\boldsymbol{b}\|}. \tag{4.50}$$

由(4.49)和(4.50)式，可得

$$\frac{\|\delta\boldsymbol{x}\|}{\|\boldsymbol{x}\|}\leqslant\|A\|\,\|A^{-1}\|\frac{\|\delta\boldsymbol{b}\|}{\|\boldsymbol{b}\|}=\mathrm{cond}(A)\frac{\|\delta\boldsymbol{b}\|}{\|\boldsymbol{b}\|}. \tag{4.51}$$

(4.51)式中量 $\|\delta\boldsymbol{b}\|/\|\boldsymbol{b}\|$ 是衡量 $\boldsymbol{b}$ 的相对摄动的. 因此，(4.51)式给出了方程组(4.48)的右端项有摄动 $\delta\boldsymbol{b}$ 时，解的相对误差的上界. 这里假定求解的计算过程中并不引入舍入误差. 这个相对误差界将随系数矩阵 A 的条件数 $\mathrm{cond}(A)$的增大而增大. 当 $\mathrm{cond}(A)$大的时候，总有特殊的 $\delta\boldsymbol{b}$ 存在，使得这个估计界太大.

例如，若 $\delta\boldsymbol{b}=t\boldsymbol{b}$，则无论 $\mathrm{cond}(A)$多大，总有

$$\frac{\|\delta \boldsymbol{x}\|}{\|\boldsymbol{x}\|}=|t|.$$

然而,利用(4.51)式,我们作出的估计是

$$\frac{\|\delta \boldsymbol{x}\|}{\|\boldsymbol{x}\|}\leqslant |t| \operatorname{cond}(A).$$

尽管如此,也常常有一些 $\boldsymbol{b}$ 和 $\delta\boldsymbol{b}$ 使(4.51)式两端很接近.在这种情形下,条件数 $\operatorname{cond}(A)$ 便是误差的放大率.也就是说,解的相对误差是初始数据的相对误差的 $\operatorname{cond}(A)$ 倍.

2. 方程组的系数矩阵有摄动的情形

假设方程组(4.48)的系数矩阵 A 有摄动 δA(也称为 A 的摄动矩阵).由于

$$A+\delta A=A(I+A^{-1}\delta A),$$

若 $\|A^{-1}\delta A\|<1$,据定理 5 知,$I+A^{-1}\delta A$ 非奇异.从而 $A+\delta A$ 非奇异,方程组

$$(A+\delta A)\boldsymbol{y}=\boldsymbol{b} \tag{4.52}$$

有唯一解,设其为 $\boldsymbol{x}+\delta\boldsymbol{x}$,则有等式

$$(A+\delta A)(\boldsymbol{x}+\delta\boldsymbol{x})=\boldsymbol{b}.$$

将 $A\boldsymbol{x}=\boldsymbol{b}$ 代入上式得

$$\delta\boldsymbol{x}=-(I+A^{-1}\delta A)^{-1}A^{-1}\delta A\boldsymbol{x}. \tag{4.53}$$

因此,我们有

$$\begin{aligned}\|\delta\boldsymbol{x}\| &\leqslant \|(I+A^{-1}\delta A)^{-1}A^{-1}\delta A\|\cdot\|\boldsymbol{x}\| \\ &\leqslant \|(I+A^{-1}\delta A)^{-1}\|\cdot\|A^{-1}\delta A\|\cdot\|\boldsymbol{x}\|.\end{aligned}$$

再由(4.41)式,有

$$\|\delta\boldsymbol{x}\|\leqslant\frac{\|A^{-1}\delta A\|}{1-\|A^{-1}\delta A\|}\|\boldsymbol{x}\|$$

或

$$\frac{\|\delta\boldsymbol{x}\|}{\|\boldsymbol{x}\|}\leqslant\frac{\|A^{-1}\delta A\|}{1-\|A^{-1}\delta A\|}.$$

更设

$$\|A^{-1}\|\,\|\delta A\|<1, \tag{4.54}$$

则

$$\begin{aligned}\frac{\|\delta\boldsymbol{x}\|}{\|\boldsymbol{x}\|}&\leqslant\frac{\|A^{-1}\|\,\|\delta A\|}{1-\|A^{-1}\|\,\|\delta A\|}\\ &=\frac{\|A^{-1}\|\,\|A\|(\|\delta A\|/\|A\|)}{1-\|A^{-1}\|\,\|A\|(\|\delta A\|/\|A\|)},\end{aligned} \tag{4.55}$$

即

$$\frac{\|\delta\boldsymbol{x}\|}{\|\boldsymbol{x}\|}\leqslant\frac{\operatorname{cond}(A)\cdot(\|\delta A\|/\|A\|)}{1-\operatorname{cond}(A)\cdot(\|\delta A\|/\|A\|)}. \tag{4.56}$$

(4.56)式中,量 $\|\delta A\|/\|A\|$ 是衡量 A 的相对摄动的.

(4.56)式给出了,方程组(4.48)的系数矩阵有摄动 δA 时,解的相对误差的上界.解的相对误差的上界的大小取决于 A 的条件数 $\mathrm{cond}(A)$ 和相对摄动 $\|\delta A\|/\|A\|$.当 $\mathrm{cond}(A)$大时,总有特殊的 δA 存在,使得这个误差界太大.例如,若 $\delta A = tA$,则由(4.53)式,我们有

$$\delta \boldsymbol{x} = -\frac{t}{1+t}\boldsymbol{x}.$$

从而,无论 $\mathrm{cond}(A)$多大,均有

$$\frac{\|\delta \boldsymbol{x}\|}{\|\boldsymbol{x}\|} = \left|\frac{t}{1+t}\right|,$$

但应用(4.56)得到的估计式是

$$\frac{\|\delta \boldsymbol{x}\|}{\|\boldsymbol{x}\|} \leqslant \frac{|t|\,\mathrm{cond}(A)}{1-|t|\,\mathrm{cond}(A)}.$$

尽管如此,常常也有一些 A 和 δA 使得(4.56)式两端很接近.当矩阵 A 的条件数 $\mathrm{cond}(A)$很大时,一般说来,即使矩阵 A 只有微小的摄动,解的相对误差可能是很大的.这也就是说,方程组的解对于系数矩阵的摄动是很灵敏的.

一个线性方程组的系数矩阵的条件数很大时,通常称该方程组为**坏条件**方程组或**病态**方程组.

例 5　方程组

$$\begin{bmatrix} 1 & 2 \\ 1.0001 & 2 \end{bmatrix}\begin{bmatrix} x_1 \\ x_2 \end{bmatrix} = \begin{bmatrix} 3 \\ 3.0001 \end{bmatrix}$$

的解为 $\boldsymbol{x} = [1,1]^{\mathrm{T}}$.把此方程组的系数矩阵记作 A,则 $\|A\|_\infty = 3.0001$,而

$$A^{-1} = \begin{bmatrix} -10000 & 10000 \\ 5000.5 & -5000 \end{bmatrix}, \quad \|A^{-1}\|_\infty = 20000.$$

因此

$$\mathrm{cond}(A)_\infty = \|A\|_\infty \|A^{-1}\|_\infty = 60002.$$

这个方程组的条件不太好.

现设 A 的(2,1)元素有摄动 -10^{-5},则方程组

$$\begin{bmatrix} 1 & 2 \\ 1.00009 & 2 \end{bmatrix}\begin{bmatrix} x_1 \\ x_2 \end{bmatrix} = \begin{bmatrix} 3 \\ 3.0001 \end{bmatrix}$$

的解为 $\boldsymbol{y} = \left[\frac{10}{9}, \frac{17}{18}\right]$.解的相对误差为

$$\frac{\|\delta \boldsymbol{x}\|_\infty}{\|\boldsymbol{x}\|_\infty} = \frac{\|\boldsymbol{y}-\boldsymbol{x}\|_\infty}{\|\boldsymbol{x}\|_\infty} = \frac{1}{9}.$$

由于

$$\delta A = \begin{bmatrix} 0 & 0 \\ -10^{-5} & 0 \end{bmatrix},$$

因此，$\| \delta A \|_\infty = 10^{-5}$. 应用(4.56)式得到的解的相对误差估计为

$$\frac{\| \delta \boldsymbol{x} \|_\infty}{\| \boldsymbol{x} \|_\infty} \leqslant \frac{60002 \times \dfrac{10^{-5}}{3.0001}}{1 - 60002 \times \dfrac{10^{-5}}{3.0001}} = \frac{1}{4}.$$

例 6 Hilbert 矩阵

$$H_n = \begin{bmatrix} 1 & \frac{1}{2} & \frac{1}{3} & \cdots & \frac{1}{n} \\ \frac{1}{2} & \frac{1}{3} & \frac{1}{4} & \cdots & \frac{1}{n+1} \\ \vdots & \vdots & \vdots & & \vdots \\ \frac{1}{n} & \frac{1}{n+1} & \frac{1}{n+2} & \cdots & \frac{1}{2n-1} \end{bmatrix}$$

是有名的坏条件(病态)矩阵. 当 $n = 3$ 时，

$$H_3 = \begin{bmatrix} 1 & \frac{1}{2} & \frac{1}{3} \\ \frac{1}{2} & \frac{1}{3} & \frac{1}{4} \\ \frac{1}{3} & \frac{1}{4} & \frac{1}{5} \end{bmatrix}, \quad H_3^{-1} = \begin{bmatrix} 9 & -36 & 30 \\ -36 & 192 & -180 \\ 30 & -180 & 180 \end{bmatrix}.$$

于是

$$\| H_3 \|_\infty = \frac{11}{6}, \quad \| H_3^{-1} \|_\infty = 408,$$

$$\operatorname{cond}(H_3)_\infty = \| H_3 \|_\infty \| H_3^{-1} \|_\infty = 748.$$

当 $n = 6$ 时，可计算得 $\operatorname{cond}(H_6)_\infty = \| H_6 \|_\infty \| H_6^{-1} \|_\infty = 29 \times 10^6$. 一般，当 n 愈大时，H_n 的病态愈严重.

有的线性方程组的条件并不坏，但是应用某种算法求它的解时，由于计算过程中舍入误差的影响较大，使得计算结果的精度很差.

例 7 设

$$A = \begin{bmatrix} 10^{-10} & 1 \\ 1 & 1 \end{bmatrix}, \quad \boldsymbol{b} = \begin{bmatrix} 1 \\ 2 \end{bmatrix},$$

则方程组 $A\boldsymbol{x} = \boldsymbol{b}$ 的解为

$$\boldsymbol{x} = \frac{1}{1 - 10^{-10}} \begin{bmatrix} 1 \\ 1 - 2 \times 10^{-10} \end{bmatrix} \simeq \begin{bmatrix} 1 \\ 1 \end{bmatrix}.$$

经计算得

$$\mathrm{cond}(A)_\infty = \|A\|_\infty \|A^{-1}\|_\infty = 4/(1-10^{-10}) \simeq 4,$$

因此这个方程组的条件并不坏. 但是,若应用基本 Gauss 消去法来求解它,把 A 的(2,1)元素消为零,得到方程组

$$\begin{bmatrix} 10^{-10} & 1 \\ 0 & 1-10^{10} \end{bmatrix}\begin{bmatrix} x_1 \\ x_2 \end{bmatrix} = \begin{bmatrix} 1 \\ 2-10^{10} \end{bmatrix}.$$

这时,若以9位十进制数运算,便得到

$$\begin{bmatrix} 10^{-10} & 1 \\ 0 & -10^{10} \end{bmatrix}\begin{bmatrix} x_1 \\ x_2 \end{bmatrix} = \begin{bmatrix} 1 \\ -10^{10} \end{bmatrix}.$$

由回代得到计算解为$[0,1]^{\mathrm{T}}$.

一般来说,假定一些问题的条件并不坏,例如,求解线性方程组 $A\boldsymbol{x}=\boldsymbol{b}$ 的问题,系数矩阵 A 的条件数不太大. 给定求解问题的一个算法,若初始数据的误差和计算过程中产生的舍入误差的传播、积累对计算结果的影响较小,即不至于影响计算结果的可靠性,或者误差积累可以受到控制,则说该算法是**数值稳定**的,否则说它不是**数值稳定**的. 在3.5节中,我们将讨论 Gauss 消去法的数值稳定性问题.

3.5 Gauss 消去法的浮点舍入误差分析

由3.1节和3.2节我们知道,Gauss 消去法的消元过程可将线性方程组 $A\boldsymbol{x}=\boldsymbol{b}$ 的系数矩阵 A 分解成

$$A = LU, \tag{5.1}$$

其中 L 为单位下三角阵,$U=A^{(n-1)}$为上三角阵. 实际上,在消元过程中将产生误差. 因此,不能期望(5.1)式准确成立,即计算得矩阵 L 和 U 不会使(5.1)式准确成立. 然而,我们将证明,它们使

$$LU = A + E \tag{5.2}$$

准确成立,E 可以看作 A 的一个摄动矩阵. 这样,(5.2)式说明,对 A 实际计算得分解式的 L 和 U 可以看作是 A 有摄动 E 时精确计算得到的.

现以四阶方程组 $A\boldsymbol{x}=\boldsymbol{b}$ 为例进行讨论. 设方程组的增广矩阵为

$$[A,\boldsymbol{b}] = \begin{bmatrix} a_{11} & a_{12} & a_{13} & a_{14} & a_{15} \\ a_{21} & a_{22} & a_{23} & a_{24} & a_{25} \\ a_{31} & a_{32} & a_{33} & a_{34} & a_{35} \\ a_{41} & a_{42} & a_{43} & a_{44} & a_{45} \end{bmatrix}.$$

应用 Gauss 消去法进行第一步消元后,$[A,\boldsymbol{b}]$化为

$$[A^{(1)},\boldsymbol{b}^{(1)}]=\begin{bmatrix} a_{11} & a_{12} & a_{13} & a_{14} & a_{15} \\ 0 & a_{22}^{(1)} & a_{23}^{(1)} & a_{24}^{(1)} & a_{25}^{(1)} \\ 0 & a_{32}^{(1)} & a_{33}^{(1)} & a_{34}^{(1)} & a_{35}^{(1)} \\ 0 & a_{42}^{(1)} & a_{43}^{(1)} & a_{44}^{(1)} & a_{45}^{(1)} \end{bmatrix},$$

$[A,\boldsymbol{b}]$的第一行不变.应用第 1 章中的公式(6.20),计算得到的乘子 l_{i1}为

$$l_{i1}=fl\left(\frac{a_{i1}}{a_{11}}\right)-\frac{a_{i1}}{a_{11}}(1+\gamma_{i1}),\quad i=2,3,4, \tag{5.3}$$

其中

$$|\gamma_{i1}|\leqslant \text{eps},$$
$$\text{eps}=\begin{cases}5\times10^{-t} & (\text{十进制系统}),\\ 2^{-t} & (\text{二进制系统}).\end{cases}$$

或将(5.3)式写成

$$0=a_{i1}-l_{i1}a_{11}+\varepsilon_{i1}^{(1)},\quad i=2,3,4, \tag{5.4}$$

其中

$$\varepsilon_{i1}^{(1)}=a_{i1}\gamma_{i1},$$
$$|\varepsilon_{i1}^{(1)}|\leqslant|a_{i1}|\text{eps}.$$

同样,应用第 1 章中的公式(6.19)和习题 1 第 14 题,有

$$\begin{aligned} a_{ij}^{(1)} &= fl(a_{ij}-l_{i1}a_{1j})=fl(a_{ij}-fl(l_{i1}a_{1j}))\\ &= fl(a_{ij}-l_{i1}a_{1j}(1+\beta_{ij}^{(1)}))\\ &= (a_{ij}-l_{i1}a_{1j}(1+\beta_{ij}^{(1)}))/(1+\alpha_{ij}^{(1)}),\\ & i=2,3,4,\quad j=2,3,4,5, \end{aligned}$$

即

$$a_{ij}^{(1)}=a_{ij}-l_{i1}a_{1j}+\varepsilon_{ij}^{(1)},\quad i=2,3,4,\quad j=2,3,4,5, \tag{5.5}$$

其中

$$\varepsilon_{ij}^{(1)}=-l_{i1}a_{1j}\beta_{ij}^{(1)}-a_{ij}^{(1)}\alpha_{ij}^{(1)},$$
$$|\varepsilon_{ij}^{(1)}|\leqslant(|l_{i1}a_{1j}|+|a_{ij}^{(1)}|)\text{eps}.$$

从(5.4)和(5.5)式,我们看到,若将摄动矩阵

$$[E^{(1)},\delta\boldsymbol{b}^{(1)}]=\begin{bmatrix} 0 & 0 & 0 & 0 & 0 \\ \varepsilon_{21}^{(1)} & \varepsilon_{22}^{(1)} & \varepsilon_{23}^{(1)} & \varepsilon_{24}^{(1)} & \varepsilon_{25}^{(1)} \\ \varepsilon_{31}^{(1)} & \varepsilon_{32}^{(1)} & \varepsilon_{33}^{(1)} & \varepsilon_{34}^{(1)} & \varepsilon_{35}^{(1)} \\ \varepsilon_{41}^{(1)} & \varepsilon_{42}^{(1)} & \varepsilon_{43}^{(1)} & \varepsilon_{44}^{(1)} & \varepsilon_{45}^{(1)} \end{bmatrix}$$

加到$[A,\boldsymbol{b}]$上去,则计算得到的$[A^{(1)},\boldsymbol{b}^{(1)}]$是准确的,即

$$[A^{(1)},\boldsymbol{b}^{(1)}]=L_1^{-1}[A+E^{(1)},\boldsymbol{b}+\delta\boldsymbol{b}^{(1)}], \tag{5.6}$$

其中

$$L_1^{-1}=\begin{bmatrix}1 & 0 & 0 & 0\\ -l_{21} & 1 & 0 & 0\\ -l_{31} & 0 & 1 & 0\\ -l_{41} & 0 & 0 & 1\end{bmatrix}.$$

消元过程的第二步,将$[A^{(1)},\boldsymbol{b}^{(1)}]$化为

$$[A^{(2)},\boldsymbol{b}^{(2)}]=\begin{bmatrix}a_{11} & a_{12} & a_{13} & a_{14} & a_{15}\\ 0 & a_{22}^{(1)} & a_{23}^{(1)} & a_{24}^{(1)} & a_{25}^{(1)}\\ 0 & 0 & a_{33}^{(2)} & a_{34}^{(2)} & a_{35}^{(2)}\\ 0 & 0 & a_{43}^{(2)} & a_{44}^{(2)} & a_{45}^{(2)}\end{bmatrix},$$

计算得到的乘子l_{i2}为

$$l_{i2}=fl(a_{i2}^{(1)}/a_{22}^{(1)})=(a_{i2}^{(1)}/a_{22}^{(1)})(1+\gamma_{i2}),\quad i=3,4, \tag{5.7}$$

其中

$$|\gamma_{i2}|\leqslant \text{eps}.$$

或将(5.7)式改写成

$$0=a_{i2}^{(1)}-l_{i2}a_{22}^{(1)}+\varepsilon_{i2}^{(2)},\quad i=3,4, \tag{5.8}$$

其中

$$\varepsilon_{i2}^{(2)}=a_{i2}^{(1)}\gamma_{i2},$$
$$|\varepsilon_{i2}^{(2)}|\leqslant|a_{i2}^{(1)}|\text{eps}.$$

同样,

$$\begin{aligned}a_{ij}^{(2)}&=fl(a_{ij}^{(1)}-l_{i2}a_{2j}^{(1)})=fl(a_{ij}^{(1)}-fl(l_{i2}a_{2j}^{(1)}))\\ &=a_{ij}^{(1)}-l_{i2}a_{2j}^{(1)}+\varepsilon_{ij}^{(2)},\quad i=3,4,\quad j=3,4,5,\end{aligned} \tag{5.9}$$

其中

$$\varepsilon_{ij}^{(2)}=-l_{i2}a_{2j}^{(1)}\beta_{ij}^{(2)}-a_{ij}^{(2)}\alpha_{ij}^{(2)},$$
$$|\varepsilon_{ij}^{(2)}|\leqslant(|l_{i2}a_{2j}^{(1)}|+|a_{ij}^{(2)}|)\text{eps}.$$

从(5.8)和(5.9)式我们看到,若将摄动矩阵

$$[E^{(2)},\delta\boldsymbol{b}^{(2)}]=\begin{bmatrix}0 & 0 & 0 & 0 & 0\\ 0 & 0 & 0 & 0 & 0\\ 0 & \varepsilon_{32}^{(2)} & \varepsilon_{33}^{(2)} & \varepsilon_{34}^{(2)} & \varepsilon_{35}^{(2)}\\ 0 & \varepsilon_{42}^{(2)} & \varepsilon_{43}^{(2)} & \varepsilon_{44}^{(2)} & \varepsilon_{45}^{(2)}\end{bmatrix}$$

加到$[A^{(1)},\boldsymbol{b}^{(1)}]$上去,则计算得到的$[A^{(2)},\boldsymbol{b}^{(2)}]$是准确的,即

$$[A^{(2)},\boldsymbol{b}^{(2)}] = L_2^{-1}[A^{(1)} + E^{(2)},\boldsymbol{b} + \delta\boldsymbol{b}^{(2)}], \tag{5.10}$$

其中

$$L_2^{-1} = \begin{bmatrix} 1 & 0 & 0 & 0 \\ 0 & 1 & 0 & 0 \\ 0 & -l_{32} & 1 & 0 \\ 0 & -l_{42} & 0 & 1 \end{bmatrix}.$$

据(5.6),我们有

$$[A^{(1)},\boldsymbol{b}^{(1)}] = [L_1^{-1}(A + E^{(1)}),L_1^{-1}(\boldsymbol{b} + \delta\boldsymbol{b}^{(1)})],$$

因此,(5.10)式可写成

$$[A^{(2)},\boldsymbol{b}^{(2)}] = [L_2^{-1}(L_1^{-1}(A + E^{(1)}) + E^{(2)}),L_2^{-1}(L_1^{-1}(\boldsymbol{b} + \delta\boldsymbol{b}^{(1)}) + \delta\boldsymbol{b}^{(2)})],$$

又因 $L_1^{-1}E^{(2)} = E^{(2)}$,$L_1^{-1}\delta\boldsymbol{b}^{(2)} = \delta\boldsymbol{b}^{(2)}$,故

$$\begin{aligned}[A^{(2)},\boldsymbol{b}^{(2)}] &= [L_2^{-1}L_1^{-1}(A + E^{(1)} + E^{(2)}),L_2^{-1}L_1^{-1}(\boldsymbol{b} + \delta\boldsymbol{b}^{(1)} + \delta\boldsymbol{b}^{(2)})] \\ &= L_2^{-1}L_1^{-1}[A + E^{(1)} + E^{(2)},\boldsymbol{b} + \delta\boldsymbol{b}^{(1)} + \delta\boldsymbol{b}^{(2)}].\end{aligned}$$

这就是说,将摄动矩阵$[E^{(1)} + E^{(2)},\delta\boldsymbol{b}^{(1)} + \delta\boldsymbol{b}^{(2)}]$加到增广矩阵$[A,\boldsymbol{b}]$得到$[A + E^{(1)} + E^{(2)},\boldsymbol{b} + \delta\boldsymbol{b}^{(1)} + \delta\boldsymbol{b}^{(2)}]$,对它先左乘 L_1^{-1} 后再左乘 L_2^{-1} 得到的$[A^{(2)},\boldsymbol{b}^{(2)}]$是准确的.

最后

$$l_{43} = fl(a_{43}^{(2)}/a_{33}^{(2)}) = (a_{43}^{(2)}/a_{33}^{(2)})(1 + \gamma_{43})$$

或

$$0 = a_{43}^{(2)} - l_{43}a_{33}^{(2)} + \varepsilon_{43}^{(3)}, \tag{5.11}$$

其中

$$\varepsilon_{43}^{(3)} = a_{43}^{(2)}\gamma_{43}, \quad |\varepsilon_{43}^{(3)}| \leqslant |a_{43}^{(2)}| \text{eps}.$$

又

$$a_{4j}^{(3)} = fl(a_{4j}^{(2)} - l_{43}a_{3j}^{(2)}) = a_{4j}^{(2)} - l_{43}a_{3j}^{(2)} + \varepsilon_{4j}^{(3)}, \quad j = 4,5, \tag{5.12}$$

其中

$$\begin{aligned}\varepsilon_{4j}^{(3)} &= -l_{43}a_{3j}^{(2)}\beta_{4j}^{(3)} - a_{4j}^{(3)}\alpha_{4j}^{(3)}, \\ |\varepsilon_{4j}^{(3)}| &\leqslant (|l_{43}a_{3j}^{(2)}| + |a_{4j}^{(3)}|)\text{eps}.\end{aligned}$$

令

$$[E^{(3)},\delta\boldsymbol{b}^{(3)}] = \begin{bmatrix} 0 & 0 & 0 & 0 & 0 \\ 0 & 0 & 0 & 0 & 0 \\ 0 & 0 & 0 & 0 & 0 \\ 0 & 0 & \varepsilon_{43}^{(3)} & \varepsilon_{44}^{(3)} & \varepsilon_{45}^{(3)} \end{bmatrix},$$

则

$$[A^{(3)},\boldsymbol{b}^{(3)}]=\begin{bmatrix}a_{11} & a_{12} & a_{13} & a_{14} & a_{15}\\ 0 & a_{22}^{(1)} & a_{23}^{(1)} & a_{24}^{(1)} & a_{25}^{(1)}\\ 0 & 0 & a_{33}^{(2)} & a_{34}^{(2)} & a_{35}^{(2)}\\ 0 & 0 & 0 & a_{44}^{(3)} & a_{45}^{(3)}\end{bmatrix}$$

$$= L_3^{-1}[A^{(2)}+E^{(3)},\boldsymbol{b}^{(2)}+\delta\boldsymbol{b}^{(3)}],$$

其中

$$L_3^{-1}=\begin{bmatrix}1 & 0 & 0 & 0\\ 0 & 1 & 0 & 0\\ 0 & 0 & 1 & 0\\ 0 & 0 & -l_{43} & 1\end{bmatrix}.$$

同前面一样的理由可得

$$[A^{(3)},\boldsymbol{b}^{(3)}]=L_3^{-1}L_2^{-1}L_1^{-1}[A+E,\boldsymbol{b}+\delta\boldsymbol{b}],\tag{5.13}$$

其中$[E,\delta\boldsymbol{b}]$是总的摄动矩阵

$$[E,\delta\boldsymbol{b}]=[E^{(1)}+E^{(2)}+E^{(3)},\delta\boldsymbol{b}^{(1)}+\delta\boldsymbol{b}^{(2)}+\delta\boldsymbol{b}^{(3)}]$$

$$=\begin{bmatrix}0 & 0 & 0 & 0 & 0\\ \varepsilon_{21}^{(1)} & \varepsilon_{22}^{(1)} & \varepsilon_{23}^{(1)} & \varepsilon_{24}^{(1)} & \varepsilon_{25}^{(1)}\\ \varepsilon_{31}^{(1)} & \varepsilon_{32}^{(1)}+\varepsilon_{32}^{(2)} & \varepsilon_{33}^{(1)}+\varepsilon_{33}^{(2)} & \varepsilon_{34}^{(1)}+\varepsilon_{34}^{(2)} & \varepsilon_{35}^{(1)}+\varepsilon_{35}^{(2)}\\ \varepsilon_{41}^{(1)} & \varepsilon_{42}^{(1)}+\varepsilon_{42}^{(2)} & \varepsilon_{43}^{(1)}+\varepsilon_{43}^{(2)}+\varepsilon_{43}^{(3)} & \varepsilon_{44}^{(1)}+\varepsilon_{44}^{(2)}+\varepsilon_{44}^{(3)} & \varepsilon_{45}^{(1)}+\varepsilon_{45}^{(2)}+\varepsilon_{45}^{(3)}\end{bmatrix}.\tag{5.14}$$

令 $L=L_1L_2L_3$,则

$$L=\begin{bmatrix}1 & 0 & 0 & 0\\ l_{21} & 1 & 0 & 0\\ l_{31} & l_{32} & 1 & 0\\ l_{41} & l_{42} & l_{43} & 1\end{bmatrix}.$$

因此,从(5.13)看到,计算得到的 L 和$A^{(3)}$准确满足

$$LA^{(3)}=A+E.$$

对一般的 n 阶线性方程组

$$A\boldsymbol{x}=\boldsymbol{b},$$

我们有

$$l_{ik}=fl(a_{ik}^{(k-1)}/a_{kk}^{(k-1)})=(a_{ik}^{(k-1)}/a_{kk}^{(k-1)})(1+\gamma_{ik})\tag{5.15}$$

或

$$0=a_{ik}^{(k-1)}-l_{ik}a_{kk}^{(k-1)}+\varepsilon_{ik}^{(k)},$$

$$k=1,2,\cdots,n-1,\quad i=k+1,\cdots,n,\tag{5.16}$$

其中

$$\varepsilon_{ik}^{(k)} = a_{ik}^{(k-1)}\gamma_{ik}, \tag{5.17}$$

$$|\gamma_{ik}| \leqslant \text{eps},$$

$$|\varepsilon_{ik}^{(k)}| \leqslant |a_{ik}^{(k-1)}| \text{eps} \tag{5.18}$$

以及

$$a_{ij}^{(k)} = fl(a_{ij}^{(k-1)} - l_{ik}a_{kj}^{(k-1)}) = a_{ij}^{(k-1)} - l_{ik}a_{kj}^{(k-1)} + \varepsilon_{ij}^{(k)}, \tag{5.19}$$

$$k = 1,\cdots,n-1, \quad i = k+1,\cdots,n, \quad j = k+1,\cdots,n+1,$$

其中

$$\varepsilon_{ij}^{(k)} = -l_{ik}a_{kj}^{(k-1)}\beta_{ij}^{(k)} - a_{ij}^{(k)}\alpha_{ij}^{(k)}, \tag{5.20}$$

$$|\alpha_{ij}^{(k)}|, \quad |\beta_{ij}^{(k)}| \leqslant \text{eps},$$

$$|\varepsilon_{ij}^{(k)}| \leqslant (|l_{ik}a_{kj}^{(k-1)}| + |a_{ij}^{(k)}|)\text{eps}. \tag{5.21}$$

令

$$[E, \delta \boldsymbol{b}] = \begin{bmatrix} 0 & 0 & \cdots & 0 & 0 \\ \varepsilon_{21} & \varepsilon_{22} & \cdots & \varepsilon_{2n} & \varepsilon_{2,n+1} \\ \vdots & \vdots & & \vdots & \vdots \\ \varepsilon_{n1} & \varepsilon_{n2} & \cdots & \varepsilon_{nn} & \varepsilon_{n,n+1} \end{bmatrix}, \tag{5.22}$$

其中

$$\varepsilon_{ij} = \begin{cases} \sum\limits_{k=1}^{i-1} \varepsilon_{ij}^{(k)}, & i = 1,2,\cdots,n, \ j = i,\cdots,n,n+1, \\ \sum\limits_{k=1}^{j} \varepsilon_{ij}^{(k)}, & j = 1,\cdots,n,n+1, \ i = j+1,\cdots,n. \end{cases} \tag{5.23}$$

计算得到的 L 和 $A^{(n-1)}$ 准确满足(5.2)式.

Gauss 消去法是按自然顺序选取主元的. 若在消元过程的第 k 步,出现 $a_{kk}^{(k-1)}=0$,则 Gauss 消去法无法进行下去;或者,$a_{kk}^{(k-1)}$ 接近于零,由(5.15)式看到 l_{ij} 很大,因此据(5.18),(5.21)和(5.23)式,误差 ε_{ij} 的界可能很大. 为了克服上述困难,我们可以采用 Gauss 列主元消去法. 在消元过程的第 k 步选取第 k 列中的第 k 与第 n 个绝对值最大的元素作为主元,并且在进行第 k 步消元之前将 $[A^{(k-1)}, \boldsymbol{b}^{(k-1)}]$ 的第 k 行与主行交换. 因为行交换并不引进舍入误差,因此,Gauss 列主元消去法的误差分析过程与 Gauss 消去法相同.

下面,我们假定对 A 已确定了列主元,并认为事先按主元次序完成了行交换. 这就是说只要对 A 按自然顺序消元. 此时

$$|l_{ik}| \leqslant 1. \tag{5.24}$$

若令

$$\rho = \max_{i,j,k} |a_{ij}^{(k)}| / \|A\|_\infty, \tag{5.25}$$

则

$$|a_{ij}^{(k)}| \leqslant \rho \|A\|_\infty. \tag{5.26}$$

这样,由(5.18)和(5.21)式,便有

$$|\varepsilon_{ij}^{(k)}| \leqslant \begin{cases} \rho\|A\|_\infty \text{eps}, & i = k+1,\cdots,n, j = k, \\ 2\rho\|A\|_\infty \text{eps}, & i = k+1,\cdots,n, j = k+1,\cdots,n,n+1. \end{cases} \tag{5.27}$$

由(5.20),(5.23)和(5.27)式可得

$$|E| \leqslant \rho\|A\|_\infty \text{eps} \begin{bmatrix} 0 & 0 & 0 & \cdots & 0 & 0 \\ 1 & 2 & 2 & \cdots & 2 & 2 \\ 1 & 3 & 4 & \cdots & 4 & 4 \\ \vdots & \vdots & \vdots & & \vdots & \vdots \\ 1 & 3 & 5 & \cdots & 2n-4 & 2n-4 \\ 1 & 3 & 5 & \cdots & 2n-3 & 2n-2 \end{bmatrix}.$$

因此,

$$\|E\|_\infty = \| |E| \|_\infty \leqslant \rho\|A\|_\infty \text{eps}\left(\sum_{j=1}^{n}(2j-1)-1\right) < n^2\rho\|A\|_\infty \text{eps}.$$

因此,我们得到下面的定理.

定理1　用 Gauss 列主元消去法计算得到的矩阵 L 和 U 满足

$$LU = A + E,$$

其中

$$\|E\|_\infty < n^2\rho\|A\|_\infty \text{eps}.$$

在完成 A 的三角分解后,求解方程组 $A\boldsymbol{x}=\boldsymbol{b}$ 便归纳为解两个三角形方程组 $L\boldsymbol{y}=\boldsymbol{b}$ 和 $U\boldsymbol{x}=\boldsymbol{y}$. 现在我们来讨论三角形方程组

$$R\boldsymbol{x} = \boldsymbol{b}, \quad \boldsymbol{b} = [b_1,\cdots,b_n]^{\mathrm{T}}$$

的求解过程中的舍入误差. 不失一般性,假设 R 是一个下三角阵

$$R = \begin{bmatrix} r_{11} & & & \\ r_{21} & r_{22} & & \\ \vdots & \vdots & \ddots & \\ r_{n1} & r_{n2} & \cdots & r_{nn} \end{bmatrix}.$$

我们用公式

$$x_1 = fl(b_1/r_{11})$$

$$x_i = fl((-r_{i1}x_1 - r_{i2}x_2 - \cdots - r_{i,i-1}x_{i-1} + b_i)/r_{ii}), \quad i = 2,\cdots,n \tag{5.28}$$

依次计算解 $\boldsymbol{x}$ 的分量 $x_1, x_2, \cdots, x_n$. 由习题1第14题,有

$$x_1 = b_1/r_{11}(1+\alpha_{11}),$$

其中

$$|\alpha_{11}| \leqslant \text{eps}, \tag{5.29}$$

以及

$$\begin{aligned} x_i &= fl\left(\frac{fl(-r_{i1}x_1 - r_{i2}x_2 - \cdots - r_{i,i-1}x_{i-1}) + b_i}{r_{ii}(1+\alpha_{ii})}\right) \\ &= (fl(-r_{i1}x_1 - r_{i2}x_2 - \cdots - r_{i,i-1}x_{i-1}) + b_i)/r_{ii}(1+\alpha_{ii})(1+\beta_{ii}), \end{aligned}$$

其中

$$|\alpha_{ii}|, \quad |\beta_{ii}| \leqslant \text{eps}. \tag{5.30}$$

又据 1.6 节定理 2 可得

$$\begin{aligned} & fl(-r_{i1}x_1 - r_{i2}x_2 - \cdots - r_{i,i-1}x_{i-1}) \\ = & -r_{i1}(1+\alpha_{i1})x_1 - r_{i2}(1+\alpha_{i2})x_2 - \cdots - r_{i,i-1}(1+\alpha_{i,i-1})x_{i-1}, \end{aligned}$$

其中

$$\left.\begin{aligned} &|\alpha_{i1}| \leqslant 1.01(i-1)\text{eps}, \quad i = 2,\cdots,n, \\ &|a_{ij}| \leqslant 1.01(i+1-j)\text{eps}, \quad i = 2,\cdots,n, j = 2,\cdots,i-1. \end{aligned}\right\} \tag{5.31}$$

因此,(5.28)式可写成

$$\left.\begin{aligned} & r_{11}(1+\alpha_{11})x_1 = b_1, \\ & r_{i1}(1+\alpha_{i1})x_1 + \cdots + r_{i,i-1}(1+\alpha_{i,i-1})x_{i-1} \\ & \qquad + r_{ii}(1+\alpha_{ii})(1+\beta_{ii})x_i = b_i, \quad i = 2,\cdots,n, \end{aligned}\right\} \tag{5.32}$$

或写成矩阵表示形式

$$(R + \delta R)\boldsymbol{x} = \boldsymbol{b}, \tag{5.33}$$

这里,由(5.29),(5.30),(5.31)和(5.32)可知

$$|\delta R| \leqslant 1.01\text{eps} \cdot \begin{bmatrix} |r_{11}| & & & & & \\ |r_{21}| & 2|r_{22}| & & & & \\ 2|r_{31}| & 2|r_{32}| & 2|r_{33}| & & & \\ 3|r_{41}| & 3|r_{42}| & 2|r_{43}| & 2|r_{44}| & & \\ \vdots & \vdots & \vdots & \vdots & \ddots & \\ (n-1)|r_{n1}| & (n-1)|r_{n2}| & (n-2)|r_{n3}| & (n-3)|r_{n4}| & \cdots & 2|r_{nn}| \end{bmatrix}. \tag{5.34}$$

因此有

$$\|\delta R\|_\infty \leqslant \frac{n(n+1)}{2}(1.01)\text{eps} \cdot \max_{i,j}|r_{ij}|. \tag{5.35}$$

这样,我们得到

定理 2　三角形方程组 $R\boldsymbol{x}=\boldsymbol{b}$ 的计算解是系数矩阵 R 有摄动 δR 的三角形方程组 $(R+\delta R)\boldsymbol{x}=\boldsymbol{b}$ 的准确解，其中摄动矩阵 δR 满足(5.34)或(5.35)式.

应用定理 2，下三角形方程组 $L\boldsymbol{y}=\boldsymbol{b}$ 的计算解 $\boldsymbol{y}$ 满足

$$(L+\delta L)\boldsymbol{y}=\boldsymbol{b}, \tag{5.36}$$

上三角形方程组 $U\boldsymbol{x}=\boldsymbol{y}$ 的计算解 $\boldsymbol{x}$ 满足

$$(U+\delta U)\boldsymbol{x}=\boldsymbol{y}. \tag{5.37}$$

合并(5.36)和(5.37)得

$$(L+\delta L)(U+\delta U)\boldsymbol{x}=\boldsymbol{b}.$$

由于 $LU=A+E$，将它代入上式得

$$(A+E+(\delta L)U+L(\delta U)+(\delta L)(\delta U))\boldsymbol{x}=\boldsymbol{b}. \tag{5.38}$$

因 L 和 U 的元素满足

$$|l_{ij}|\leqslant 1$$

和

$$|u_{ij}|\leqslant \rho\|A\|_\infty,$$

其中 ρ 由(5.25)式给出.所以有

$$\begin{aligned}
&\|L\|_\infty\leqslant n,\\
&\|U\|_\infty\leqslant n\rho\|A\|_\infty,\\
&\|\delta L\|_\infty\leqslant \frac{n(n+1)}{2}(1.01)\mathrm{eps},\\
&\|\delta U\|_\infty\leqslant \frac{n(n+1)}{2}(1.01)\rho\|A\|_\infty\mathrm{eps}.
\end{aligned}$$

在实际计算中，$n^2\mathrm{eps}\ll 1$，因此有

$$\|\delta L\|_\infty\|\delta U\|_\infty\leqslant n^2\rho\|A\|_\infty\mathrm{eps}.$$

令

$$\delta A=E+(\delta L)U+L(\delta U)+(\delta L)(\delta U), \tag{5.39}$$

则

$$\begin{aligned}
\|\delta A\|_\infty&\leqslant\|E\|_\infty+\|\delta L\|_\infty\|U\|_\infty+\|L\|_\infty\|\delta U\|_\infty+\|\delta L\|_\infty\|\delta U\|_\infty\\
&\leqslant 1.01(n^3+3n^2)\rho\|A\|_\infty\mathrm{eps}.
\end{aligned} \tag{5.40}$$

这样，我们得到

定理 3　用 Gauss 列主元消去法求 n 阶线性方程组 $A\boldsymbol{x}=\boldsymbol{b}$ 得到的计算解 $\boldsymbol{x}$ 是系数矩阵 A 有摄动 δA 的摄动方程组

$$(A+\delta A)\boldsymbol{x}=\boldsymbol{b}$$

的准确解，这里摄动矩阵(或称误差矩阵) δA 由(5.39)给出，且满足估计式(5.40).

这是一个向后误差分析的结果.我们将 Gauss 列主元消去法解线性方程组的计算过程中的舍入误差归结为系数矩阵的某种摄动所致.定理 3 说明,由于 Gauss 列主元消去法的计算过程中引进舍入误差而得到的计算解为系数矩阵作某些摄动而得到摄动方程组的准确解.

由(5.40)式,我们有

$$\frac{\|\delta A\|_\infty}{\|A\|_\infty} \leqslant 1.01(n^3+3n^2)\rho \mathrm{eps}.$$

因此,从 3.4 节(4.56)式,我们看到,当方程组的系数矩阵 A 的条件数不是非常大时,应用 Gauss 列主元消去法计算得方程组的计算解的相对误差较小.由此可知,Gauss 列主元消去法是数值稳定的.

习　题　3

1. 证明,用 Gauss 消去法解 n 阶线性方程组总共需乘除运算次数为

$$\frac{1}{3}n^3+n^2-\frac{1}{3}n.$$

2. 应用 Gauss 列主元消去法,用准确算术运算解方程组

$$\begin{cases} x_1+2x_2-x_3=1, \\ -3x_1+x_2+2x_3=2, \\ 3x_1-2x_2+x_3=3. \end{cases}$$

3. 应用 Gauss 消去法和 Gauss 列主元消去法解下列方程组:

(1) $\begin{cases} 0.005x_1+x_2=0.5, \\ x_1+x_2=1; \end{cases}$

(2) $\begin{cases} 0.5x_1+1.1x_2+3.1x_3=6, \\ 2x_1+4.5x_2+3.6x_3=0.02, \\ 5x_1+0.96x_2+6.5x_3=0.96. \end{cases}$

用舍入的四位十进制数算术运算进行计算.

4. 应用 Gauss 消去法和 Gauss 列主元消去法解方程组

$$\begin{cases} 0.003000x_1+59.14x_2=59.17, \\ 5.291x_1-6.130x_2=46.78. \end{cases}$$

用舍入的四位十进制数算术运算进行计算(准确解 $x_1=10.00, x_2=1.000$).

5. 应用 Gauss 按比例列主元消去法(作矩阵行变换和不作矩阵列变换),用准确算术运算解方程组

$$\begin{cases} 4x_1-3x_2+x_3=5, \\ -x_1+2x_2-2x_3=-3, \\ 2x_1+x_2-x_3=1. \end{cases}$$

6. 应用算法 3.2,用舍入的四位十进制数算术运算解方程组

$$\begin{cases} x_1 + 2x_2 + 3x_3 = 1, \\ 2x_1 + 3x_2 + 4x_3 = -1, \\ 3x_1 + 4x_2 + 6x_3 = 2. \end{cases}$$

7. 应用 Gauss-Jordan 列主元消去法,用准确算术运算解方程组

$$\begin{cases} x_1 + 2x_2 + x_3 = 2, \\ 3x_1 + 6x_2 = 9, \\ 2x_1 + 8x_2 + 4x_3 = 6. \end{cases}$$

8. 应用 Gauss-Jordan 列主元消去法,用准确算术运算解矩阵方程

$$\begin{bmatrix} 2 & 3 & 6 \\ -1 & 2 & 5 \\ 4 & 1 & -2 \end{bmatrix} \begin{bmatrix} x_{11} & x_{12} \\ x_{21} & x_{22} \\ x_{31} & x_{32} \end{bmatrix} = \begin{bmatrix} 4 & 11 \\ -6 & 6 \\ 6 & 3 \end{bmatrix}.$$

9. 设 A 为非奇异的上三角矩阵.试导出计算 A^{-1}的元素的递推公式.

10. 设 $A=[a_{ij}]_{n\times n}$为实对称矩阵,且 $a_{11}\neq 0$,经 Gauss 消去法第一步消元后,A 化为

$$\begin{bmatrix} a_{11} & \boldsymbol{a}_1^{\mathrm{T}} \\ \boldsymbol{0} & A_2 \end{bmatrix}.$$

证明 A_2 亦是对称矩阵.进一步证明:若 A 是实对称正定的,则 A_2 亦是实对称正定的.

11. 设 n 阶矩阵 M_k 为

$$M_k = \begin{bmatrix} 1 & & & m_{1k} & & & \\ & \ddots & & \vdots & & & \\ & & 1 & m_{k-1,k} & & & \\ & & & 1 & & & \\ & & & m_{k+1,k} & 1 & & \\ & & & \vdots & & \ddots & \\ & & & m_{nk} & & & 1 \end{bmatrix},$$

求 M_k 的逆矩阵 M_k^{-1}.

12. 证明,若矩阵 A 非奇异,且存在 Crout 分解,则 Crout 分解必是唯一的.

13. 计算 Crout 方法解 n 阶线性方程组的乘除运算总次数.

14. 试推导出矩阵 $A=[a_{ij}]_{n\times n}$的 Doolittle 分解 $A=LU$ 中 L 的元素 l_{ij}和 U 的元素 u_{ij}的计算公式.

15. 用准确算术运算求矩阵

$$A = \begin{bmatrix} 2 & -1 & 1 \\ 3 & 3 & 9 \\ 3 & 3 & 5 \end{bmatrix}$$

的 Crout 分解和 Doolittle 分解.

16. 应用 Crout 方法,用准确算术运算解方程组

$$\begin{cases} 2x_1 - 1.5x_2 + 3x_3 = 1, \\ -x_1 + 2x_3 = 3, \\ 4x_1 - 4.5x_2 + 5x_3 = -1. \end{cases}$$

17. 应用按列选主元的 Crout 方法,用准确算术运算解方程组

$$\begin{cases} x_1 + x_2 + x_3 = 4, \\ 2x_1 + x_2 + 3x_3 = 7, \\ 3x_1 + x_2 + 6x_3 = 2. \end{cases}$$

18. 用准确算术运算求矩阵

$$\begin{bmatrix} 4 & 1 & -1 & 0 \\ 1 & 3 & -1 & 0 \\ -1 & -1 & 5 & 2 \\ 0 & 0 & 2 & 4 \end{bmatrix}$$

的 Crout 分解.

19. 用准确算术运算求对称正定矩阵

$$A = \begin{bmatrix} 3 & 2 & 1 \\ 2 & 2 & 1 \\ 1 & 1 & 1 \end{bmatrix}$$

的 Cholesky 分解 $A = LL^{\mathrm{T}}$.

20. 试对实对称正定矩阵

$$\begin{bmatrix} 6 & 2 & 1 & -1 \\ 2 & 4 & 1 & 0 \\ 1 & 1 & 4 & -1 \\ -1 & 0 & -1 & 3 \end{bmatrix}$$

作出 Doolittle 分解 $A = LU$,以及 $A = LDL^{\mathrm{T}}$.用准确算术运算进行计算.

21. 应用修改的 LDL^{T} 分解,用准确算术运算解方程组

$$\begin{bmatrix} 1 & 2 & 3 \\ 2 & 20 & 26 \\ 3 & 26 & 70 \end{bmatrix} \begin{bmatrix} x_1 \\ x_2 \\ x_3 \end{bmatrix} = \begin{bmatrix} 2 \\ 8 \\ 4 \end{bmatrix}.$$

22. 证明,实对称正定矩阵 $A = [a_{ij}]$的 Cholesky 分解 $A = LL^{\mathrm{T}}$ 中 L 的元素 l_{ij}满足关系式:

$$| l_{ij} | \leqslant \sqrt{a_{ii}} \quad j = 1,2,\cdots,i.$$

23. 应用三对角算法,用准确算术运算解方程组

$$\begin{bmatrix} 2 & 1 & 0 & 0 & 0 \\ 1 & 4 & 1 & 0 & 0 \\ 0 & 1 & 4 & 1 & 0 \\ 0 & 0 & 1 & 4 & 1 \\ 0 & 0 & 0 & 1 & 4 \end{bmatrix} \begin{bmatrix} x_1 \\ x_2 \\ x_3 \\ x_4 \\ x_5 \end{bmatrix} = \begin{bmatrix} 1 \\ -2 \\ 2 \\ -2 \\ 3 \end{bmatrix}.$$

24. 设 A 为三对角块状矩阵,即

$$\begin{bmatrix} D_1 & C_1 & & & \\ A_2 & D_2 & C_2 & & \\ & \ddots & \ddots & \ddots & \\ & & & & C_{n-1} \\ & & & A_n & D_n \end{bmatrix},$$

其中主对角块 $D_i(i=1,\cdots,n)$皆为方阵,且 A 的主子矩阵

$$A^{(k)} = \begin{bmatrix} D_1 & C_1 & & & \\ A_2 & D_2 & C_2 & & \\ & \ddots & \ddots & \ddots & \\ & & & & C_{k-1} \\ & & & A_k & D_k \end{bmatrix}$$

都是非奇异($k=1,2,\cdots,n$).证明 A 可以分解成

$$A = LU = \begin{bmatrix} P_1 & & & \\ A_2 & P_2 & & \\ & \ddots & \ddots & \\ & & A_n & P_n \end{bmatrix} \begin{bmatrix} I & Q_1 & & & \\ & I & Q_2 & & \\ & & \ddots & \ddots & \\ & & & & Q_{n-1} \\ & & & & I \end{bmatrix},$$

其中

$$P_1 = D_1, \quad Q_1 = P_1^{-1}C_1,$$
$$P_k = D_k - A_kQ_{k-1}, \quad k = 2,\cdots,n,$$
$$Q_k = P_k^{-1}C_k, \quad k = 2,\cdots,n-1.$$

25. 应用 Gauss 列主元消去法,用准确算术运算计算矩阵 A 的行列式,其中

$$A = \begin{bmatrix} 2 & 1 & -2 & 1 \\ 4 & 0 & -1 & 3 \\ 0 & 2 & 1 & -2 \\ 1 & 0 & -1 & 2 \end{bmatrix}.$$

26. 应用 Gauss-Jordan 列主元消去法,用准确算术运算求矩阵

$$A = \begin{bmatrix} 0 & 1 & 1 \\ 1 & 2 & 3 \\ 1 & 3 & 6 \end{bmatrix}$$

的逆阵.

27. 设 $\boldsymbol{x}=[x_1,x_2,\cdots,x_n]^{\mathrm{T}}\in R^n$, $p_j>0(j=1,\cdots,n)$.证明

$$\|\boldsymbol{x}\| = \sum_{j=1}^{n} p_j |x_j|$$

是 R^n 中的一种向量范数.

28. 设 A 是一个 $m\times n$ 阶实矩阵,且 $\mathrm{rank}A=n$.若在 R^m 中规定了一种范数 $\|\cdot\|_\alpha$,验证

$$g(\boldsymbol{x}) = \|A\boldsymbol{x}\|_\alpha, \quad \boldsymbol{x} \in R^n$$

是 R^n 中的一种向量范数.

29. 证明,对任意的 $\boldsymbol{x},\boldsymbol{y}\in R^n$,恒有

$$|\,\|\boldsymbol{x}\|-\|\boldsymbol{y}\|\,|\leqslant\|\boldsymbol{x}-\boldsymbol{y}\|.$$

30. 设 $A\in R^{n\times n}$,给定 R^n 中的一种范数 $\|\cdot\|_\alpha$,证明 $g(\boldsymbol{x})=\|A\boldsymbol{x}\|_\alpha$ 是 $\boldsymbol{x}$ 的连续函数,$\boldsymbol{x}\in R^n$.

31. 设 $\boldsymbol{x}=[x_1,x_2,\cdots,x_n]^{\mathrm{T}}\in R^n$,证明 $\lim\limits_{p\to\infty}\|\boldsymbol{x}\|_p=\|\boldsymbol{x}\|_\infty$.

32. 设 $A\in C^{m\times n}$,$\boldsymbol{x}\in C^n$,证明

$$\max_{\|\boldsymbol{x}\|_\alpha=1}\|A\boldsymbol{x}\|_\beta=\max_{\boldsymbol{x}\neq\boldsymbol{0}}\frac{\|A\boldsymbol{x}\|_\beta}{\|\boldsymbol{x}\|_\alpha}.$$

33. 设 A 是 n 阶非奇异矩阵,证明

$$\frac{1}{\|A^{-1}\|_\infty}=\min_{\boldsymbol{y}\neq\boldsymbol{0}}\frac{\|A\boldsymbol{y}\|_\infty}{\|\boldsymbol{y}\|_\infty}.$$

34. 设 $A=[a_{ij}]$为 n 阶实对称正定矩阵,对 A 作 Cholesky 分解 $A=LL^{\mathrm{T}}$,其中 L 为下三角矩阵.证明,L 的主对角元素 l_{ii}满足下列不等式:

(1) $l_{ii}^2\geqslant\min\limits_{\boldsymbol{x}\neq\boldsymbol{0}}\dfrac{\boldsymbol{x}^{\mathrm{T}}A\boldsymbol{x}}{\boldsymbol{x}^{\mathrm{T}}\boldsymbol{x}}=\dfrac{1}{\|L^{-\mathrm{T}}\|_2^2}$, $\quad i=1,2,\cdots,n$;

(2) $\|L^{\mathrm{T}}\|_2^2=\max\limits_{\boldsymbol{x}\neq\boldsymbol{0}}\dfrac{\boldsymbol{x}^{\mathrm{T}}A\boldsymbol{x}}{\boldsymbol{x}^{\mathrm{T}}\boldsymbol{x}}\geqslant l_{ii}^2$, $\quad i=1,2,\cdots,n$;

(3) $\|L^{\mathrm{T}}\|_2\|L^{-\mathrm{T}}\|_2\geqslant\max\limits_{1\leqslant i,j\leqslant n}\dfrac{|l_{ii}|}{|l_{jj}|}$.

35. 设 $A=[a_{ij}]\in R^{n\times n}$,验证

$$\|A\|_M=n\max_{1\leqslant i,j\leqslant n}|a_{ij}|$$

是一种矩阵范数.

36. 设

$$A=\begin{bmatrix}2&1&0\\1&1&1\\0&1&2\end{bmatrix},$$

计算 $\|A\|_1$, $\|A\|_2$, $\|A\|_\infty$, $\|A\|_M$, $\|A\|_F$ 以及 $\rho(A)$.

37. 设 $A=[a_{ij}]$为 n 阶实对称矩阵,其特征值为 $\lambda_1,\lambda_2,\cdots,\lambda_n$,证明

$$\|A\|_F^2=\lambda_1^2+\lambda_2^2+\cdots+\lambda_n^2.$$

38. 设 $\|\cdot\|$ 是 $C^{n\times n}$中的任一种范数,证明:

(1) $\|I\|\geqslant1$,I 为 n 阶单位矩阵;

(2) 若 $A\in C^{n\times n}$是非奇异的,则

$$\|A^{-1}\|\geqslant\frac{1}{\|A\|}.$$

39. 设 A 为 Hermite 矩阵,即有 $A^{\mathrm{H}}=A$.证明

$$\|A\|_2=\rho(A).$$

又若 $g_m(t)$为 t 的任一 m 次实多项式,则

$$\| g_m(A) \|_2 = \rho(g_m(A)).$$

40. 设A为n阶正规矩阵,即有$A^H A = AA^H$,证明

$$\| A \|_2 = \rho(A).$$

41. 设A是n阶非奇异实对称矩阵,证明

$$\| A^{-1} \|_2 = \frac{1}{|\lambda_n|},$$

其中λ_n是A的按绝对值最小的特征值.

42. 设$A \in C^{n \times n}$,证明

$$\| A \|_2^2 \leqslant \| A \|_1 \| A \|_\infty.$$

43. 设

$$\boldsymbol{x}_j = \left[\frac{1}{2^j}, \frac{1}{j}\right]^T,$$

证明级数$\sum_{j=1}^{\infty} \boldsymbol{x}_j$发散.

44. 设

$$A = \begin{bmatrix} \frac{1}{2} & 0 \\ \frac{1}{4} & \frac{1}{2} \end{bmatrix},$$

求$\lim_{k \to \infty} A^k$.

45. 设A为n阶矩阵,证明级数

$$I + A + A^2 + \cdots + A^k + \cdots$$

收敛的必要条件为$\lim_{k \to \infty} A^k = O$.

46. 设A_k为n阶实矩阵,$\boldsymbol{x} \in R^n$. 试证,对任意的$\boldsymbol{x} \in R^n$,$A_k \boldsymbol{x} \to \boldsymbol{0}$的充分必要条件是$A_k \to O(k \to \infty)$.

47. 证明3.4节定理7.

48. 设

$$A = \begin{bmatrix} 100 & 99 \\ 99 & 98 \end{bmatrix},$$

求$\mathrm{cond}(A)_\infty = \| A \|_\infty \| A^{-1} \|_\infty$以及$K(A)$.

49. 求矩阵A的条件数$K(A)$及$\mathrm{cond}(A)_\infty$,其中

$$A = \begin{bmatrix} 1 & -1 & -1 & 1 \\ 1 & 1 & -1 & -1 \\ 1 & 1 & 1 & 1 \\ 1 & -1 & 1 & -1 \end{bmatrix}.$$

50. 设A是n阶直交阵,证明$K(A) = 1$.

51. 设A是n阶非奇异实对称矩阵,λ_1和λ_n分别是A的按绝对值最大和最小的特征值. 证明

$$K(A) = \left| \frac{\lambda_1}{\lambda_n} \right|.$$

52. 设 A 是 n 阶非奇异实矩阵,证明

$$K(A^{\mathrm{T}}A) = [K(A)]^2.$$

53. 设 n 阶线性方程组 $A\boldsymbol{x}=\boldsymbol{b}$ 的系数矩阵 A 非奇异,$\boldsymbol{x}^*$ 是此方程组的准确解.称

$$\boldsymbol{r} = \boldsymbol{b} - A(\boldsymbol{x}^* + \delta\boldsymbol{x})$$

为与方程组 $A\boldsymbol{x}=\boldsymbol{b}$ 的近似解 $\boldsymbol{x}^* + \delta\boldsymbol{x}$ 相应的**残余向量**或**剩余向量**.试证明 Collatz 估计式,即当

$$\| I - (A + \delta A)^{-1}A \| < 1$$

时,有

$$\| \delta\boldsymbol{x} \| \leqslant \frac{\| (A + \delta A)^{-1} \|}{1 - \| I - (A + \delta A)^{-1}A \|} \| \boldsymbol{r} \|,$$

此处所考虑的矩阵范数与相应的向量范数相容,且 $\| I \| = 1$.

第4章 插 值 法

4.1 引 言

在科学研究和工程中,常常会遇到计算函数值等一类问题.然而函数关系往往是很复杂的,甚至没有明显的解析表达式.例如,根据观测或实验得到一系列的数据,确定了与自变量的某些点相应的函数值,而要计算未观测到的点的函数值.为此,我们可以根据观测数据构造一个适当的较简单的函数近似地代替要寻求的函数.这就是本章要介绍的**插值法**.更具体地说,插值法的基本原则如下:

设函数 $y=f(x)$定义在区间$[a,b]$上,$x_0,x_1,\cdots,x_n$ 是$[a,b]$上取定的 $n+1$ 个互异点,且仅仅在这些点处函数值 $y_i=f(x_i)$为已知,要构造一个函数 $g(x)$,使得

$$g(x_i)=y_i,\quad i=0,1,\cdots,n, \tag{1.1}$$

并要求误差

$$r(x)=f(x)-g(x) \tag{1.2}$$

的绝对值$|r(x)|$在区间$[a,b]$上任意一点或整个区间$[a,b]$上比较小,即 $g(x)$较好地逼近 $f(x)$.点 $x_0,x_1,\cdots,x_n$ 称为**插值基点**或简称**基点**.基点不一定按其大小顺序排列.$[\min(x_0,x_1,\cdots,x_n),\max(x_0,x_1,\cdots,x_n)]$称为**插值区间**.$f(x)$称为**求插函数**,$g(x)$称为 $f(x)$的**插值函数**.称

$$f(x)=g(x)+r(x) \tag{1.3}$$

为(带余项的)**插值公式**.$r(x)$称为插值公式的**余项**.

插值函数 $g(x)$在 $n+1$ 个插值基点 $x_i(i=0,1,\cdots,n)$处与 $f(x_i)$相等.在其他点 x 就用$g(x)$的值作为 $f(x)$的近似值.这个过程称为**插值**,x 称为**插值点**.若插值点 x 位于插值区间内,这种插值过程称为**内插**;当插值点位于插值区间外,但又较接近于插值区间端点时,也可以用 $g(x)$的值作为 $f(x)$的近似值,这种过程称为**外插**或**外推**.我们用 $g(x)$的值作为 $f(x)$的近似值,除要求 $g(x)$在某种意义上更好地逼近 $f(x)$外,还希望它是较简单的函数,或者它便于计算机计算.这就使我们考虑多项式,有理分式等作为插值函数.选择不同的函数类作为插值函数逼近 $f(x)$,其效果是不同的,因此需要根据实际问题选择合适的插值函数.

本章着重介绍选取多项式 $p(x)$作为插值函数.我们又称 $p(x)$为**插值多项式**.这种插值法通常称为**代数插值法**.

4.2 Lagrange 插值公式

4.2.1 Lagrange 插值多项式

我们令 $R[x]_{n+1}$表示所有的不高于 n 次的实系数多项式和零多项式构成的集合.假设函数 $y=f(x)$在取定的 $n+1$ 个互异基点 $x_0,x_1,\cdots,x_n$ 处的值已知分别为$y_0=f(x_0),y_1=f(x_1),\cdots,y_n=f(x_n)$.现在要寻找一个多项式 $p(x)\in R[x]_{n+1}$,使它满足条件

$$p(x_k)=f(x_k),\quad k=0,1,\cdots,n. \tag{2.1}$$

我们记

$$l_i(x)=\frac{(x-x_0)(x-x_1)\cdots(x-x_{i-1})(x-x_{i+1})\cdots(x-x_n)}{(x_i-x_0)(x_i-x_1)\cdots(x_i-x_{i-1})(x_i-x_{i+1})\cdots(x_i-x_n)},\ i=0,1,\cdots,n, \tag{2.2}$$

或简写成

$$l_i(x)=\prod_{\substack{j=0\\j\neq i}}^{n}\frac{(x-x_j)}{(x_i-x_j)},\quad i=0,1,\cdots,n, \tag{2.3}$$

它们皆为 n 次多项式,称为 **Lagrange 基本多项式**.显然 $l_i(x)$满足关系

$$l_i(x_k)=\begin{cases}0, & k\neq i,\\ 1, & k=i.\end{cases}$$

令

$$\begin{aligned}p_n(x)&=\sum_{i=0}^{n}f(x_i)l_i(x)\\&=f(x_0)l_0(x)+f(x_1)l_1(x)+\cdots+f(x_n)l_n(x),\end{aligned} \tag{2.4}$$

则 $p_n(x)\in R[x]_{n+1}$.在(2.4)式中令 $x=x_k$,得 $p_n(x_k)=f(x_k),k=0,1,\cdots,n$,即 $p_n(x)$满足条件(2.1).于是,多项式(2.4)便是所要求的插值多项式.

假设另有多项式 $q_n(x)\in R[x]_{n+1}$也满足条件(2.1).令

$$h(x)=p_n(x)-q_n(x),$$

则 $h(x)\in R[x]_{n+1}$,且

$$h(x_k)=p_n(x_k)-q_n(x_k)=0,\quad k=0,1,\cdots,n.$$

由于不高于 n 次的多项式不可能有 $n+1$ 个根,因此 $h(x)$只能是零多项式.故

$$q_n(x)=p_n(x).$$

这样,我们得到下面的定理.

定理 1 假设 $x_0,x_1,\cdots,x_n$ 是 $n+1$ 个互异基点,函数 $f(x)$在这组基点的值 $f(x_k)(k=0,1,\cdots,n)$是给定的,那么存在唯一的多项式 $p_n(x)\in R[x]_{n+1}$,满足

$$p(x_k)=f(x_k),\quad k=0,1,\cdots,n.$$

我们称(2.4)所表示的多项式 $p_n(x)$ 为 **Lagrange 插值多项式**. 若 $f(x_0)$, $f(x_1),\cdots,f(x_n)$不全为零,则多项式 $p_n(x)$是有次数的,且其次数不超过 n. 若 $f(x_0),f(x_1),\cdots,f(x_n)$全为零,则 $p_n(x)$是零多项式. 通常,我们考虑函数 $y=f(x)$在 $n+1$ 个互异点 $x_0,x_1,\cdots,x_n$ 处的值$f(x_0),f(x_1),\cdots,f(x_n)$不全为零.

例 1　已知函数 $y=f(x)$在 $x_0=-1,x_1=0,x_2=2$ 处的值分别为 $y_0=0$, $y_1=1,y_2=3$,则经过点$(-1,0)$,$(0,1)$和$(2,3)$的 Lagrange 插值多项式为

$$\begin{aligned}p_2(x)&=y_0\times l_0(x)+y_1\times l_1(x)+y_2\times l_2(x)\\&=0\times\frac{(x-0)(x-2)}{(-1-0)(-1-2)}+1\times\frac{(x+1)(x-2)}{(0+1)(0-2)}+3\times\frac{(x+1)(x-0)}{(2+1)(2-0)}\\&=x+1.\end{aligned}$$

例 2　已知函数 $y=f(x)$在 $x_0=-2,x_1=-1,x_2=0,x_3=1$ 处的值分别为 $y_0=3,y_1=1,y_2=1,y_3=6$,则经过点$(-2,3)$,$(-1,1)$,$(0,1)$,$(1,6)$的 Lagrange 插值多项式为

$$\begin{aligned}p_3(x)&=y_0l_0(x)+y_1l_1(x)+y_2l_2(x)+y_3l_3(x)\\&=3\times\frac{(x+1)(x-0)(x-1)}{(-2+1)(-2-0)(-2-1)}+1\times\frac{(x+2)(x-0)(x-1)}{(-1+2)(-1-0)(-1-1)}\\&\quad+1\times\frac{(x+2)(x+1)(x-1)}{(0+2)(0+1)(0-1)}+6\times\frac{(x+2)(x+1)(x-0)}{(1+2)(1+1)(1-0)}\\&=\frac{1}{2}x^3+\frac{5}{2}x^2+2x+1.\end{aligned}$$

$$f\left(\frac{1}{2}\right)\approx p_3\left(\frac{1}{2}\right)=\frac{1}{2}\times\frac{1}{8}+\frac{5}{2}\times\frac{1}{4}+2\times\frac{1}{2}+1=\frac{43}{16}.$$

为了以后应用方便,我们还可将 Lagrange 插值多项式写成下面的形式. 令

$$w_{n+1}(x)=(x-x_0)(x-x_1)\cdots(x-x_n),\tag{2.5}$$

则

$$\begin{aligned}w_{n+1}'(x_i)&=\lim_{x\to x_i}\frac{w_{n+1}(x)-w_{n+1}(x_i)}{x-x_i}\\&=\lim_{x\to x_i}\frac{w_{n+1}(x)}{x-x_i}\\&=(x_i-x_0)\cdots(x_i-x_{i-1})(x_i-x_{i+1})\cdots(x_i-x_n).\end{aligned}$$

于是,(2.3)和(2.4)式可分别写成

$$l_i(x)=\frac{w_{n+1}(x)}{(x-x_i)w_{n+1}'(x_i)},\quad i=0,1,\cdots,n\tag{2.6}$$

和

$$p_n(x) = \sum_{i=0}^{n} f(x_i) \frac{w_{n+1}(x)}{(x - x_i) w'_{n+1}(x_i)}. \tag{2.7}$$

4.2.2 线性插值

已知函数 $y=f(x)$在点 x_0, x_1 处的值分别为 y_0, y_1. 在公式(2.4)中取 $n=1$,则 Lagrange 插值多项式为

$$\begin{aligned} p_1(x) &= y_0 \frac{(x - x_1)}{(x_0 - x_1)} + y_1 \frac{(x - x_0)}{(x_1 - x_0)} \\ &= y_0 + \frac{y_1 - y_0}{x_1 - x_0}(x - x_0). \end{aligned} \tag{2.8}$$

由于

$$y = y_0 + \frac{y_1 - y_0}{x_1 - x_0}(x - x_0)$$

是经过两点(x_0, y_0),(x_1, y_1)的一直线(图 4.1),因此这种插值法通常称为**线性插值**.

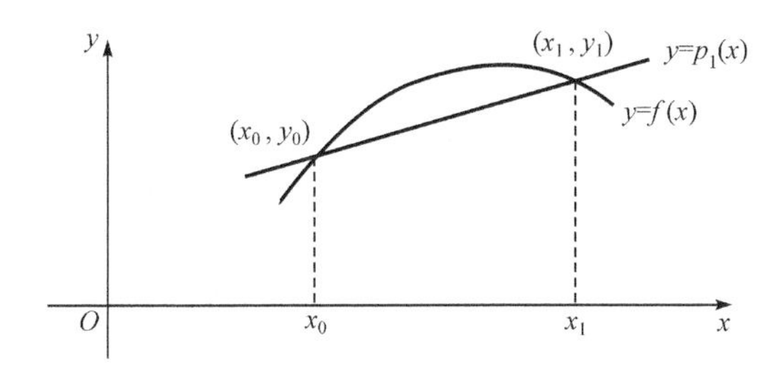

图 4.1

4.2.3 二次(抛物线)插值

已知函数 $y=f(x)$在点 x_0, x_1, x_2 处的值分别为 y_0, y_1, y_2. 此时,在公式(2.4)中取 $n=2$,得

$$\begin{aligned} p_2(x) = {} & y_0 \frac{(x - x_1)(x - x_2)}{(x_0 - x_1)(x_0 - x_2)} + y_1 \frac{(x - x_0)(x - x_2)}{(x_1 - x_0)(x_1 - x_2)} \\ & + y_2 \frac{(x - x_0)(x - x_1)}{(x_2 - x_0)(x_2 - x_1)}. \end{aligned} \tag{2.9}$$

这是一个二次函数.若(x_0, y_0),(x_1, y_1),(x_2, y_2)三点不在一直线上,则经过这三点的曲线就是一条抛物线(图 4.2).因此,这种插值法称为**二次插值**或**抛物线插值**.

在例 1 中,三点$(-1,0)$,$(0,1)$,$(2,3)$在一条直线上,因此 $y=p_2(x)=x+1$ 为一条直线.

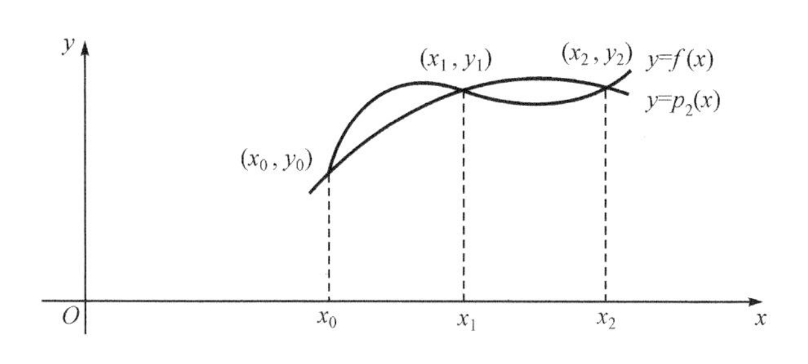

图 4.2

例 3　已知零阶第一类 Bessel 函数 $f(x)$在若干点处的函数值如下：

x	1.0	1.3	1.6	1.9	2.2
$f(x)$	0.7651977	0.6200860	0.4554022	0.2818186	0.1103623

我们分别用线性插值和抛物线插值求 $f(1.5)$的近似值.

由于 1.5 在 1.3 和 1.6 之间，因此，在线性插值中取 $x_0=1.3, x_1=1.6$. 由(2.8)式，有

$$
\begin{aligned}
f(1.5) &\approx p_1(1.5) \\
&= \frac{(1.5-1.6)}{(1.3-1.6)} \times 0.6200860 + \frac{(1.5-1.3)}{(1.6-1.3)} \times 0.4554022 \\
&= 0.5102968.
\end{aligned}
$$

应用二次插值时，若取 $x_0=1.3, x_1=1.6$ 和 $x_2=1.9$，则由(2.9)式得

$$
\begin{aligned}
f(1.5) &\simeq p_2(1.5) \\
&= \frac{(1.5-1.6)(1.5-1.9)}{(1.3-1.6)(1.3-1.9)} \times 0.6200860 + \frac{(1.5-1.3)(1.5-1.9)}{(1.6-1.3)(1.6-1.9)} \\
&\quad \times 0.4554022 + \frac{(1.5-1.3)(1.5-1.6)}{(1.9-1.3)(1.9-1.6)} \times 0.2818186 \\
&= 0.5112857.
\end{aligned}
$$

若取 $x_0=1.0, x_1=1.3$ 和 $x_2=1.6$，则由(2.9)式得

$$
f(1.5) \simeq \tilde{p}_2(1.5) = 0.5124715.
$$

$f(1.5)$的精确值是 0.5118277，因此

$$
|f(1.5) - p_1(1.5)| \simeq 1.53 \times 10^{-3},
$$

$$
|f(1.5) - p_2(1.5)| \simeq 5.42 \times 10^{-4},
$$

$$
|f(1.5) - \tilde{p}_2(1.5)| \simeq 6.44 \times 10^{-4},
$$

4.2.4　插值公式的余项

函数 $f(x)$的 Lagrange 插值多项式 $p_n(x)$只是在基点 $x_0, x_1, \cdots, x_n$ 处，有

$$p_n(x_i)=f(x_i)=y_i,\quad i=0,1,\cdots,n.$$

若 $x\neq x_i(i=0,1,\cdots,n)$,则一般说来

$$p_n(x)\neq f(x),$$

即

$$f(x)-p_n(x)\neq 0.$$

令

$$r_n(x)=f(x)-p_n(x),\tag{2.10}$$

$r_n(x)$表示用 $p_n(x)$代替 $f(x)$时,在点 x 产生的误差.

定理 2 设 $f(x)$在包含 $n+1$ 个互异基点 $x_0,x_1,\cdots,x_n$ 在内的区间$[a,b]$上具有 n 阶连续导数,且在(a,b)内存在 $n+1$ 阶有界导数,那么,对$[a,b]$上的每一点 x 必存在一点 $\xi\in(a,b)$使得

$$r_n(x)=\frac{f^{(n+1)}(\xi)}{(n+1)!}w_{n+1}(x),\tag{2.11}$$

其中

$$w_{n+1}(x)=(x-x_0)(x-x_1)\cdots(x-x_n).$$

证明 若 $x=x_i,i=0,1,\cdots,n$,则(2.11)式显然成立.现在$[a,b]$上固定一点 $x(x\neq x_i,i=0,1,\cdots,n)$,令

$$K=\frac{r_n(x)}{w_{n+1}(x)},$$

并引进辅助函数

$$g(t)=f(t)-p_n(t)-Kw_{n+1}(t),\tag{2.12}$$

则 $g(t)$在$[a,b]$上具有 n 阶连续导数,且在(a,b)内存在 $n+1$ 阶有界导数,以及 $g(t)$在 $t=x_0,x_1,\cdots,x_n,x$ 诸点处皆等于零,其中 $x\in[a,b]$,即 $g(t)$在$[a,b]$中有 $n+2$ 个零点.应用 Rolle 定理知,$g'(t)$在 $g(t)$的每两个相邻的零点之间有一个零点.因此 $g'(t)$在(a,b)中至少有 $n+1$ 个互异零点.再对 $g'(t)$应用 Rolle 定理可知,$g''(t)$在(a,b)中至少有 n 个互异零点.如此反复应用 Rolle 定理,最后可推知 $g^{(n+1)}(t)$在(a,b)中至少有一个零点 ξ,即有

$$g^{(n+1)}(\xi)=0,\quad a<\xi<b.$$

因为 $w_{n+1}(t)$是 $n+1$ 次多项式,且其首项系数为 1,因此,$w_{n+1}^{(n+1)}(t)=(n+1)!$.又因多项式 $p_n(t)$的次数不高于 n,因此 $p_n^{(n+1)}(t)=0$.这样,由(2.12)式便有

$$\begin{aligned}g^{(n+1)}(\xi)&=f^{(n+1)}(\xi)-p_n^{(n+1)}(\xi)-Kw_{n+1}^{(n+1)}(\xi)\\&=f^{(n+1)}(\xi)-K(n+1)!=0,\end{aligned}$$

即

$$f^{(n+1)}(\xi)-\frac{r_n(x)}{w_{n+1}(x)}(n+1)!=0.$$

故证得

$$r_n(x)=\frac{f^{(n+1)}(\xi)}{(n+1)!}w_{n+1}(x),\quad a<\xi<b.$$

我们将(2.11)代入(2.10)式,得到

$$f(x)=p_n(x)+\frac{f^{(n+1)}(\xi)}{(n+1)!}w_{n+1}(x),\quad a<\xi<b.\tag{2.13}$$

(2.13)式称为**带余项的 Lagrange 插值公式**. $\frac{f^{(n+1)}(\xi)}{(n+1)!}w_{n+1}(x)$为其**余项**. ξ 与 $x_0,x_1,\cdots,x_n,x$ 有关.

若令

$$M_{n+1}=\max_{a\leqslant x\leqslant b}|f^{(n+1)}(x)|,\tag{2.14}$$

则

$$|r_n(x)|\leqslant M_{n+1}\frac{|w_{n+1}(x)|}{(n+1)!}.\tag{2.15}$$

特别,当 $n=1$ 时,取 $x_0=a,x_1=b$,则由(2.11)得

$$r_1(x)=\frac{1}{2}w_2(x)f''(\xi),\quad a<\xi<b.$$

令 $x_1-x_0=b-a=h,x=x_0+th,0<t<1$,则

$$w_2(x)=-t(1-t)h^2.$$

易证,当 $0<t<1$ 时,$t(1-t)$的最大值为$\frac{1}{4}$,从而

$$|r_1(x)|\leqslant\frac{h^2}{8}|f''(\xi)|.\tag{2.16}$$

例 4 在物理学和工程中的一个误差函数

$$f(x)=\frac{2}{\sqrt{\pi}}\int_0^x e^{-t^2}\mathrm{d}t$$

的函数值已造成函数表.假设我们在 $x_1=4$ 和 $x_2=5$ 之间用线性插值计算$f(x)$的近似值,问会有多大的误差?

解 我们作线性插值多项式 $p_1(x)$,取 $f(x)\simeq p_1(x),x\in(4,5)$.据误差估计式(2.16),有

$$|f(x)-p_1(x)|\leqslant\frac{(5-4)^2}{8}|f''(\xi)|=\frac{1}{8}|f''(\xi)|.$$

由于

$$f'(x)=\frac{2}{\sqrt{\pi}}e^{-x^2}$$

$$f''(x)=-\frac{4x}{\sqrt{\pi}}e^{-x^2},$$

$$f'''(x)=\frac{4}{\sqrt{\pi}}(2x^2-1)e^{-x^2}>0,\quad x\in(4,5),$$

因此

$$\max_{x\in[4,5]}|f''(x)|=\max(|f''(4)|,|f''(5)|)$$
$$=|f''(4)|<1.01586\times10^{-6},$$

故得

$$|f(x)-p_1(x)|\leqslant\frac{1}{8}\max_{x\in[4,5]}|f''(x)|<0.127\times10^{-6}.$$

例 5 假设函数 $f(x)$在 $n+1$ 个等距点 $x_i=a+(i-1)h(i=1,\cdots,n+1)$的值列表给出,其中 $h=\frac{b-a}{n}$.若 $x\in(x_i,x_{i+2})$,且以 x_i,x_{i+1},x_{i+2}为基点作二次插值,则据(2.15)式有

$$|f(x)-p_2(x)|\leqslant\frac{M_3}{3!}|(x-x_i)(x-x_{i+1})(x-x_{i+2})|,$$

其中

$$M_3=\max_{x\in[a,b]}|f'''(x)|.$$

令 $x=x_{i+1}+th,t\in[-1,1]$,则

$$(x-x_i)(x-x_{i+1})(x-x_{i+2})=-h^3t(1-t^2).$$

记

$$g(t)=t(1-t^2),$$

则

$$g'(t)=1-3t^2.$$

因此 $g(t)$有驻点 $t=\pm\sqrt{3}/3$.于是

$$\max_{-1\leqslant t\leqslant1}|g(t)|=\max\left\{|g(-1)|,\left|g\left(-\frac{\sqrt{3}}{3}\right)\right|,\left|g\left(\frac{\sqrt{3}}{3}\right)\right|,|g(1)|\right\}$$
$$=\left|g\left(\pm\frac{\sqrt{3}}{3}\right)\right|=\frac{2}{9}\sqrt{3}.$$

故

$$\max_{x_i\leqslant x\leqslant x_{i+2}}|f(x)-p_2(x)|\leqslant\frac{\sqrt{3}}{27}M_3h^3.$$

下面我们对插值公式余项进行一些分析.首先,我们看到,在余项公式(2.11)中,出现因子 $f^{(n+1)}(\xi)$.它对余项有很大的影响.往往高阶导数随 n 增长得甚快,例如,$y=\frac{1}{1+x^2}$的 $n+1$ 阶导数为

$$y^{(n+1)}=(n+1)!\cos^{n+2}(\arctan x)\sin\left[(n+2)\left(\arctan x+\frac{\pi}{2}\right)\right].$$

其次,我们考虑 $w_{n+1}(x)$对余项的影响. $w_{n+1}(x)$与插值基点 $x_0,x_1,\cdots,x_n$ 的分布有关,而与 $f(x)$无关.当 $f(x)$给定时,$|w_{n+1}(x)|$直接影响余项$|r_n(x)|$的大小. $w_{n+1}(x)$是以 $x_0,x_1,\cdots,x_n$ 为零点的首一 $n+1$ 次多项式.它在区间$[x_0,x_1],[x_1,x_2],\cdots,[x_{n-1},x_n]$上交替地取极值(假设基点按自小到大的顺序排列).因此,若插值点 x 靠近$|w_{n+1}(x)|$有较大极值的一些点,插值误差就较大,反之则较小.当 $x_0,x_1,\cdots,x_n$ 是任意分布时,考察 $w_{n+1}(x)$的性质是很困难的.现在考虑基点是等距分布的情形,即 $x_{i+1}-x_i=h,i=0,1,\cdots,n-1,h$ 为常数.令

$$x=x_0+th,$$

则有

$$w_{n+1}(x)=w_{n+1}(x_0+th)=h^{n+1}t(t-1)\cdots(t-n).$$

记

$$\varphi(t)=t(t-1)\cdots(t-n),$$

则

$$w_{n+1}(x)=h^{n+1}\varphi(t).$$

若将坐标原点平移到$\left(\frac{n}{2},0\right)$,即令 $t-\frac{n}{2}=z$,则当 n 为奇数时,

$$\varphi(t)=\varphi\left(z+\frac{n}{2}\right)=\left[z^2-\left(\frac{n}{2}\right)^2\right]\left[z^2-\left(\frac{n-2}{2}\right)^2\right]\cdots\left[z^2-\left(\frac{3}{2}\right)^2\right]\cdot\left[z^2-\left(\frac{1}{2}\right)^2\right];$$

当 n 为偶数时,

$$\varphi(t)=\varphi\left(z+\frac{n}{2}\right)=\left[z^2-\left(\frac{n}{2}\right)^2\right]\left[z^2-\left(\frac{n-2}{2}\right)^2\right]\cdots\left[z^2-\left(\frac{2}{2}\right)^2\right]z.$$

因此,对 z 来说,当 n 为奇数时,$\varphi(t)$是偶函数;当 n 为偶数时,$\varphi(t)$是奇函数.又因为

$$\varphi(t+1)=\frac{t+1}{t-n}\varphi(t),\quad \frac{t+1}{t-n}<0\quad (0\leqslant t<n),$$

所以 $\varphi(t)$在$[i,i+1]$上的值可由 $\varphi(t)$在$[i-1,i]$上的值乘以$(t+1)/(t-n)$得到,$\varphi(t)$由$[i-1,i]$到$[i,i+1]$变号.当$0\leqslant t\leqslant\frac{n-1}{2}$时,$\left|\frac{t+1}{t-n}\right|<1$,因此 $\varphi(t)$的极值按其绝对值在$\left[0,\frac{n}{2}\right]$是递减的,然后关于$\frac{n}{2}$对称地递增起来. $\varphi(t)$的图形参见图4.3.

由以上分析可知,当插值点 x 位于插值区间的中部时,插值误差较小,而在两端则较大.特别,插值点 x 不能位于插值区间之外的远处,即 Lagrange 插值公式不宜用于插值点距插值区间端点较远的外插.

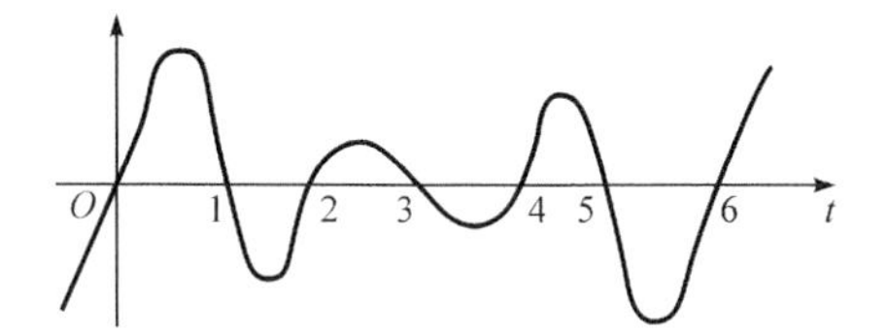

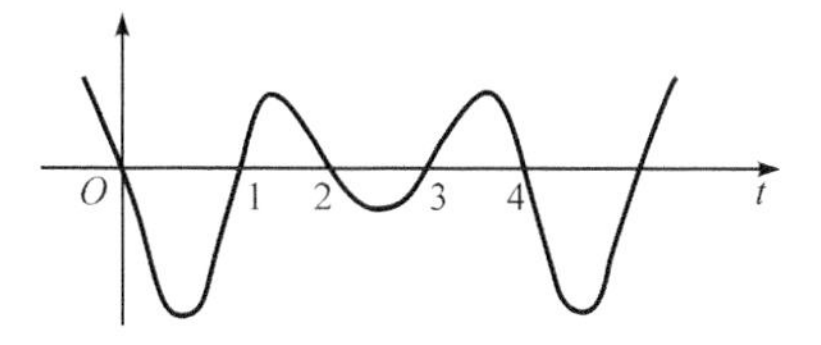

图 4.3

我们来考虑函数

$$y=\frac{1}{1+x^2}$$

在$[-5,5]$上用等距基点的插值问题(20 世纪初 Runge 就研究过).取等距基点为

$$x_i=-5+i,\quad i=0,1,\cdots,10.$$

作插值多项式 $p_{10}(x)$.从图 4.4 和表 4.1 看出,在区间$[-5,5]$的中部,函数值与 $p_{10}(x)$的值比较接近,在靠近两端点的地方则差异甚大.

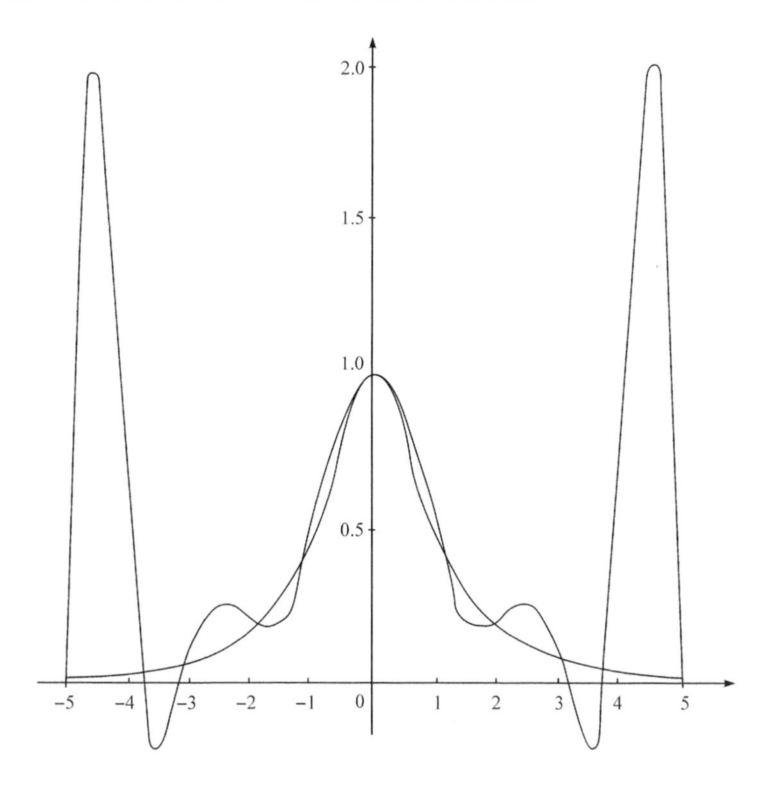

图 4.4

这个例子也说明,n 取得大未必能保证插值多项式很好地逼近求插函数.

表 4.1

x	$\frac{1}{1+x^2}$	$p_{10}(x)$
−4.5	0.04706	1.573
−3.5	0.07547	−0.225
−2.5	0.13793	0.253
−1.5	0.30769	0.236
−0.5	0.80000	0.843
0.5	0.80000	0.843
1.5	0.30769	0.236
2.5	0.13793	0.253
3.5	0.07547	−0.225
4.5	0.04706	1.573

在实际问题中,往往只能得到函数 $f(x)$的一些观测数据,并不知道 $f(x)$的具体解析表达式,因此,要估计$|f^{(n+1)}(x)|$的上界 M_{n+1}是不现实的.在这种情形下,我们可以采用误差的后验估计法:对给定的插值点 x,比较 $p_{n-1}(x)$和 $p_n(x)$在一定精确度要求下是否近似相等.若近似相等,则以 $p_n(x)$作为 $f(x)$的近似值,否则增加基点计算 $p_{n+1}(x)$.

4.3　均差与 Newton 插值公式

Lagrange 插值多项式(2.4)形式对称.但用它计算 $f(x)$在插值点 x 的近似值时,也有不便之处:需要增加一个插值基点时,原先计算的插值多项式 $p_n(x)$对计算 $p_{n+1}(x)$没有用.这样势必增加计算工作量.然而,我们希望,增加新的插值基点时,原先计算得结果对于后来的计算过程仍然有用.为此,这一节将介绍 Newton 插值公式,它具有这种优点.

我们假设函数 $y=f(x)$在取定的 $n+1$ 个互异点

$$x_0,x_1,\cdots,x_n$$

处分别取值为

$$f(x_0),f(x_1),\cdots,f(x_n),$$

要构造一个插值多项式 $N_n(x)\in R[x]_{n+1}$.现在考虑 $N_n(x)$的形式为

$$N_n(x)=a_0+a_1(x-x_0)+a_2(x-x_0)(x-x_1)+\cdots+a_n(x-x_0)(x-x_1)\cdots(x-x_{n-1}).\tag{3.1}$$

根据插值法的基本原则,要求

$$N_n(x_i)=f(x_i),\quad i=0,1,\cdots,n.$$

在(3.1)中令 $x=x_0,x_1,\cdots,x_n$,得到线性方程组

$$\begin{cases}a_0=f(x_0),\\ a_0+(x_1-x_0)a_1=f(x_1),\\ a_0+(x_2-x_0)a_1+(x_2-x_0)(x_2-x_1)a_2=f(x_2),\\ \cdots\cdots\cdots\cdots\\ a_0+(x_n-x_0)a_1+\cdots+(x_n-x_0)\cdots(x_n\quad x_{n-1})a_n-f(x_n).\end{cases}\tag{3.2}$$

这是一个下三角形方程组,其系数行列式的主对角元素皆不为零.因此,方程组(3.2)有唯一解 $a_0,a_1,\cdots,a_n$.将它们代入(3.1),便得到所需形式的插值多项式.多项式(3.1)的系数 $a_0,a_1,\cdots,a_n$ 具有一种**不变性**.这是说,假如我们增加一个与 $x_0,x_1,\cdots,x_n$ 不同的基点 x_{n+1}(与之相应的函数值假设为 $f(x_{n+1})$),对插值基点 $x_0,x_1,\cdots,x_n,x_{n+1}$构造一个不高于 $n+1$ 次的插值多项式

$$\begin{aligned}N_{n+1}(x)=b_0+b_1(x-x_0)+\cdots+b_n(x-x_0)\cdots(x-x_{n-1})\\ +b_{n+1}(x-x_0)\cdots(x-x_n),\end{aligned}\tag{3.3}$$

则 $b_0=a_0,b_1=a_1\cdots,b_n=a_n$.事实上,多项式(3.3)的系数 $b_0,b_1,\cdots,b_n,b_{n+1}$应满足方程组

$$\begin{cases}b_0=f(x_0),\\ b_0+(x_1-x_0)b_1=f(x_1),\\ b_0+(x_2-x_0)b_1+(x_2-x_0)(x_2-x_1)b_2=f(x_2),\\ \cdots\cdots\cdots\cdots\\ b_0+(x_n-x_0)b_1+\cdots+(x_n-x_0)\cdots(x_n-x_{n-1})b_n=f(x_n),\\ b_0+(x_{n+1}-x_0)b_1+\cdots+(x_{n+1}-x_0)\cdots(x_{n+1}-x_n)b_{n+1}=f(x_{n+1}).\end{cases}\tag{3.4}$$

方程组(3.4)的前 $n+1$ 个方程与(3.2)完全相同,因此必有 $b_k=a_k,k=0,1,\cdots,n$.由于形如(3.1)的插值多项式的系数具有这种不变性,因此利用它来计算 $f(x)$的近似值是很方便的.当我们计算得$N_n(x)$后,若要增加一个基点,则只要从 $N_n(x)$上增加一项 $b_{n+1}(x-x_0)\cdots(x-x_n)$,便立刻得到 $N_{n+1}(x)$.

4.3.1 均差

为了确定插值多项式(3.1)的系数 $a_0,a_1,\cdots,a_n$,我们引进均差的概念.

由方程组(3.2)的第一个方程,有 $a_0=f(x_0)$.将它代入第二个方程,得

$$a_1=\frac{f(x_1)-f(x_0)}{x_1-x_0}.$$

再将 a_0,a_1 代入第三个方程,可得

$$a_2=\left[\frac{f(x_2)-f(x_1)}{x_2-x_1}-\frac{f(x_1)-f(x_0)}{x_1-x_0}\right]\frac{1}{x_2-x_0}.$$

在 a_1, a_2 的表达式中出现了形如

$$\frac{f(x_j)-f(x_i)}{x_j-x_i}$$

的**差商**.我们称它为 $f(x)$ 关于基点 x_i, x_j 的**一阶均差**,记作 $f[x_i, x_j]$,即

$$f[x_i, x_j]=\frac{f(x_j)-f(x_i)}{x_j-x_i}.$$

它表示 $f(x)$ 在区间 $[x_i, x_j]$ 上的平均变化率.

仿此,我们称

$$\frac{f[x_j, x_k]-f[x_i, x_j]}{x_k-x_i}$$

为 $f(x)$ 关于基点 x_i, x_j, x_k 的**二阶均差**,记得 $f[x_i, x_j, x_k]$,则

$$f[x_i, x_j, x_k]=\frac{f[x_j, x_k]-f[x_i, x_j]}{x_k-x_i}.$$

于是上述的 a_1, a_2 可分别表示成

$$a_1=f[x_0, x_1], \quad a_2=f[x_0, x_1, x_2].$$

一般地,$f(x)$ 关于基点 $x_0, x_1, \cdots, x_n$ 的 ***n* 阶均差**定义为

$$f[x_0, x_1, \cdots, x_n]=\frac{f[x_1, x_2, \cdots, x_n]-f[x_0, x_1, \cdots, x_{n-1}]}{x_n-x_0}. \tag{3.5}$$

为统一记号,规定

$$f[x_i]=f(x_i)$$

为 $f(x)$ 关于基点 x_i 的**零阶均差**.

n 阶均差 $f[x_0, x_1, \cdots, x_n]$ 可以表示成

$$f[x_0, x_1, \cdots, x_n] = \sum_{i=0}^{n} \frac{f(x_i)}{\prod\limits_{\substack{j=0\\ j\neq i}}^{n}(x_i - x_j)}. \tag{3.6}$$

我们用归纳法来证明(3.6)式.事实上,当 $n=1$ 时有

$$f[x_0, x_1]=\frac{f(x_1)-f(x_0)}{x_1-x_0}=\frac{f(x_0)}{x_0-x_1}+\frac{f(x_1)}{x_1-x_0},$$

故(3.6)式成立.现假设(3.6)式对 $n=k$ 成立,即有

$$f[x_0, x_1, \cdots, x_k] = \sum_{i=0}^{k} \frac{f(x_i)}{(x_i - x_0)(x_i - x_1)\cdots(x_i - x_{i-1})(x_i - x_{i+1})\cdots(x_i - x_k)},$$

$$f[x_1, x_2, \cdots, x_{k+1}] = \sum_{i=1}^{k+1} \frac{f(x_i)}{(x_i - x_1)\cdots(x_i - x_{i-1})(x_i - x_{i+1})\cdots(x_i - x_{k+1})}.$$

我们来证明,对 $n=k+1$ (3.6)式亦成立.由 n 阶均差定义(3.5)

$$f[x_0, x_1, \cdots, x_k, x_{k+1}] = \frac{f[x_1, x_2, \cdots, x_{k+1}] - f[x_0, x_1, \cdots, x_k]}{x_{k+1} - x_0}$$

$$= \sum_{i=1}^{k+1} \frac{f(x_i)}{(x_i - x_1)\cdots(x_i - x_{i-1})(x_i - x_{i+1})\cdots(x_i - x_k)(x_i - x_{k+1})(x_{k+1} - x_0)}$$

$$- \sum_{i=0}^{k} \frac{f(x_i)}{(x_i - x_0)(x_i - x_1)\cdots(x_i - x_{i-1})(x_i - x_{i+1})\cdots(x_i - x_k)(x_{k+1} - x_0)}$$

$$= \frac{f(x_0)}{(x_0 - x_1)(x_0 - x_2)\cdots(x_0 - x_k)(x_0 - x_{k+1})}$$

$$+ \frac{f(x_1)}{(x_1 - x_2)\cdots(x_1 - x_k)(x_{k+1} - x_0)}\left[\frac{1}{x_1 - x_{k+1}} - \frac{1}{x_1 - x_0}\right] + \cdots$$

$$+ \frac{f(x_i)}{(x_i - x_1)\cdots(x_i - x_{i-1})(x_i - x_{i+1})\cdots(x_i - x_k)(x_{k+1} - x_0)}\left[\frac{1}{x_i - x_{k+1}} - \frac{1}{x_i - x_0}\right]$$

$$+ \cdots + \frac{f(x_{k+1})}{(x_{k+1} - x_1)\cdots(x_{k+1} - x_k)(x_{k+1} - x_0)}$$

$$= \sum_{i=0}^{k+1} \frac{f(x_i)}{(x_i - x_0)\cdots(x_i - x_{i-1})(x_i - x_{i+1})\cdots(x_i - x_{k+1})}.$$

从而(3.6)式对 $n = k+1$ 亦成立.故(3.6)式对任何正整数 n 均成立.

从(3.6)式看出,均差 $f[x_0, x_1, \cdots, x_n]$与基点 $x_0, x_1, \cdots, x_n$ 的排列顺序无关.这种性质称为均差的对称性,例如

$$f[x_0, x_1, x_2] = f[x_1, x_0, x_2].$$

例 1 设 $f(x)$是一个 n 次多项式,且有 n 个互异实根 $x_1, x_2, \cdots, x_n$. 证明

$$f[x_1, x_2, \cdots, x_{k+1}] = 0, \quad k = 1, 2, \cdots, n-1.$$

证明 由假设 $x_1, x_2, \cdots, x_n$ 是 n 次多项式 $f(x)$的 n 个互异实根,即有 $f(x_i) = 0, i = 1, 2, \cdots, n$,且 $x_i \neq x_j, i \neq j$. 因此,据均差的对称性表达式(3.6),有

$$f[x_1, x_2, \cdots, x_{k+1}] = \sum_{i=1}^{k+1} \frac{f(x_i)}{(x_i - x_1)\cdots(x_i - x_{i-1})(x_i - x_{i+1})\cdots(x_i - x_{k+1})}$$

$$= 0, \qquad k = 1, \cdots, n-1.$$

例 2 设 $f[x, x_0, x_1, \cdots, x_k]$是 x 的 m 次多项式,证明 $f[x, x_0, x_1, \cdots, x_k, x_{k+1}]$是一个 $m-1$ 次多项式($m \geqslant 1$).

证明 由均差定义

$$f[x, x_0, x_1, \cdots, x_k, x_{k+1}] = \frac{f[x_0, x_1, \cdots, x_{k+1}] - f[x, x_0, x_1, \cdots, x_k]}{x_{k+1} - x}.$$

此式右端分子为 m 次多项式,且当 $x = x_{k+1}$时为零,故分子含有因式 $x - x_{k+1}$,与分母约去因式 $x - x_{k+1}$便知右端是一个 $m-1$ 次多项式.

4.3.2 Newton 均差插值多项式

现在,我们来确定插值多项式(3.1)的系数 $a_0, a_1, \cdots, a_n$. 在定义一阶和二阶均差时,我们已经看到,$a_0 = f(x_0)$, $a_1 = f[x_0, x_1]$, $a_2 = f[x_0, x_1, x_2]$. 下面证明,

一般地,有

$$a_k = f[x_0, x_1, \cdots, x_k], \quad k = 0, 1, \cdots, n. \tag{3.7}$$

前面我们已经提到,$a_0, a_1, \cdots, a_n$ 是方程组(3.2)的解.然而,从方程组(3.2)的解来推导(3.7)式是比较费事的.由于形如(3.1)的插值多项式 $N_k(x)$与 Lagrange 插值多项式 $p_k(x)$只是形式上不同而已,因此,只要比较两种多项式的首项 x^k 的系数,便得到

$$a_k = \sum_{i=0}^{k} \frac{f(x_i)}{(x_i - x_0)(x_i - x_1)\cdots(x_i - x_{i-1})(x_i - x_{i+1})\cdots(x_i - x_k)}.$$

再利用(3.6)式,得

$$a_k = f[x_0, x_1, \cdots, x_k].$$

由于 a_k 具有不变性,所以上式对 $k = 0, 1, \cdots, n$ 皆成立.这样,(3.1)式便可写成

$$\begin{aligned} N_n(x) = & f[x_0] + f[x_0, x_1](x - x_0) + f[x_0, x_1, x_2](x - x_0)(x - x_1) \\ & + \cdots + f[x_0, x_1, \cdots, x_n](x - x_0)(x - x_1)\cdots(x - x_{n-1}), \end{aligned} \tag{3.8}$$

或写成

$$N_n(x) = f[x_0] + f[x_0, x_1]w_1(x) + \cdots + f[x_0, x_1, \cdots, x_n]w_n(x), \tag{3.9}$$

其中

$$w_k(x) = (x - x_0)(x - x_1)\cdots(x - x_{k-1}), \quad k = 1, 2, \cdots, n.$$

我们称(3.8)为 **Newton 插值多项式**.

假设在包含 $x_1, x_2, \cdots, x_n$ 的区间$[a, b]$内任取与 $x_0, x_1, \cdots, x_n$ 相异的一点 $\bar{x}$,则以 $x_0, x_1, \cdots, x_n, \bar{x}$ 为基点的 Newton 插值多项式为

$$N_{n+1}(x) = N_n(x) + f[x_0, x_1, \cdots, x_n, \bar{x}]w_{n+1}(x),$$

其中

$$N_{n+1}(\bar{x}) = f(\bar{x}).$$

因此,我们有

$$f(\bar{x}) - N_n(\bar{x}) = f[x_0, x_1, \cdots, x_n, \bar{x}]w_{n+1}(\bar{x}).$$

由于 $\bar{x}$ 是$[a, b]$内的任一点,所以可将上式写成

$$f(x) = N_n(x) + f[x_0, x_1, \cdots, x_n, x]w_{n+1}(x). \tag{3.10}$$

根据插值多项式的唯一性,$N_n(x) = p_n(x)$.设函数 $f(x)$在$[a, b]$上有 $n+1$ 阶连续导数,则由(2.13)和(3.10)式有

$$f[x_0, x_1, \cdots, x_n, x] = \frac{f^{(n+1)}(\xi)}{(n+1)!}, \quad a < \xi < b, \tag{3.11}$$

并且,(3.10)式可写成

$$f(x) = N_n(x) + \frac{f^{(n+1)}(\xi)}{(n+1)!}w_{n+1}(x)$$

$$= f[x_0] + f[x_0, x_1]w_1(x) + \cdots + f[x_0, x_1, \cdots, x_n]w_n(x)$$
$$+ \frac{f^{(n+1)}(\xi)}{(n+1)!}w_{n+1}(x), \quad a < \xi < b. \tag{3.12}$$

(3.12)称为**带余项的 Newton 插值公式**.

(3.11)式表示了均差与导数之间的关系.假如 x 与基点 $x_0, x_1, \cdots, x_n$ 中的某些点重合时,我们定义

$$f[x_0, x_0] \equiv \lim_{x \to x_0} f[x, x_0] = \lim_{x \to x_0} \frac{f(x) - f(x_0)}{x - x_0} = f'(x_0),$$

$$f[x_0, x_1, \cdots, x_n, x_k] \equiv \lim_{x \to x_k} f[x_0, x_1, \cdots, x_n, x] = \frac{f^{(n+1)}(\eta)}{(n+1)!},$$
$$\min(x_0, x_1, \cdots, x_n) < \eta < \max(x_0, x_1, \cdots, x_n),$$

$$f[a, a, \cdots, a] \equiv \lim_{\substack{x_0 \to a \\ x_1 \to a \\ \vdots \\ x_n \to a}} f[x_0, x_1, \cdots, x_n] = \frac{f^{(n)}(a)}{n!},$$

$$f[x_0, x_0, x_0, x_3, \cdots, x_n] \equiv \lim_{\substack{x_1 \to x_0 \\ x_2 \to x_0}} f[x_0, x_1, x_2, \cdots, x_n] = \frac{f^{(n)}(\xi_1)}{n!},$$
$$\min(x_0, x_3, \cdots, x_n) < \xi_1 < \max(x_0, x_3, \cdots, x_n).$$

例 3 我们考虑 4.2 节例 3 零阶第一类 Bessel 函数 $f(x)$.据所列出的若干函数值,我们计算得各阶均差列于表 4.2 中.

表 4.2

i	x_i	$f[x_i]$	$f[x_{i-1}, x_i]$	$f[x_{i-2}, x_{i-1}, x_i]$	$f[x_{i-3}, \cdots, x_i]$	$f[x_{i-4}, \cdots, x_i]$
0	1.0	0.7651977				
1	1.3	0.6200860	−0.4837057			
2	1.6	0.4554022	−0.5489460	−0.1087339		
3	1.9	0.2818186	−0.5786120	−0.0494433	0.0658784	
4	2.2	0.1103623	−0.5715210	0.0118183	0.0680685	0.0018251

据(3.8)式,得到

$$N_4(x) = 0.7651977 - 0.4837057(x - 1.0) - 0.1087339(x - 1.0)(x - 1.3)$$
$$+ 0.0658784(x - 1.0)(x - 1.3)(x - 1.6)$$

$$+0.0018251(x-1.0)(x-1.3)(x-1.6)(x-1.9).$$

于是,容易计算得

$$f(1.5)\simeq N_4(1.5)=0.5118200,$$

$$|f(1.5)-N_4(1.5)|\simeq 7.7\times 10^{-6}.$$

现在,为了计算 Newton 插值多项式的系数中各阶均差,我们记

$$Q_{i,0}=f(x_i),\quad i=0,1,2,\cdots,n,$$

$$Q_{i,j}=f[x_{i-j},x_{i-j+1},\cdots,x_i],\quad i=1,2,\cdots,n,j=1,2,\cdots,i,$$

则

$$Q_{i,j}=\frac{Q_{i,j-1}-Q_{i-1,j-1}}{x_i-x_{i-j}},\quad i=1,2,\cdots,n,j=1,2,\cdots,i,$$

以及

$$f[x_0,x_1,\cdots,x_i]=Q_{i,i},\quad i=1,2,\cdots,n.$$

于是,(3.8)式又可写成

$$\begin{aligned}N_n(x)=&\ Q_{0,0}+Q_{1,1}(x-x_0)+Q_{2,2}(x-x_0)(x-x_1)+\cdots\\&+Q_{n,n}(x-x_0)(x-x_1)\cdots(x-x_{n-1})\\=&\ Q_{0,0}+(x-x_0)(Q_{11}+(x-x_1)(Q_{22}\\&+\cdots(Q_{n-1,n-1}+(x-x_{n-1})Q_{nn})\cdots).\end{aligned}$$

算法 4.1　用 Newton 均差插值多项式求函数 $f(x)$在 x 的近似值.

输入　数 $x_0,x_1\cdots,x_n,x$;函数值 $f(x_0),f(x_1),\cdots,f(x_n)$作为 Q 的第一列元素 $Q_{0,0},Q_{1,0},\cdots,Q_{n,0}$.

输出　$f(x)$的近似值 b_0.

step 1　对 $i=1,2,\cdots,n$ 做

对 $j=1,2,\cdots,i$

$$Q_{i,j}\leftarrow\frac{Q_{i,j-1}-Q_{i-1,j-1}}{x_i-x_{i-j}}.$$

step 2　$b_n\leftarrow Q_{n,n}$.

step 3　对 $k=n,n-1,\cdots,1$

$$b_{k-1}\leftarrow Q_{k-1,k-1}+b_k(x-x_{k-1}).$$

step 4　输出(b_0);

停机.

4.4　有限差与等距点的插值公式

前面,我们假设插值基点 $x_0,x_1,\cdots,x_n$ 是任意给定的互异点,即不要求它们

按大小顺序排列,也不要求它们的间隔相等.这一节,我们讨论等距基点的情形,例如,基点为

$$x_0 < x_1 < \cdots < x_{n-1} < x_n,$$

其中 $x_i - x_{i-1} = h, i = 1,2,\cdots,n, h$ 为正常数.这时,插值公式将得到简化.为此,先介绍有限差的一些基本知识.

4.4.1 有限差

我们分别称

$$\Delta f(x) = f(x+h) - f(x),$$

$$\nabla f(x) = f(x) - f(x-h),$$

$$\delta f(x) = f\left(x + \frac{h}{2}\right) - f\left(x - \frac{h}{2}\right)$$

为函数 $f(x)$在点 x 的**一阶向前差分**,**一阶向后差分**和**一阶中心差分**,或者分别简称为**一阶前差**,**一阶后差**和**一阶中心差**,统称为(一阶)**有限差**,其中 $h(>0)$表示自变量蹬有限增量,称为**步长**.Δ, ∇ 和 δ 分别称为(一阶)**前差算子**,(一阶)**后差算子**和(一阶)**中差算子**,统称为(一阶)**有限差算子**.仿此,我们可以定义高阶有限差,例如,二阶前差记作 $\Delta^2 f(x)$,定义为

$$\Delta^2 f(x) = \Delta[\Delta f(x)] = \Delta f(x+h) - \Delta f(x).$$

于是,我们有

$$\Delta^2 f(x) = f(x+2h) - 2f(x+h) + f(x).$$

n 阶前差记作 $\Delta^n f(x)$,定义为

$$\Delta^n f(x) = \Delta[\Delta^{n-1} f(x)] = \Delta^{n-1} f(x+h) - \Delta^{n-1} f(x).$$

同样,二阶后差$\nabla^2 f(x)$和 n 阶后差$\nabla^n f(x)$分别定义为

$$\nabla^2 f(x) = \nabla[\nabla f(x)] = \nabla f(x) - \nabla f(x-h)$$

和

$$\nabla^n f(x) = \nabla[\nabla^{n-1} f(x)] = \nabla^{n-1} f(x) - \nabla^{n-1} f(x-h).$$

二阶中心差 $\delta^2 f(x)$和 n 阶中心差$\delta^n f(x)$分别定义为

$$\delta^2 f(x) = \delta[\delta f(x)] = \delta f\left(x + \frac{h}{2}\right) - \delta f\left(x - \frac{h}{2}\right)$$

和

$$\delta^n f(x) = \delta[\delta^{n-1} f(x)] = \delta^{n-1} f\left(x + \frac{h}{2}\right) - \delta^{n-1} f\left(x - \frac{h}{2}\right).$$

我们规定

$$\Delta^0 f(x) = f(x), \quad \nabla^0 f(x) = f(x), \quad \delta^0 f(x) = f(x).$$

例 1 函数 $f(x) = x^3 - 2x^2 + 7x - 5$ 的各阶前差见表 4.3($h = 1$).

表 4.3

i	x_i	$f(x_i)$	Δf	$\Delta^2 f$	$\Delta^3 f$	$\Delta^4 f$
0	0	−5				
			6			
1	1	1		2		
			8		6	
2	2	9		8		0
			16		6	
3	3	25		14		
			30			
4	4	55				

从表 4.3 不难看出，

$$\Delta f(x_0)=\Delta f(0)=6,\Delta^2 f(x_0)=2,\Delta^3 f(x_0)=6,\Delta^4 f(x_0)=0.$$

$f(x)$的各阶后差见表 4.4($h=1$). 从表 4.4 看出，

$$\nabla f(x_0)=\nabla f(4)=30,\nabla^2 f(x_0)=14,\nabla^3 f(x_0)=6,\nabla^4 f(x_0)=0.$$

在表 4.5 中列出 $f(x)$的各阶中心差：

$$\delta f\left(x_{-1}-\frac{h}{2}\right)=6,\quad \delta f\left(x_0-\frac{h}{2}\right)=8,\quad \delta f\left(x_0+\frac{h}{2}\right)=16,\quad \delta f\left(x_1+\frac{h}{2}\right)=30;$$

$$\delta^2 f(x_{-1})=2,\quad \delta^2 f(x_0)=8,\quad \delta^2 f(x_1)=14;$$

$$\delta^3 f\left(x_0-\frac{h}{2}\right)=6,\quad \delta^3 f\left(x_0+\frac{h}{2}\right)=6;$$

$$\delta^4 f(x_0)=0.$$

表 4.4

i	x_i	$f(x_i)$	∇f	$\nabla^2 f$	$\nabla^3 f$	$\nabla^4 f$
−4	0	−5				
			6			
−3	1	1		2		
			8		6	
−2	2	9		8		0
			16		6	
−1	3	25		14		
			30			
0	4	55				

表 4.5

i	x_i	$f(x_i)$	δf	$\delta^2 f$	$\delta^3 f$	$\delta^4 f$
−2	0	−5				
			6			
−1	1	1		2		
			8		6	
0	2	9		8		0
			16		6	
1	3	25		14		
			30			
2	4	55				

有限差有下列一些性质:

(1) 常数的有限差恒为零.

(2) 有限差算子为线性算子,即对任意的实数 α,β 恒有

$$\Delta(\alpha f(x)+\beta g(x))=\alpha\Delta f(x)+\beta\Delta g(x),$$
$$\nabla(\alpha f(x)+\beta g(x))=\alpha\nabla f(x)+\beta\nabla g(x),$$
$$\delta(\alpha f(x)+\beta g(x))=\alpha\delta f(x)+\beta\delta g(x).$$

(3) 用函数值表示高阶有限差:

$$\Delta^n f(x)=\sum_{i=0}^{n}(-1)^i C_n^i f(x+(n-i)h), \tag{4.1}$$

$$\nabla^n f(x)=\sum_{i=0}^{n}(-1)^i C_n^i f(x-ih), \tag{4.2}$$

$$\delta^n f(x)=\sum_{i=0}^{n}(-1)^i C_n^i f\left(x+\left(\frac{n}{2}-i\right)h\right), \tag{4.3}$$

其中

$$C_n^i=\frac{n(n-1)\cdots(n-i+1)}{i!}.$$

这些公式都可用数学归纳法来证明.现证明公式(4.1).当 $n=1$ 时,

$$\Delta f(x)=f(x+h)-f(x),$$

(4.1)式成立.设 $n=k-1$ 时,(4.1)式也成立,即有

$$\begin{aligned}\Delta^{k-1}f(x)&=\sum_{i=0}^{k-1}(-1)^i C_{k-1}^i f(x+(k-i-1)h)\\&=f(x+(k-1)h)-C_{k-1}^1 f(x+(k-2)h)+\cdots\\&\quad+(-1)^{i-1}C_{k-1}^{i-1}f(x+(k-i)h)+\cdots+(-1)^{k-1}f(x);\end{aligned}$$

$$\begin{aligned}\Delta^{k-1}f(x+h)&=\sum_{i=0}^{k-1}(-1)^i C_{k-1}^i f(x+(k-i)h)\\&=f(x+kh)-C_{k-1}^1 f(x+(k-1)h)+\cdots\\&\quad+(-1)^i C_{k-1}^i f(x+(k-i)h)+\cdots+(-1)^{k-1}f(x+h).\end{aligned}$$

因此

$$\begin{aligned}\Delta^k f(x)&=\Delta[\Delta^{k-1}f(x)]=\Delta^{k-1}f(x+h)-\Delta^{k-1}f(x)\\&=f(x+kh)+(-1)(C_{k-1}^0+C_{k-1}^1)f(x+(k-1)h)+\cdots\\&\quad+(-1)^i(C_{k-1}^{i-1}+C_{k-1}^i)f(x+(k-i)h)+\cdots+(-1)^k f(x).\end{aligned}$$

再由 $C_{k-1}^{i-1}+C_{k-1}^i=C_k^i$,可得

$$\begin{aligned}\Delta^k f(x)&=f(x+kh)+(-1)C_k^1 f(x+(k-1)h)+\cdots\\&\quad+(-1)^i C_k^i f(x+(k-i)h)+\cdots+(-1)^k f(x).\end{aligned}$$

因此(4.1)式对 $n=k$ 亦成立.(4.1)式得证.

(4) 若 $f(x)$是 n 次多项式,则

$$\Delta^k f(x)=\begin{cases}(n-k)\text{次多项式}, & k<n;\\ n!a_n h^n, & k=n;\\ 0, & k>n,\end{cases}$$

其中 a_n 是$f(x)$的首项系数.

(5) 用有限差表示函数值:

$$f(x+nh)=\sum_{i=0}^{n}C_n^i\Delta^i f(x). \tag{4.4}$$

证明 用归纳法来证明.当 $n=1$ 时,

$$f(x+h)=f(x)+\Delta f(x),$$

因此(4.4)式成立.设 $n=k$ 时,(4.4)式也成立,即有

$$\begin{aligned}f(x+kh)&=\sum_{i=0}^{n}C_k^i\Delta^i f(x)\\ &=f(x)+C_k^1\Delta f(x)+\cdots+C_k^{i-1}\Delta^{i-1}f(x)+C_k^i\Delta^i f(x)+\cdots+\Delta^k f(x),\end{aligned}$$

因此

$$\begin{aligned}f(x+(k+1)h)&=f(x+kh)+\Delta f(x+kh)\\ &=f(x)+C_k^1\Delta f(x)+\cdots+C_k^{i-1}\Delta^{i-1}f(x)+C_k^i\Delta^i f(x)+\cdots\\ &\quad+\Delta^k f(x)+\Delta f(x)+\cdots+C_k^{i-1}\Delta^i f(x)\\ &\quad+C_k^i\Delta^{i+1}f(x)+\cdots+\Delta^{k+1}f(x)\\ &=f(x)+(C_k^1+C_k^0)\Delta f(x)+\cdots\\ &\quad+(C_k^i+C_k^{i-1})\Delta^i f(x)+\cdots+\Delta^{k+1}f(x)\\ &=f(x)+C_{k+1}^1\Delta f(x)+\cdots+C_{k+1}^i\Delta^i f(x)+\cdots+\Delta^{k+1}f(x).\end{aligned}$$

故(4.4)式对 $n=k+1$ 亦成立.(4.4)式得证.

假设基点 $x_0,x_1,\cdots,x_n$ 为等距的,即有 $x_i-x_{i-1}=h,i=1,2,\cdots,n$,则函数 $f(x)$的均差与有限差有如下关系:

$$f[x_0,x_1,\cdots,x_n]=\frac{\Delta^n f(x_0)}{n!h^n}, \tag{4.5}$$

$$f[x_0,x_1,\cdots,x_n]=\frac{\nabla^n f(x_n)}{n!h^n}. \tag{4.6}$$

现在用归纳法证明(4.5)式.当 $n=1$ 时

$$f[x_0,x_1]=\frac{f(x_1)-f(x_0)}{x_1-x_0}=\frac{\Delta f(x_0)}{h},$$

因此(4.5)式成立..现设 $n=k-1$ 时(4.5)式成立,即有

$$f[x_0,x_1,\cdots,x_{k-1}]=\frac{\Delta^{k-1}f(x_0)}{(k-1)!h^{k-1}},$$

$$f[x_1,x_2,\cdots,x_k]=\frac{\Delta^{k-1}f(x_1)}{(k-1)!h^{k-1}}.$$

于是

$$\begin{aligned}f[x_0,x_1,\cdots,x_k]&=\frac{f[x_1,x_2,\cdots,x_k]-f[x_0,x_1,\cdots,x_{k-1}]}{x_k-x_0}\\&=\frac{\Delta^{k-1}f(x_1)-\Delta^{k-1}f(x_0)}{(k-1)!h^{k-1}kh}\\&=\frac{\Delta^kf(x_0)}{k!h^k}.\end{aligned}$$

从而(4.5)式对 $n=k$ 亦成立.(4.5)式得证.

我们记

$$x^{(n)}=x(x-1)\cdots(x-n+1),$$

其中 n 为正整数. $x^{(n)}$是 x 的n 次多项式,称为**阶乘多项式**.它在有限差理论、级数求和等方面有着重要的作用(参见[16]).若取步长 $h=1$,则 $x^{(n)}$的一阶前差

$$\begin{aligned}\Delta x^{(n)}&=(x+1)^{(n)}-x^{(n)}\\&=(x+1)(x+1-1)\cdots(x+1-n+1)-x(x-1)\cdots(x-n+1)\\&=nx(x-1)\cdots(x-n+2)\\&=nx^{(n-1)},\quad n>1.\end{aligned}$$

例如 $x^{(3)}=x(x-1)(x-2)$, $\Delta x^{(3)}=3x^{(2)}=3x(x-1)$, $x^{(n)}$的二阶前差

$$\Delta^2x^{(n)}=\Delta(\Delta x^{(n)})=\Delta(nx^{(n-1)})=n(n-1)x^{(n-2)},\quad n>2.$$

$x^{(n)}$的 n 阶前差 $\Delta^nx^{(n)}=n!$,而 $\Delta^{n+1}x^{(n)}=0$.

从阶乘多项式的定义可以得到简单的递归式

$$x^{(n+1)}=(x-n)x^{(n)}.$$

于是有

$$x^{(n)}=\frac{x^{(n+1)}}{x-n}.$$

这样,我们可将阶乘多项式推广到 $n=0,-1,-2,\cdots$的情形.例如

$$x^{(0)}=1,x^{(-1)}=\frac{x^{(0)}}{x+1}=\frac{1}{x+1}=\frac{1}{(x+1)^{(1)}},$$

$$x^{(-2)}=\frac{x^{(-1)}}{x+2}=\frac{1}{(x+2)(x+1)}=\frac{1}{(x+2)^{(2)}},$$

一般地,

$$x^{(-n)}=\frac{1}{(x+n)^{(n)}}.$$

阶乘多项式又称**阶乘函数**.不难验证,前差

$$\Delta x^{(n)} = n x^{(n-1)}$$

对于所有整数 n 都成立.例如

$$\Delta x^{(-1)} = -x^{(-2)} = \frac{-1}{(x+1)(x+2)}.$$

4.4.2 Newton 前差和后差插值公式

设函数 $y = f(x)$ 在等距基点

$$x_0 < x_1 < \cdots < x_n$$

处的函数值分别为

$$f(x_0), f(x_1), \cdots, f(x_n),$$

其中 $x_i - x_{i-1} = h, i = 1, 2, \cdots, n$.我们要计算 $f(x)$ 在插值点 x 的近似值.

如果 x 在基点 $x_0(x > x_0)$ 的附近,自然,将基点按其与插值点 x 的近远顺序排列,即按 $x_0, x_1, \cdots, x_n$ 的顺序排列.将均差与前差的关系式(4.5)式代入Newton插值公式(3.12)得

$$f(x) = f(x_0) + \frac{x - x_0}{h}\Delta f(x_0) + \frac{(x-x_0)(x-x_1)}{2!h^2}\Delta^2 f(x_0) + \cdots + \frac{(x-x_0)(x-x_1)\cdots(x-x_{n-1})}{n!h^n}\Delta^n f(x_0) + r_n(x), \tag{4.7}$$

其中

$$r_n(x) = \frac{f^{(n+1)}(\xi)}{(n+1)!} w_{n+1}(x), \quad x_0 < \xi < x_n,$$

再作变换

$$x = x_0 + sh,$$

则

$$x_i = x_0 + ih, \quad x - x_i = (s - i)h, \quad i = 0, 1, \cdots, n.$$

于是,(4.7)式可写成

$$\begin{aligned} f(x) &= f(x_0 + sh) \\ &= f(x_0) + s\Delta f(x_0) + \frac{s(s-1)}{2!}\Delta^2 f(x_0) + \cdots + \frac{s(s-1)\cdots(s-n+1)}{n!}\Delta^n f(x_0) \\ &\quad + \frac{s(s-1)\cdots(s-n)}{(n+1)!} h^{n+1} f^{(n+1)}(\xi), \quad x_0 < \xi < x_n. \end{aligned} \tag{4.8}$$

记

$$\binom{s}{k} = \frac{s^{(k)}}{k!} = \frac{s(s-1)\cdots(s-k+1)}{k!},$$

则(4.8)式又可写成

$$\begin{aligned} f(x) &= f(x_0+sh) \\ &= f(x_0)+\sum_{k=1}^{n}\binom{s}{k}\Delta^k f(x_0)+\binom{s}{n+1}h^{n+1}f^{(n+1)}(\xi), \quad x_0<\xi<x_n. \end{aligned} \tag{4.9}$$

(4.8)或(4.9)称为**带余项的 Newton 前差插值公式**.

如果插值点 x 位于 x_n 的附近($x<x_n$),那么将基点按 $x_n, x_{n-1}, x_{n-2}, \cdots, x_0$ 的顺序排列.由均差的对称性以及(4.6)式,有

$$f[x_n,x_{n-1},\cdots,x_{n-r}]=f[x_{n-r},\cdots,x_{n-1},x_n]=\frac{1}{r!h^r}\nabla^r f(x_n).$$

将它代入 Newton 插值公式

$$\begin{aligned} f(x)=&f(x_n)+f[x_n,x_{n-1}](x-x_n)+f[x_n,x_{n-1},x_{n-2}](x-x_n)(x-x_{n-1})+\cdots \\ &+f[x_n,x_{n-1},\cdots,x_1,x_0](x-x_n)(x-x_{n-1})\cdots(x-x_1)+r_n(x) \end{aligned}$$

得

$$\begin{aligned} f(x)=&f(x_n)+\frac{(x-x_n)}{h}\nabla f(x_n) \\ &+\frac{(x-x_n)(x-x_{n-1})}{2!h^2}\nabla^2 f(x_n)+\cdots \\ &+\frac{(x-x_n)(x-x_{n-1})\cdots(x-x_1)}{n!h^n}\nabla^n f(x_n)+r_n(x). \end{aligned}$$

再作变换

$$x=x_n+th,$$

可得

$$\begin{aligned} f(x)=f(x_n+th)=&f(x_n)+t\,\nabla f(x_n)+\frac{t(t+1)}{2}\nabla^2 f(x_n)+\cdots \\ &+\frac{t(t+1)\cdots(t+n-1)}{n!}\nabla^n f(x_n)+r_n(x), \end{aligned} \tag{4.10}$$

其中

$$r_n(x)=\frac{t(t+1)\cdots(t+n)}{(n+1)!}h^{n+1}f^{(n+1)}(\xi), \quad x_0<\xi<x_n.$$

通常称(4.10)为**带余项的 Newton 后差插值公式**.

若记

$$\binom{-t}{k}=\frac{-t(-t-1)\cdots(-t-k+1)}{k!},$$

则

$$\binom{-t}{k}=(-1)^k\frac{t(t+1)\cdots(t+k-1)}{k!},$$

且

$$f(x)=f(x_n+th)=f(x_n)+(-1)\binom{-t}{1}\nabla f(x_n)+(-1)^2\binom{-t}{2}\nabla^2 f(x_n)$$
$$+\cdots+(-1)^n\binom{-t}{n}\nabla^n f(x_n)+(-1)^{n+1}\binom{-t}{n+1}h^{n+1}f^{(n+1)}(\xi)$$
$$=f(x_n)+\sum_{k=1}^{n}(-1)^k\binom{-t}{k}\nabla^k f(x_n)+(-1)^{n+1}\binom{-t}{n+1}h^{n+1}f^{(n+1)}(\xi),$$
$$x_0<\xi<x_n. \tag{4.11}$$

如果插值点位于诸插值基点的中部,我们可以利用中心差构造 **Stirling 插值公式**,**Bessel 插值公式**等.这些公式主要是用高精度的函数表插值,然而随着计算机的广泛使用,现在已经很少需要了,因此我们就不作介绍.

例 2　我们仍然考虑 4.2 节例 3 所给出的 Bessel 函数的函数值.假设要计算 $f(1.1)$的近似值.首先列出前差表(表 4.6):

表 4.6

i	x_i	$f(x_i)$	$\Delta f(x_i)$	$\Delta^2 f(x_i)$	$\Delta^3 f(x_i)$	$\Delta^4 f(x_i)$
0	1.0	0.7651977				
			−0.1451117			
1	1.3	0.6200860		−0.0195721		
			−0.1646838		0.0106723	
2	1.6	0.4554022		−0.0088998		0.0003548
			−0.1735836		0.0110271	
3	1.9	0.2818186		0.0021273		
			−0.1714563			
4	2.2	0.1103623				

由于 $x=1.1$ 位于基点 $x_0=1.0$ 的附近,因此我们应用 Newton 前差插值公式来计算 $f(1.1)$的近似值.据(4.8)式,我们有

$$f(1.1)=f\left(1.0+\frac{1}{3}(0.3)\right)$$
$$\simeq 0.7651977+\frac{1}{3}\times(-0.145117)+\frac{1}{2}\times\left(\frac{1}{3}\right)\left(\frac{1}{3}-1\right)(-0.0195721)$$
$$+\frac{1}{6}\times\left(\frac{1}{3}\right)\left(\frac{1}{3}-1\right)\left(\frac{1}{3}-2\right)(0.0106723)$$
$$+\frac{1}{24}\times\left(\frac{1}{3}\right)\left(\frac{1}{3}-1\right)\left(\frac{1}{3}-2\right)\left(\frac{1}{3}-3\right)(0.0003548)$$
$$=0.7196480.$$

假如我们要计算 $f(2.0)$的近似值.由于 $x=2.0$ 位于基点 $x_4=2.2$ 附近,因此我们应用 Newton 后差插值公式.从表 4.6 可以得到

$$\nabla f(2.2)=-0.1714563,\qquad \nabla^2 f(2.2)=0.0021273,$$
$$\nabla^3 f(2.2)=0.0110271,\qquad \nabla^4 f(2.2)=0.0003548.$$

因此,据(4.10)式

$$
\begin{aligned}
f(2.0) &= f\left(2.2-\frac{2}{3}(0.3)\right) \\
&\simeq 0.1103623-\frac{2}{3}\times(-0.1714563)+\frac{1}{2}\times\left(-\frac{2}{3}\right)\left(-\frac{2}{3}+1\right)(0.0021273) \\
&\quad+\frac{1}{6}\times\left(-\frac{2}{3}\right)\left(-\frac{2}{3}+1\right)\left(-\frac{2}{3}+2\right)(0.0110271) \\
&\quad+\frac{1}{24}\times\left(-\frac{2}{3}\right)\left(-\frac{2}{3}+1\right)\left(-\frac{2}{3}+2\right)\left(-\frac{2}{3}+3\right)(0.0003548) \\
&= 0.2238751.
\end{aligned}
$$

4.5 Hermite 插值公式

前面介绍的插值公式,都只要求插值多项式在插值基点处取给定的函数值.在实际问题中,有时不仅要求插值多项式 $p(x)$ 与函数 $f(x)$ 在插值基点 x_0, $x_1,\cdots,x_n$ 上的值相等,即

$$p(x_i)=f(x_i),\quad i=0,1,\cdots,n,$$

而且还要求在 x_i 处有若干阶导数相等,即

$$
\begin{gathered}
p'(x_0)=f'(x_0),\cdots,p^{(m_0)}(x_0)=f^{(m_0)}(x_0), \\
p'(x_1)=f'(x_1),\cdots,p^{(m_1)}(x_1)=f^{(m_1)}(x_1), \\
\cdots\cdots\cdots\cdots \\
p'(x_n)=f'(x_n),\cdots,p^{(m_n)}(x_n)=f^{(m_n)}(x_n).
\end{gathered}
$$

其中 $m_i(i=0,1,\cdots,n)$ 皆为正整数.这类问题称为 **Hermite 插值问题**.

例 1 求函数 $f(x)$ 的一个插值多项式 $p(x)$,使它满足条件:

$$p(x_0)=f(x_0),\quad p(x_1)=f(x_1),\quad p'(x_0)=f'(x_0).$$

解 根据所要求满足的条件可以确定一个不高于二次的多项式,设它为

$$p(x)=f(x_0)+f'(x_0)(x-x_0)+a(x-x_0)^2.$$

显然,它满足条件:

$$p(x_0)=f(x_0),\quad p'(x_0)=f'(x_0).$$

再由条件 $p(x_1)=f(x_1)$,可以确定

$$a=[f(x_1)-f(x_0)-f'(x_0)(x_1-x_0)]\frac{1}{(x_1-x_0)^2}.$$

于是得到

$$p(x)=f(x_0)+f'(x_0)(x-x_0)+[f(x_1)-f(x_0)-f'(x_0)(x_1-x_0)]\frac{(x-x_0)^2}{(x_1-x_0)^2}.$$

它便是所要求的多项式.

这一节,我们不考虑 Hermite 插值的一般情形,只讨论下面的特殊情形.

假设函数 $f(x)$在插值基点 $x_0,x_1,\cdots,x_n$ 处的函数值分别为

$$f(x_0),f(x_1),\cdots,f(x_n)$$

以及一阶导数值分别为

$$f'(x_0),f'(x_1),\cdots,f'(x_n).$$

要求一个插值多项式 $H_{2n+1}(x)\in R[x]_{2n+2}$,使它满足条件:

$$\begin{aligned} H_{2n+1}(x_i)&=f(x_i), \\ H'_{2n+1}(x_i)&=f'(x_i), \end{aligned}\quad i=0,1,\cdots,n. \tag{5.1}$$

从几何上来看,就是要求插值多项式 $H_{2n+1}(x)$与求插函数 $f(x)$在 $n+1$ 个基点有公共切线.

仿照 Lagrange 插值多项式的构造方法,我们令

$$H_{2n+1}(x)=\sum_{i=0}^{n}f(x_i)A_i(x)+\sum_{i=0}^{n}f'(x_i)B_i(x), \tag{5.2}$$

其中 $A_i(x),B_i(x)$皆为 $2n+1$ 次多项式($i=0,1,\cdots,n$).如果 $A_i(x),B_i(x)$分别满足条件:

$$A_i(x_j)=\delta_{ij},\quad A'_i(x_j)=0,\quad i,j=0,1,\cdots,n \tag{5.3}$$

和

$$B_i(x_j)=0,\quad B'_i(x_j)=\delta_{ij},\quad i,j=0,1,\cdots,n, \tag{5.4}$$

其中

$$\delta_{ij}=\begin{cases}1, & i=j;\\ 0, & i\neq j,\end{cases}$$

那么,显然 $H_{2n+1}(x)$满足条件(5.1).于是 $H_{2n+1}(x)$就是所要求的插值多项式.

首先,我们来确定 $B_i(x)$.由条件(5.4)知,$x_0,x_1,\cdots,x_{i-1},x_{i+1},\cdots,x_n$ 都是 $B_i(x)$的二重根,x_i 是 $B_i(x)$的一个单根.于是

$$B_i(x)=\beta_i(x-x_i)(x-x_0)^2(x-x_1)^2\cdots(x-x_{i-1})^2(x-x_{i+1})^2\cdots(x-x_n)^2.$$

因为 $B'_i(x_i)=1$,所以

$$\beta_i=\frac{1}{(x_i-x_0)^2\cdots(x_i-x_{i-1})^2(x_i-x_{i+1})^2\cdots(x_i-x_n)^2}.$$

故得

$$\begin{aligned} B_i(x)&=\frac{(x-x_0)^2\cdots(x-x_{i-1})^2(x-x_i)(x-x_{i+1})^2\cdots(x-x_n)^2}{(x_i-x_0)^2\cdots(x_i-x_{i-1})^2(x_i-x_{i+1})^2\cdots(x_i-x_n)^2}\\ &=(x-x_i)l_i^2(x). \end{aligned} \tag{5.5}$$

其次,我们来确定 $A_i(x)$,由条件(5.3)知,$x_0,x_1,\cdots,x_{i-1},x_{i+1},\cdots,x_n$ 都是

$A_i(x)$的二重根. 因此可令

$$A_i(x)=\beta_i(ax+b)(x-x_0)^2\cdots(x-x_{i-1})^2(x-x_{i+1})^2\cdots(x-x_n)^2.$$

据条件 $A_i(x_i)=1$ 和 $A_i'(x_i)=0$ 知

$$\begin{cases}1 = ax_i + b,\\ a + (ax_i + b)\sum\limits_{\substack{j=0\\ \neq i}}^{n}\dfrac{2}{x_i - x_j} = 0.\end{cases}$$

解得

$$a = -\sum_{\substack{j=0\\ \neq i}}^{n}\frac{2}{x_i - x_j},$$

$$b = 1 + 2x_i\sum_{\substack{j=0\\ \neq i}}^{n}\frac{1}{x_i - x_j}.$$

将它们代入 $A_i(x)$的表达式得

$$A_i(x) = \left\{1 - 2(x - x_i)\sum_{\substack{j=0\\ \neq i}}^{n}\frac{1}{x_i - x_j}\right\}l_i^2(x). \tag{5.6}$$

将(5.5),(5.6)代入(5.2)式,即得到所要求的插值多项式 $H_{2n+1}(x)$,通常称为 **Hermite 插值多项式**.

满足条件(5.1)的插值多项式 $H_{2n+1}(x)\in R[x]_{2n+2}$是唯一的. 事实上,设另有一个多项式 $p(x)\in R[x]_{2n+2}$也满足条件(5.1). 令

$$q(x)=H_{2n+1}(x)-p(x).$$

则 $q(x)\in R[x]_{2n+2}$, $x_0,x_1,\cdots,x_n$ 都是 $q(x)$的二重根,从而 $q(x)$至少有 $2n+2$ 个根. 但不高于 $2n+1$ 次的多项式不可能有 $2n+2$ 个根,因此 $q(x)$只能是零多项式.

综合上述,我们得到下面的定理.

定理 假设函数 $f(x)$在区间$[a,b]$上连续可导, $x_0,x_1,\cdots,x_n\in[a,b]$是互异的,那么存在唯一的多项式 $H_{2n+1}(x)\in R[x]_{2n+2}$满足条件(5.1). $H_{2n+1}(x)$可以表示成

$$\begin{aligned}H_{2n+1}(x) = &\sum_{i=0}^{n}f(x_i)[1-2(x - x_i)l_i'(x_i)]l_i^2(x)\\ &+\sum_{i=0}^{n}f'(x_i)(x - x_i)l_i^2(x),\end{aligned} \tag{5.7}$$

其中

$$l_i(x) = \prod_{\substack{j=0\\ j\neq i}}^{n}\frac{(x - x_j)}{(x_i - x_j)},\quad i = 0,1,\cdots,n,$$

$$l_i'(x_i) = \sum_{\substack{j=0\\ \neq i}}^{n}\frac{1}{x_i - x_j},\quad i = 0,1,\cdots,n.$$

进一步假设 $f(x)$在$[a,b]$上具有 $2n+1$ 阶连续导数,在(a,b)内存在 $2n+2$ 导数,那么对于 $x\in[a,b]$必存在一点 $\xi\in(a,b)$使得

$$f(x)-H_{2n+1}(x)=\frac{w_{n+1}^2(x)}{(2n+2)!}f^{(2n+2)}(\xi), \tag{5.8}$$

其中

$$w_{n+1}(x)=(x-x_0)(x-x_1)\cdots(x-x_n).$$

证明 前面已经证明了 Hermite 插值多项式 $H_{2n+1}(x)$的存在唯一性以及表达式(5.7).现在,我们来证明(5.8)式.记

$$r(x)=f(x)-H_{2n+1}(x).$$

据条件(5.1)知,$r(x)$有 $n+1$ 个二重零点 $x_0,x_1,\cdots,x_n$,于是可设

$$r(x)=K(x)(x-x_0)^2(x-x_1)^2\cdots(x-x_n)^2=K(x)w_{n+1}^2(x), \tag{5.9}$$

从而有

$$f(x)=H_{2n+1}(x)+K(x)w_{n+1}^2(x).$$

为了确定 $K(x)$,引进辅助函数

$$F(t)=f(t)-H_{2n+1}(t)-K(x)w_{n+1}^2(t).$$

显然,我们有

$$F(x_i)=0,\quad F'(x_i)=0,\quad i=0,1,\cdots,n$$

以及

$$F(x)=0.$$

因此 $F(t)$在$[a,b]$上至少有 $n+1$ 个二重零点 $x_0,x_1,\cdots,x_n$ 和一个单零点x.由 Rolle 定理知,$F'(t)$在 $x,x_0,x_1,\cdots,x_n$ 之间至少有 $n+1$ 零点,且 $x_0,x_1,\cdots,x_n$ 仍然是 $F'(t)$的零点,因此 $F'(t)$在(a,b)内至少有 $2n+2$ 个互异零点.同理,$F''(t)$在(a,b)内至少有 $2n+1$ 个互异零点,…,等等,最后,$F^{(2n+2)}(t)$在(a,b)内至少有一个零点 ξ,即

$$F^{(2n+2)}(\xi)=0,\quad a<\xi<b.$$

于是

$$F^{(2n+2)}(\xi)=f^{(2n+2)}(\xi)-K(x)(2n+2)!=0.$$

因而

$$K(x)=\frac{1}{(2n+2)!}f^{(2n+2)}(\xi).$$

将它代入(5.9)式,即证得(5.8)式.

我们称

$$f(x)=H_{2n+1}(x)+\frac{f^{(2n+2)}(\xi)}{(2n+2)!}w_{n+1}^2(x),\quad a<\xi<b \tag{5.10}$$

为**带余项的 Hermite 插值公式**.

例 2 假设函数 $f(x)$在 $x_0=1.3, x_1=1.6, x_2=1.9$ 的函数值及导数值如下：

k	x_k	$f(x_k)$	$f'(x_k)$
0	1.3	0.6200860	−0.5220232
1	1.6	0.4554022	−0.5698959
2	1.9	0.2818186	−0.5811571

应用 Hermite 插值求 $f(1.5)$的近似值.

解 首先,我们来计算 Lagrange 基本插值多项式及其导数:

$$l_0(x)=\frac{(x-x_1)(x-x_2)}{(x_0-x_1)(x_0-x_2)}=\frac{50}{9}x^2-\frac{175}{9}x+\frac{152}{9},$$

$$l_0'(x)=\frac{100}{9}x-\frac{175}{9};$$

$$l_1(x)=\frac{(x-x_0)(x-x_2)}{(x_1-x_0)(x_1-x_2)}=\frac{-100}{9}x^2+\frac{320}{9}x-\frac{247}{9},$$

$$l_1'(x)=\frac{-200}{9}x+\frac{320}{9};$$

$$l_2(x)=\frac{(x-x_0)(x-x_1)}{(x_2-x_0)(x_2-x_1)}=\frac{50}{9}x^2-\frac{145}{9}x+\frac{104}{9},$$

$$l_2'(x)=\frac{100}{9}x-\frac{145}{9}.$$

其次,计算多项式 $A_i(x)$和 $B_i(x)(i=0,1,2)$:

$$A_0(x)=[1-2(x-1.3)(-5)]\left(\frac{50}{9}x^2-\frac{175}{9}x+\frac{152}{9}\right)^2$$

$$=(10x-12)\left(\frac{50}{9}x^2-\frac{175}{9}x+\frac{152}{9}\right)^2,$$

$$A_1(x)=1\cdot\left(\frac{-100}{9}x^2+\frac{320}{9}x-\frac{247}{9}\right)^2,$$

$$A_2(x)=10(2-x)\left(\frac{50}{9}x^2-\frac{145}{9}x+\frac{104}{9}\right)^2$$

和

$$B_0(x)=(x-1.3)\left(\frac{50}{9}x^2-\frac{175}{9}x+\frac{152}{9}\right)^2,$$

$$B_1(x)=(x-1.6)\left(\frac{-100^2}{9}+\frac{320}{9}x-\frac{247}{9}\right)^2,$$

$$B_2(x)=(x-1.9)\left(\frac{50}{9}x^2-\frac{145}{9}x+\frac{104}{9}\right)^2.$$

最后得到

$$H_5(x)=0.6200860A_0(x)+0.4554022A_1(x)+0.2818186A_2(x)$$
$$-0.5220232B_0(x)-0.5698959B_1(x)-0.5811571B_2(x),$$

且

$$f(1.5)\simeq H_5(1.5)=0.6200860\left(\frac{4}{27}\right)+0.4540022\left(\frac{64}{81}\right)+0.2818186\left(\frac{5}{81}\right)$$
$$-0.5220232\left(\frac{4}{405}\right)-0.5698959\left(\frac{-32}{405}\right)-0.5811571\left(\frac{-2}{405}\right)$$
$$=0.5118277.$$

4.6 样条插值方法

4.6.1 分段多项式插值

假设函数 $f(x)$在 $n+1$ 个点

$$a=x_1<x_2<\cdots<x_{n+1}=b$$

上的值已知分别为

$$f(x_1),f(x_2),\cdots,f(x_{n+1}).$$

前面我们讨论了如何构造一个不高于 n 次的插值多项式 $p_n(x)$来逼近于 $f(x)$的问题.我们已经指出,当插值基点很多时,使用高次插值多项式未必能够得到好的效果.这一节,我们介绍分段插值法,就是将插值区间分成若干个子区间,然后在每个子区间上使用低次插值多项式,例如线性插值多项式和抛物线插值多项式等,前者称为分段线性插值,后者称为分段抛物线插值.

若在每个子区间$[x_i,x_{i+1}]$上作线性插值,即取

$$g_{1,i}(x)=f(x_i)+f[x_i,x_{i+1}](x-x_i)$$

作为 $f(x)$在$[x_i,x_{i+1}]$上的近似表达式,$x\in[x_i,x_{i+1}]$,且令 $h_i=x_{i+1}-x_i$,$i=1,\cdots,n$,$h=\max\limits_{1\leqslant i\leqslant n}h_i$ 据(2.16)式,我们有误差估计

$$\max_{a\leqslant x\leqslant b}|f(x)-g_{1,i}(x)|\leqslant\frac{h^2}{8}M_2,$$

其中

$$M_2=\max_{a\leqslant x\leqslant b}|f''(x)|.$$

假设 n 为偶数,则可在每个子区间$[x_1,x_3]$,$[x_3,x_5]$,$\cdots$,$[x_{n-1},x_{n+1}]$上使用抛物线插值,即取

$$g_{2,i}=f(x_i)+f[x_i,x_{i+1}](x-x_i)+f[x_i,x_{i+1},x_{i+2}](x-x_i)(x-x_{i+1})$$

作为 $f(x)$在$[x_i,x_{i+2}]$上的近似表达式,$x\in[x_i,x_{i+2}]$.此时,据(2.15)式有

$$|f(x)-g_{2,i}(x)|\leqslant\frac{M_3}{3!}|(x-x_i)(x-x_{i+1})(x-x_{i+2})|,$$

其中

$$M_3=\max_{a\leqslant x\leqslant b}|f'''(x)|,$$

令 $h_i=x_{i+1}+x_i, i=1,\cdots,n, h=\max\limits_{1\leqslant i\leqslant n}h_i$.若 $x\in[x_i,x_{i+1}]$,则有

$$|(x-x_i)(x-x_{i+1})|\leqslant h_i^2/4,$$

且对这样的 x,有

$$|x-x_{i+2}|\leqslant h_i+h_{i+1}.$$

同此,若 $x\in[x_i,x_{i+1}]$,则有

$$|(x-x_i)(x-x_{i+1})(x-x_{i+2})|\leqslant\frac{h_i^2}{4}(h_i+h_{i+1})\leqslant\frac{h^3}{2}.$$

同理,对 $x\in[x_{i+1},x_{i+2}]$,有

$$|(x-x_i)(x-x_{i+1})(x-x_{i+2})|\leqslant\frac{h^3}{2}.$$

从而得到

$$\max_{a\leqslant x\leqslant b}|f(x)-g_{2,i}(x)|\leqslant\max_{1\leqslant i\leqslant n}\frac{M_3}{3!}\max_{x\in[x_i,x_{i+2}]}|(x-x_i)(x-x_{i+1})(x-x_{i+2})|\leqslant\frac{M_3}{12}h^3.$$

这说明分段抛物线插值的误差界较分段线性插值的小,对于等距基点的情形,还可得到一个更好一些的误差界(4.2 节例 5).

例 1 求[0,1]上等距基点的个数,使得双曲函数 $f(x)=\sinh x$ 在[0,1]上的分段抛物线插值的误差不超过 10^{-6}.

解 由于

$$f(x)=\sinh x=(e^x-e^{-x})/2,$$

因此

$$f'(x)=\cosh x,\quad f''(x)=\sinh x,\quad f'''(x)=\cosh x.$$

从而

$$\max_{0\leqslant x\leqslant 1}|f'''(x)|=\cosh 1\simeq 1.54308.$$

据 4.2 节例 5,

$$\max_{0\leqslant x\leqslant 1}|\sinh x-g_{2,i}(x)|\leqslant\frac{\sqrt{3}}{27}\max_{0\leqslant x\leqslant 1}|f'''(x)|h^3\leqslant\frac{\sqrt{3}}{27}(1.5431)h^3.$$

为使插值误差不超过 10^{-6},只要选取 $h(=1/n)$使上式右端小于 10^{-6}.解得 $h<2.16\times10^{-2}$.这样取 49 个基点可使误差不超过 10^{-6}.

4.6.2 三次样条插值

上面介绍的分段插值法有一个严重的缺点,就是会导致插值函数在子区间的端点(衔接点)处不光滑,即导数不连续.对一些实际问题,不但要求一阶导数连续,而且要求二阶导数连续.若用 Hermite 插值,则需知函数 $f(x)$在 $n+1$ 个基点处的

导数值.为了克服上述缺点,这一节我们考虑使用逐段表示成低次(如三次)多项式的光滑函数 $S(x)$作为 $f(x)$的插值函数.这将是我们要介绍的样条插值函数.

样条(spline)是绘图员用来描绘光滑曲线的一种简单工具.为了把一些指定点连接成一条光滑曲线,往往用一条富有弹性的细长材料,如木条(称为样条)把它们连接起来.样条函数就是对这样的曲线进行数学模拟得到的.

设 $f(x)$是区间$[a,b]$上的一个二次连续可微函数.在区间$[a,b]$上给定一组基点:

$$a=x_1<x_2<\cdots<x_{n+1}=b.$$

设函数

$$S(x)=\begin{cases} S_1(x), & x\in[x_1,x_2]; \\ \cdots\cdots \\ S_i(x), & x\in[x_i,x_{i+1}]; \\ \cdots\cdots \\ S_n(x), & x\in[x_n,x_{n+1}] \end{cases}$$

是二次连续可微的,$S_i(x)$都是一个不高于三次的多项式或零多项式,$i=1,2,\cdots,n$,且满足条件

$$S(x_j)=f(x_j),\quad j=1,\cdots,n+1, \tag{6.1}$$

则称 $S(x)$为函数 $f(x)$的**三次样条插值函数**,简称**三次样条**.

记 $m_i=S''(x_i)$,$f(x_i)=f_i$.根据三次样条的定义可知,$S(x)$的二阶导数 $S''(x)$在每一个子区间$[x_i,x_{i+1}]$$(i=1,\cdots,n)$上都是线性函数.于是在$[x_i,x_{i+1}]$上 $S(x)=S_i(x)$的二阶导数可表示成

$$S_i''(x)=m_i\frac{x_{i+1}-x}{h_i}+m_{i+1}\frac{x-x_i}{h_i},\quad x\in[x_i,x_{i+1}], \tag{6.2}$$

其中

$$h_i=x_{i+1}-x_i.$$

对 $S_i''(x)$连续积分两次得

$$S_i'(x)=-m_i\frac{(x_{i+1}-x)^2}{2h_i}+m_{i+1}\frac{(x-x_i)^2}{2h_i}+A_i, \tag{6.3}$$

$$S_i(x)=m_i\frac{(x_{i+1}-x)^3}{6h_i}+m_{i+1}\frac{(x-x_i)^3}{6h_i}+A_i(x-x_i)+B_i, \tag{6.4}$$

其中 A_i 和B_i 为积分常数.据(6.4)式和条件(6.1)得

$$m_i\frac{h_i^2}{6}+B_i=f_i,$$

$$m_{i+1}\frac{h_i^2}{6}+A_ih_i+B_i=f_{i+1}.$$

从而解得

$$B_i = f_i - m_i \frac{h_i^2}{6},$$

$$A_i = \frac{f_{i+1} - f_i}{h_i} - \frac{h_i}{6}(m_{i+1} - m_i).$$

将它们代入(6.3)和(6.4)式分别得

$$S_i'(x) = -m_i \frac{(x_{i+1} - x)^2}{2h_i} + m_{i+1}\frac{(x - x_i)^2}{2h_i} + f[x_i, x_{i+1}] - \frac{h_i}{6}(m_{i+1} - m_i) \tag{6.5}$$

和

$$S_i(x) = \frac{1}{h_i}\left[\frac{m_i}{6}(x_{i+1} - x)^3 + \frac{m_{i+1}}{6}(x - x_i)^3\right] + f_i + f[x_i, x_{i+1}](x - x_i) - \frac{h_i^2}{6}\left[(m_{i+1} - m_i)\frac{(x - x_i)}{h_i} + m_i\right]. \tag{6.6}$$

这两个式子表明 $S_i'(x)$和 $S_i(x)$可用未知量 m_i 和 m_{i+1}来表示. 于是,只要知道 m_i 和 m_{i+1},则 $S_i(x)$的表达式就完全确定了.

由(6.5)式,令 $x \to x_i +$ 可得

$$S_i'(x_i +) = -\frac{m_i}{3}h_i - \frac{m_{i+1}}{6}h_i + f[x_i, x_{i+1}]. \tag{6.7}$$

再将(6.5)式中的 i 换成 $i-1$ 后,令 $x \to x_i -$,可得

$$S_{i-1}'(x_i -) = \frac{m_i}{3}h_{i-1} + \frac{m_{i-1}}{6}h_{i-1} + f[x_{i-1}, x_i]. \tag{6.8}$$

由于要求 $S'(x)$在连接点 x_i 处连续,即要求

$$S_{i-1}'(x_i -) = S_i'(x_i +), \quad i = 2, \cdots, n.$$

所以由(6.7)和(6.8)式应有

$$h_{i-1}m_{i-1} + 2(h_{i-1} + h_i)m_i + h_i m_{i+1} = 6\{f[x_i, x_{i+1}] - f[x_{i-1}, x_i]\}, \quad i = 2, \cdots, n. \tag{6.9}$$

这是一个含有 $n+1$ 个未知量 $m_1, m_2, \cdots, m_{n+1}$而只有 $n-1$ 个方程的线性方程组. 因此,我们还要补加两个约束条件,称为**边界条件**或**端点条件**,使(6.9)含有 $n+1$个方程. 我们可以在区间$[a, b]$的端点 a, b(即 x_1, x_{n+1})处对 $S(x)$加以限制来得到边界条件.

下面,我们介绍几种常用的边界条件.

(1) 假设 $f(x)$在两端点 a, b 的二阶导数已知分别为 $f''(a)$和 $f''(b)$. 于是可令

$$S''(x_1) = m_1 = f''(a),$$

$$S''(x_{n+1}) = m_{n+1} = f''(b).$$

据(6.9),得到关于 $m_2, \cdots, m_n$ 的 $n-1$ 阶三对角方程组

$$\begin{bmatrix} 2(h_1+h_2) & h_2 & & & \\ h_2 & 2(h_2+h_3) & h_3 & & \\ & \ddots & \ddots & \ddots & \\ & & h_{n-2} & 2(h_{n-2}+h_{n-1}) & h_{n-1} \\ & & & h_{n-1} & 2(h_{n-1}+h_n) \end{bmatrix} \begin{bmatrix} m_2 \\ m_3 \\ \vdots \\ m_{n-1} \\ m_n \end{bmatrix}$$

$$= 6\begin{bmatrix} d_2 - \frac{h_1}{6}f''(a) \\ d_3 \\ \vdots \\ d_{n-1} \\ d_n - \frac{h_n}{6}f''(b) \end{bmatrix}, \tag{6.10}$$

其中

$$d_i = f[x_i, x_{i+1}] - f[x_{i-1}, x_i], \quad i = 2, \cdots, n.$$

方程组(6.10)的系数矩阵是强优对角的,因而非奇异.故它有唯一解.

若令 $S''(x_1) = S''(x_{n+1}) = 0$,则由这种边界条件建立的三次样条称为 $f(x)$ 的**自然三次样条插值函数**,记作 $S_N(x)$.

(2) 假设 $f(x)$在两端点的导数 $f'(a)$和 $f'(b)$为已知.这样要求

$$S'(a) = f'(a), S'(b) = f'(b).$$

于是据(6.5)式有

$$\begin{aligned} &2h_1m_1 + h_1m_2 = 6\{f[x_1, x_2] - f'(a)\}, \\ &h_nm_n + 2h_nm_{n+1} = 6\{f'(b) - f[x_n, x_{n+1}]\}. \end{aligned} \tag{6.11}$$

在方程组(6.9)中加上(6.11)的两个方程,得到关于 $m_1, m_2, \cdots, m_{n+1}$的一个 $n+1$阶三对角方程组

$$\begin{bmatrix} 2h_1 & h_1 & & & & \\ h_i & 2(h_1+h_2) & h_2 & & & \\ & h_2 & 2(h_2+h_3) & h_3 & & \\ & & \ddots & \ddots & \ddots & \\ & & & h_{n-1} & 2(h_{n-1}+h_n) & h_n \\ & & & & h_n & 2h_n \end{bmatrix} \begin{bmatrix} m_1 \\ m_2 \\ \vdots \\ \vdots \\ m_n \\ m_{n+1} \end{bmatrix}$$

$$=6\begin{bmatrix} d_1 \\ d_2 \\ \vdots \\ d_n \\ d_{n+1} \end{bmatrix}, \tag{6.12}$$

其中

$$d_1 = f[x_1, x_2] - f'(a),$$
$$d_i = f[x_i, x_{i+1}] - f[x_{i-1}, x_i], \quad i = 2, \cdots, n,$$
$$d_{n+1} = f'(b) - f[x_n, x_{n+1}].$$

方程组(6.12)的系数矩阵仍是强优对角的,因而非奇异.故它有唯一解.由这种边界条件建立的样条插值函数称为 $f(x)$的**完备三次样条插值函数**.记作 $S_C(x)$.

设插值基点是等距的,即 $h_i = h, i = 1, 2, \cdots, n$.于是

$$\Delta f_i = f(x_{i+1}) - f(x_i) = hf[x_i, x_{i+1}]$$

$$\Delta^2 f_i = f(x_{i+2}) - 2f(x_{i+1}) + f(x_i) = h\{f[x_{i+1}, x_{i+2}] - f[x_i, x_{i+1}]\}.$$

因此方程组(6.12)的右端项可写成

$$d_1 = h^{-1}\Delta f_1 - f'(a),$$
$$d_i = h^{-1}\Delta^2 f_{i-1}, \quad i = 2, \cdots, n,$$
$$d_{n+1} = f'(b) - h^{-1}\Delta f_n.$$

从而方程组(6.12)简化为

$$\begin{bmatrix} 2 & 1 & & & & \\ 1 & 4 & 1 & & & \\ & 1 & 4 & 1 & & \\ & & \ddots & \ddots & \ddots & \\ & & & 1 & 4 & 1 \\ & & & & 1 & 2 \end{bmatrix} \begin{bmatrix} m_1 \\ m_2 \\ m_3 \\ \vdots \\ m_n \\ m_{n+1} \end{bmatrix} = 6h^{-2} \begin{bmatrix} \Delta f_1 - hf'(a) \\ \Delta^2 f_1 \\ \Delta^2 f_2 \\ \vdots \\ \Delta^2 f_{n-1} \\ hf'(b) - \Delta f_n \end{bmatrix}. \tag{6.13}$$

同样,在插值基点为等距的情形,方程组(6.10)也可以得到简化.

(3) 如果 $f'(x)$不知道,我们可以要求 $S'(x)$与 $f'(x)$在端点处近似相等.这时以 x_1, x_2, x_3, x_4 为基点作一个三次 Newton 插值多项式 $N_a(x)$,以 $x_{n+1}, x_n, x_{n-1}, x_{n-2}$作一个三次 Newton 插值多项式 $N_b(x)$,要求

$$S'(a) = N_a'(a), \quad S'(b) = N_b'(b).$$

由于

$$N_a(x) = f_1 + f[x_1, x_2](x - x_1) + f[x_1, x_2, x_3](x - x_1)(x - x_2) + f[x_1, x_2, x_3, x_4](x - x_1)(x - x_2)(x - x_3), \tag{6.14}$$

$$N_b(x)=f_{n+1}+f[x_n,x_{n+1}](x-x_{n+1})+f[x_{n-1},x_n,x_{n+1}](x-x_n)(x-x_{n+1})$$
$$+f[x_{n-2},x_{n-1},x_n,x_{n+1}](x-x_{n-1})(x-x_n)(x-x_{n+1}), \tag{6.15}$$

因此,由(6.14)式求得 $N_a'(x)$后,令 $x=a$ 得

$$N_a'(a)=f[x_1,x_2]-h_1f[x_1,x_2,x_3]+h_1(h_1+h_2)f[x_1,x_2,x_3,x_4].$$

再由(6.5)式求得 $S'(a)$,据条件 $S'(a)=N_a'(a)$有

$$2m_1+m_2=-6\{(h_1+h_2)f[x_1,x_2,x_3,x_4]-f[x_1,x_2,x_3]\}. \tag{6.16}$$

同样,由(6.15)式计算得 $N_b'(b)$应与由(7.5)式计算得 $S'(b)$相等,可得

$$m_n+2m_{n+1}=6\{f[x_{n-1},x_n,x_{n+1}]+(h_n+h_{n-1})f[x_{n-2},x_{n-1},x_n,x_{n+1}]\}. \tag{6.17}$$

方程组(6.9)加上方程(6.16)和(6.17)就得到关于第三种边界条件样条插值函数中 $m_1,m_2,\cdots,m_{n+1}$应满足的 $n+1$ 阶三对角方程组

$$\begin{bmatrix} 2 & 1 & & & & \\ h_1 & 2(h_1+h_2) & h_2 & & & \\ & h_2 & 2(h_2+h_3) & h_3 & & \\ & & \ddots & \ddots & \ddots & \\ & & & h_{n-1} & 2(h_{n-1}+h_n) & h_n \\ & & & & 1 & 2 \end{bmatrix} \begin{bmatrix} m_1 \\ m_2 \\ m_3 \\ \vdots \\ m_n \\ m_{n+1} \end{bmatrix}$$
$$=6\begin{bmatrix} d_1 \\ d_2 \\ d_3 \\ \vdots \\ d_n \\ d_{n+1} \end{bmatrix}, \tag{6.18}$$

其中

$$d_1=-\{(h_1+h_2)f[x_1,x_2,x_3,x_4]-f[x_1,x_2,x_3]\},$$
$$d_i=f[x_i,x_{i+1}]-f[x_{i-1},x_i],\ i=2,\cdots,n,$$
$$d_{n+1}=f[x_{n-1},x_n,x_{n+1}]+(h_n+h_{n-1})f[x_{n-2},x_{n-1},x_n,x_{n+1}].$$

由这种边界条件建立的三次样条称为 $f(x)$的 **Lagrange 三次样条插值函数**,记作 $S_L(x)$.

总结一下,计算三次样条插值函数的步骤如下:

(1) 确定边界条件,假设为第三种边界条件(此时,求 Lagrange 样条插值函数

$(S_L(x))$;

(2) 根据所确定的边界条件计算均差 $f[x_i, x_{i+1}], i=1,\cdots,n$ 以及形成方程组(6.18)的右端项;

(3) 解三对角方程组(6.18),求得 $m_1, m_2, \cdots, m_{n+1}$;

(4) 将求得的 $m_1, m_2, \cdots, m_{n+1}$ 代回到样条插值函数 $S(x)$ 的分段表示式(6.6)得到 $S(x)$ 在 $[x_i, x_{i+1}]$ 上的表达式 $S_i(x), i=1,2,\cdots,n$. 从而可以求得函数 $f(x)$ 在任一点 x 的近似值 $S(x)$.

(6.6)式可以改写成

$$S_i(x) = \sum_{k=1}^{4} A_{k,i}(x - x_i)^{k-1}, x \in [x_i, x_{i+1}],$$

其中

$$A_{1,i} = f_i,$$

$$A_{2,i} = f[x_i, x_{i+1}] - \frac{h_i}{6}(m_{i+1} + 2m_i),$$

$$A_{3,i} = \frac{m_i}{2},$$

$$A_{4,i} = \frac{m_{i+1} - m_i}{6h_i}.$$

这样便于用 Horner 算法计算多项式 $S_i(x)$ 的值(参见 4.3.2 节算法 4.1).

例 2 观测得函数 $f(x)$ 在若干点处的值为 $f(x)=0, f(2)=16, f(4)=36, f(6)=54, f(10)=82$ 以及 $f'(0)=8, f'(10)=7$. 试求 $f(x)$ 的三次样条插值函数 $S(x)$ 以及 $f(3)$ 的近似值 $S(3)$ 和 $f(8)$ 的近似值 $S(8)$.

解 据题意知所要求的样条插值函数为完备三次样条插值函数 $S_C(x)$. 先构造一阶均差表:

i	x_i	$f(x_i)$	$f[x_i, x_{i+1}]$
1	0	0	8
2	2	16	10
3	4	36	9
4	6	54	7
5	10	82	

由于 $h_1 = h_2 = h_3 = 2, h_4 = 4$,因此

$$d_1 = f[x_1, x_2] - f'(0) = 0,$$

$$d_2 = f[x_2, x_3] - f[x_1, x_2] = 2,$$

$$d_3 = f[x_3, x_4] - f[x_2, x_3] = -1,$$

$$d_4 = f[x_4, x_5] - f[x_3, x_4] = -2,$$
$$d_5 = f'(10) - f[x_4, x_5] = 0.$$

现在方程组(6.12)为

$$\begin{bmatrix} 4 & 2 & 0 & 0 & 0 \\ 2 & 8 & 2 & 0 & 0 \\ 0 & 2 & 8 & 2 & 0 \\ 0 & 0 & 2 & 12 & 4 \\ 0 & 0 & 0 & 4 & 8 \end{bmatrix} \begin{bmatrix} m_1 \\ m_2 \\ m_3 \\ m_4 \\ m_5 \end{bmatrix} = 6 \begin{bmatrix} 0 \\ 2 \\ -1 \\ -2 \\ 0 \end{bmatrix}.$$

解得

$$m_1 = -1, \quad m_2 = 2, \quad m_3 = -1, \quad m_4 = -1, \quad m_5 = \frac{1}{2}.$$

因此可得

$$S_C(x) = \begin{cases} 8x - \frac{1}{2}x^2 + \frac{1}{4}x^3, & x \in [0,2], \\ 16 + 9(x-2) + (x-2)^2 - \frac{1}{4}(x-2)^3, & x \in [2,4], \\ 36 + 10(x-4) - \frac{1}{2}(x-4)^2, & x \in [4,6], \\ 54 + 8(x-6) - \frac{1}{2}(x-6)^2 + \frac{1}{16}(x-6)^3, & x \in [6,10]. \end{cases}$$

$$S_C(3) = S_2(3) = 25.75, S_C(8) = S_4(8) = 68.5.$$

下面我们给出计算完备三次样条插值函数 $S_C(x)$ 的分段表示多项式 $S_i(x)$ 的系数的一种算法.

算法 4.2　构造函数 $f(x)$ 的完备三次样条插值函数 $S_C(x)$，其基点为 $x_1 < x_2 < \cdots < x_{n+1}$.

输入　$n; x_1, \cdots, x_{n+1}; f_1 = f(x_1), \cdots, f_{n+1} = f(x_{n+1});$
$fp_1 = f'(x_1), fp_2 = f'(x_{n+1}).$

输出　$S_i(x) = \sum_{k=1}^{4} A_{k,i}(x - x_i)^{k-1}$ 的系数 $A_{1,i}, A_{2,i}, A_{3,i}, A_{4,i}, i = 1, \cdots, n,$

step 1　对 $i = 1, 2, \cdots, n$

$$h_i \leftarrow x_{i+1} - x_i.$$

step 2　对 $i = 1, 2, \cdots, n$

$$b_i \leftarrow \frac{f_{i+1} - f_i}{h_i}.$$

step 3　$d_1 \leftarrow b_1 - fp_1;$

$d_{n+1} \leftarrow fp_2 - b_n$.

step 4 对 $i=2,3,\cdots,n$

$d_i \leftarrow b_i - b_{i-1}$.

step 5 用三对角算法求方程组(7.12)的解 $m_1, m_2, \cdots, m_{n+1}$.

step 6 对 $i=1,2,\cdots,n$

$A_{1,i} \leftarrow f_i$;

$A_{2,i} \leftarrow b_i - \frac{h_i}{6}(m_{i+1} + 2m_i)$;

$A_{3,i} \leftarrow m_i/2$;

$A_{4,i} \leftarrow (m_{i+1} - m_i)/6h_i$.

step 7 输出($A_{k,i}, k=1,2,3,4, i=1,2,\cdots,n$);

停机.

应用算法4.2计算得 $S_i(x)$ 的系数 $A_{1,i}, A_{2,i}, A_{3,i}, A_{4,i}$ 后,可用Horner算法计算多项式 $S_i(x)$ 在 $\tilde{x}$ 的值作为函数 $f(x)$ 在 $\tilde{x}$ 的近似值,$\tilde{x} \in [x_i, x_{i+1}]$.

关于三次样条插值的误差分析,我们给出下面的定理(Hall和Meyer得到的).

定理 假设函数 $f(x)$ 在 $[a,b]$ 上四次连续可微,$a = x_1 < x_2 < \cdots < x_{n+1} = b$. 如果 $S_C(x)$ 表示 $f(x)$ 在 $\{x_i\}_{i=1}^{n+1}$ 的完备三次样条插值函数,那么

$$\max_{a \leqslant x \leqslant b} |f(x) - S_C(x)| \leqslant \frac{5}{384} M_4 h^4,$$

$$\max_{a \leqslant x \leqslant b} |f'(x) - S'_C(x)| \leqslant \frac{1}{24} M_4 h^3,$$

其中

$$M_4 = \max_{a \leqslant x \leqslant b} |f^{(4)}(x)|, h = \max_{1 \leqslant i \leqslant n} h_i.$$

Swartz和Varga于1972年建立了类似于这个定理的Lagrange三次样条插值函数误差界的定理,只是误差界中的常数不同而已.

假设函数 $f(x)$ 及其导数 $f'(x)$ 都是以 $b-a$ 为周期的周期函数,从而有 $f(a)=f(b)$,以及 $f'(a)=f'(b)$. 这时,我们也相应地要求样条插值函数 $S(x)$ 为周期函数,对 $S(x)$ 加上周期条件:

$$S^{(p)}(a+) = S^{(p)}(b-), \quad p=0,1,2. \tag{6.19}$$

称 $S(x)$ 为以 $(b-a)$ 为周期的**周期三次样条插值函数**. 据(6.7),(6.8)和(6.19)式有

$$\begin{cases} h_1 m_2 + h_n m_n + 2(h_n + h_1) m_{n+1} = 6\{f[x_1, x_2] - f[x_n, x_{n+1}]\}, \\ m_1 = m_{n+1}. \end{cases} \tag{6.20}$$

将方程组(6.9)的第一个方程中的 m_1 换成 m_{n+1} 后与方程(6.20)联立得到确定 $m_2, m_3, \cdots, m_{n+1}$ 的 n 阶线性方程组

$$\begin{bmatrix} 2(h_1+h_2) & h_2 & & & & h_1 \\ h_2 & 2(h_2+h_3) & h_3 & & & \\ & h_3 & 2(h_3+h_4) & h_4 & & \\ & & \ddots & \ddots & \ddots & \\ & & & h_{n-1} & 2(h_{n-1}+h_n) & h_n \\ h_1 & & & & h_n & 2(h_n+h_1) \end{bmatrix} \begin{bmatrix} m_2 \\ m_3 \\ m_4 \\ \vdots \\ m_n \\ m_{n+1} \end{bmatrix}$$

$$= 6\begin{bmatrix} d_2 \\ d_3 \\ d_4 \\ \vdots \\ d_n \\ d_{n+1} \end{bmatrix}, \tag{6.21}$$

其中

$$d_i = f[x_i, x_{i+1}] - f[x_{i-1}, x_i], \quad i = 2, \cdots, n,$$
$$d_{n+1} = f[x_1, x_2] - f[x_n, x_{n+1}].$$

方程组(6.21)的系数矩阵是强优对角的,从而它有唯一解.但是,现在的系数矩阵不再是三对角的.不过,只需对三对角算法稍加修改就可以用来解这类方程组.记

$$g_i = h_i + h_{i+1}, i = 1, \cdots, n-1,$$
$$g_n = h_n + h_1.$$

我们将方程组(6.21)改写成

$$\begin{cases} 2g_1 m_2 + h_2 m_3 = 6d_2 - h_1 m_{n+1}, \\ h_2 m_2 + 2g_2 m_3 + h_3 m_4 = 6d_3, \\ \cdots\cdots\cdots\cdots \\ h_{n-1} m_{n-1} + 2g_{n-1} m_n = 6d_n - h_n m_{n+1}, \\ h_1 m_2 + h_n m_n + 2g_n m_{n+1} = 6d_{n+1}. \end{cases} \tag{6.22}$$

于是,可以通过方程组(6.22)的前 $n-1$ 个方程将 $m_2, \cdots, m_n$ 用 m_{n+1} 表示出来,并由最后一个方程求出 m_{n+1}.为此,据三对角算法计算

$$\left.\begin{aligned} & p_1 = 2g_1, \quad q_1 = \frac{h_2}{p_1}, \\ & \left.\begin{aligned} p_k &= 2g_k - h_k q_{k-1}, \\ q_k &= \frac{h_{k+1}}{p_k}, \end{aligned}\right\} k = 2, \cdots, n-1. \end{aligned}\right\} \tag{6.23}$$

从而,可将(6.22)的前 $n-1$ 个方程写成

$$\begin{bmatrix} p_1 & & & \\ h_2 & p_2 & & \\ & \ddots & \ddots & \\ & & h_{n-1} & p_{n-1} \end{bmatrix} \begin{bmatrix} 1 & q_1 & & & \\ & 1 & q_2 & & \\ & & \ddots & \ddots & \\ & & & & q_{n-2} \\ & & & & 1 \end{bmatrix} \begin{bmatrix} m_2 \\ m_3 \\ \vdots \\ m_{n-1} \\ m_n \end{bmatrix} = \begin{bmatrix} 6d_2 - h_1 m_{n+1} \\ 6d_3 \\ \vdots \\ 6d_{n-1} \\ 6d_n - h_n m_{n+1} \end{bmatrix}.$$

方程组

$$\begin{bmatrix} p_1 & & & \\ h_2 & p_2 & & \\ & \ddots & \ddots & \\ & & h_{n-1} & p_{n-1} \end{bmatrix} \begin{bmatrix} u_1 \\ u_2 \\ \vdots \\ u_{n-1} \end{bmatrix} = \begin{bmatrix} 6d_2 \\ 6d_3 \\ \vdots \\ 6d_n \end{bmatrix}$$

的解为

$$\left.\begin{aligned} u_1 &= 6d_2/p_1, \\ u_k &= (6d_{k+1} - h_k u_{k-1})/p_k, \quad k = 2,\cdots,n-1, \end{aligned}\right\} \tag{6.24}$$

方程组

$$\begin{bmatrix} p_1 & & & \\ h_2 & p_2 & & \\ & \ddots & \ddots & \\ & & h_{n-1} & p_{n-1} \end{bmatrix} \begin{bmatrix} y_1 \\ y_2 \\ \vdots \\ y_{n-1} \end{bmatrix} = \begin{bmatrix} 6d_2 - h_1 m_{n+1} \\ 6d_3 \\ \vdots \\ 6d_{n-1} \\ 6d_n - h_n m_{n+1} \end{bmatrix}$$

的解

$$\begin{gathered} y_1 = (6d_2 - h_1 m_{n+1})/p_1, \\ y_k = (6d_{k+1} - h_k y_{k-1})/p_k, \quad k = 2,\cdots,n-2, \\ y_{n-1} = (6d_n - h_n m_{n+1} - h_{n-1} y_{n-2})/p_{n-1} \end{gathered}$$

可写成

$$\begin{gathered} y_k = u_k + s_k m_{n+1}, \quad k = 1,2,\cdots,n-2, \\ s_k = -\frac{h_k s_{k-1}}{p_k}, \quad s_0 = 1, k = 1,2,\cdots,n-1, \end{gathered} \tag{6.25}$$

以及

$$y_{n-1}=u_{n-1}+(s_{n-1}-q_{n-1})m_{n+1}.$$

方程组

$$\begin{bmatrix} 1 & q_1 & & & \\ & 1 & q_2 & & \\ & & \ddots & \ddots & \\ & & & 1 & q_{n-2} \\ & & & & 1 \end{bmatrix}\begin{bmatrix} m_2 \\ m_3 \\ \vdots \\ m_{n-1} \\ m_n \end{bmatrix}=\begin{bmatrix} y_1 \\ y_2 \\ \vdots \\ y_{n-2} \\ y_{n-1} \end{bmatrix}$$

的解为

$$m_n=y_{n-1}=u_{n-1}+(s_{n-1}-q_{n-1})m_{n+1}, \tag{6.26}$$

$$m_k=y_{k-1}-q_{k-1}m_{k+1}=u_{k-1}+s_{k-1}m_{n+1}-q_{k-1}m_{k+1},\quad k=n-1,\cdots,2.$$

令

$$\left.\begin{aligned} t_k &=-q_k t_{k+1}+s_k, t_n=1,\\ v_k &=-q_k v_{k+1}+u_k, v_n=0, \end{aligned}\right\} k=n-1,\cdots,1. \tag{6.27}$$

则

$$\begin{aligned} m_k &=t_{k-1}m_{n+1}+v_{k-1}+u_{k-1}+s_{k-1}m_{n+1}-q_{k-1}m_{k+1}-t_{k-1}m_{n+1}-v_{k-1}\\ &=t_{k-1}m_{n+1}+v_{k-1}+u_{k-1}+(s_{k-1}-t_{k-1})m_{n+1}\\ &\quad -q_{k-1}m_{k+1}-(-q_{k-1}v_k+u_{k-1}), \end{aligned}$$

即有

$$m_k=t_{k-1}m_{n+1}+v_{k-1}+q_{k-1}(t_k m_{n+1}+v_k-m_{k+1}).$$

若令

$$m_k=t_{k-1}m_{n+1}+v_{k-1},\quad k=2,\cdots,n-1, \tag{6.28}$$

注意到 $t_n=1, v_n=0$,知上式成立.将 m_2, m_n 代入(7.22)的最后一个方程后解得

$$m_{n+1}=\frac{6d_{n+1}-h_1v_1-h_nu_{u-1}}{h_1t_1+h_n(s_{n-1}-q_{n-1})+2g_n}. \tag{6.29}$$

综合上述,解方程组(6.21)的计算步骤如下:令 $g_i=h_i+h_{i+1}, i=1,\cdots,n-1$, $g_n=h_n+h_1$,

(1) 计算 p_k, q_k, u_k

$$p_1=2g_1,\quad q_1=\frac{h_2}{p_1},\quad u_1=\frac{6d_2}{p_1},$$

$$\left.\begin{aligned} p_k &=2g_k-h_kq_{k-1},\\ q_k &=h_{k+1}/p_k, \end{aligned}\right\} k=2,\cdots,n-1,$$

$$u_k=(6d_{k+1}-h_ku_{k-1})/p_k,\quad k=2,\cdots,n-1.$$

(2) 计算 s_k:

$$s_k=-\frac{h_k s_{k-1}}{p_k},\quad s_0=1,\quad k=1,2\cdots,n-1.$$

(3) 计算 t_k, v_k:

$$\left.\begin{aligned} t_k &= -q_k t_{k+1}+s_k, t_n = 1,\\ v_k &= -q_k v_{k+1}+u_k, v_n = 0,\end{aligned}\right\}\quad k=n-1,\cdots,1.$$

(4) 计算 m_{n+1}:

$$m_{n+1}=\frac{6d_{n+1}-h_1 v_1-h_n u_{n-1}}{h_1 t_1+h_n(s_{n-1}-q_{n-1})+2g_n}.$$

(5) 计算 m_k:

$$m_k=t_{k-1}m_{n+1}+v_{k-1},\quad k=2,\cdots,n-1,$$

$$m_n=u_{n-1}+(s_{n-1}-q_{n-1})m_{n+1}.$$

4.6.3 基样条

为简单起见,我们仅讨论基点

$$a=x_1<x_2<\cdots<x_{n+1}=b$$

为等距的情形,即 $x_i=a+(i-1)h, i=1,\cdots,n+1, h=\frac{b-a}{n}$. 对于数据组 $\{(x_i,f_i)\}_{i=1}^{n+1}$的 Lagrange 插值多项式为

$$p_n(x)=\sum_{k=1}^{n+1}f_k l_k(x),$$

其中 Lagrange 基本多项式 $l_k(x)$是仅与点$\{x_i\}_{i=1}^{n+1}$有关的 n 次多项式. 而对于数据组$\{x_i,y_i\}_{i=1}^{n+1}$的 Lagrange 插值多项式为

$$q_n(x)=\sum_{k=1}^{n+1}y_k l_k(x).$$

由此可知,关于基点$\{x_i\}_{i=1}^{n+1}$的 Lagrange 插值多项式可以表示成 Lagrange 基本多项式的线性组合. 我们由此得到的启发是寻找一个**基三次样条系**$\{g_k(x)\}_{k=0}^{m}$,使得对于基点$\{x_i\}_{i=1}^{n+1}$,每一个三次样条插值函数 $S(x)$都可以表示成

$$S(x)=\sum_{k=0}^{m}a_k g_k(x),\quad x\in[a,b],\tag{6.30}$$

其中 a_k 是常数,$k=0,1,\cdots,m$, $g_k(x)$仅与基点$\{x_i\}_{i=1}^{n+1}$有关. (7.30)称为三次样条插值函数的**基表达式**.

现在我们来寻找基样条函数系. 考查分段表示为三次多项式的偶函数

$$\varphi(t)=\frac{1}{4}\begin{cases}(t+2)^3, & t\in[-2,-1],\\ 1+3(t+1)+3(t+1)^2-3(t+1)^3, & t\in[-1,0],\\ 1+3(1-t)+3(1-t)^2-3(1-t)^3, & t\in[0,1],\\ (2-t)^3, & t\in[1,2],\\ 0, & |t|>2.\end{cases}$$

这个函数的示意图见图 4.5.

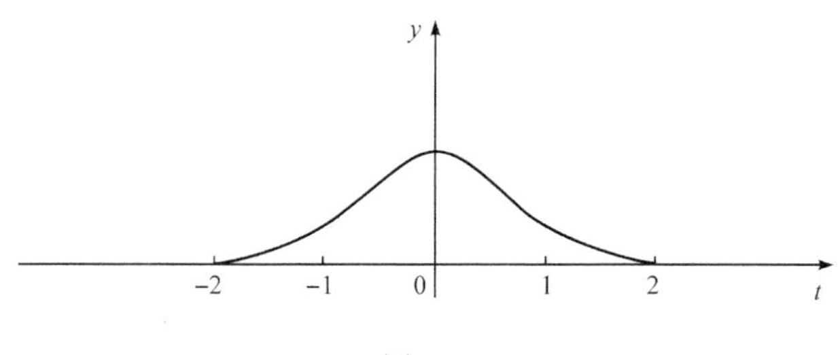

图 4.5

不难求得

$$\varphi'(t)=\frac{3}{4}\begin{cases}(t+2)^2, & t\in(-2,-1),\\ 1+2(t+1)-3(t+1)^2, & t\in(-1,0),\\ -1-2(1-t)+3(1-t)^2, & t\in(0,1),\\ -(2-t)^2, & t\in(1,2),\\ 0, & |t|>2.\end{cases}$$

$$\varphi''(t)=\frac{3}{2}\begin{cases}t+2, & t\in(-2,-1),\\ 1-3(1+t), & t\in(-1,0),\\ 1-3(1-t), & t\in(0,1),\\ 2-t, & t\in(1,2),\\ 0, & |t|>2.\end{cases}$$

不难看出，$\varphi(t)$在$(-\infty,+\infty)$中二次连续可微. 因此，$\varphi(t)$是一个三次样条函数. $\varphi,\varphi',\varphi''$在已知基点 $t=-2,-1,0,1,2$ 的值见表 4.7.

表 4.7

t	-2	-1	0	1	2
$\varphi(t)$	0	$\frac{1}{4}$	1	$\frac{1}{4}$	0
$\varphi'(t)$	0	$\frac{3}{4}$	0	$-\frac{3}{4}$	0
$\varphi''(t)$	0	$\frac{3}{2}$	-3	$\frac{3}{2}$	0

现在,令

$$g_i(x)=\varphi\left(\frac{x-x_i}{h}\right),\quad i=0,1,\cdots,m,$$

则

$$g_i(x)=\frac{1}{4h^3}\cdot\begin{cases}(x-x_{i-2})^3, & x\in[x_{i-2},x_{i-1}],\\ h^3+3h^2(x-x_{i-1})+3h(x-x_{i-1})^2 & \\ \quad -3(x-x_{i-1})^3, & x\in[x_{i-1},x_i],\\ h^3+3h^2(x_{i+1}-x)+3h(x_{i+1}-x)^2 & \\ \quad -3(x_{i+1}-x)^3, & x\in[x_i,x_{i+1}],\\ (x_{i+2}-x)^3, & x\in[x_{i+1},x_{i+2}],\\ 0, & x\overline{\in}[x_{i-2},x_{i+2}].\end{cases}$$

$g_i(x)$的示意图见图 4.6.

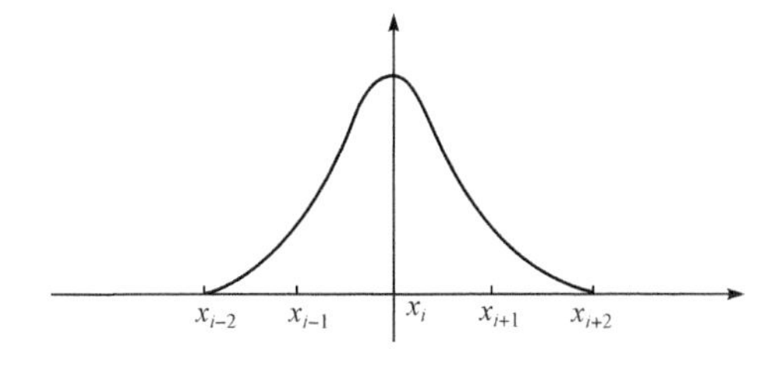

图 4.6

容易计算得

$$g_i'(x)=h^{-1}\varphi'\left(\frac{x-x_i}{h}\right),$$

$$g_i''(x)=h^{-2}\varphi''\left(\frac{x-x_i}{h}\right).$$

$g_i(x)$,$g_i'(x)$和 $g_i''(x)$在基点 $x_{i-2},x_{i-1},x_i,x_{i+1},x_{i+2}$处的值见表 4.8.

表 4.8

x	x_{i-2}	x_{i-1}	x_i	x_{i+1}	x_{i+2}
$g_i(x)$	0	$\frac{1}{4}$	1	$\frac{1}{4}$	0
$g_i'(x)$	0	$\frac{3}{4h}$	0	$-\frac{3}{4h}$	0
$g_i''(x)$	0	$\frac{3}{2h^2}$	$-\frac{3}{h^2}$	$\frac{3}{2h^2}$	0

假设函数 $f(x)$在基点 $x_1,x_2,\cdots,x_{n+1}$的值分别为 $f(x_1)=f_1,f(x_2)=f_2,\cdots,f(x_{n+1})=f_{n+1}$. 在(6.30)式中取 $m=n+2$. 根据要求,三次样条插值函数 $S(x)$在 $x_1,x_2,\cdots,x_{n+1}$处必须满足

$$S(x_i)=\sum_{k=0}^{n+2}\alpha_k g_k(x_i)=f_i,\quad i=1,2,\cdots,n+1. \tag{6.31}$$

由于 $k<i-2$ 或 $k>i+2$ 时,$g_k(x_i)=0$,因此方程组(6.31)化为

$$\alpha_{i-1}g_{i-1}(x_i)+\alpha_i g_i(x_i)+\alpha_{i+1}g_{i+1}(x_i)=f_i,\quad i=1,\cdots,n+1.$$

再利用表4.8的数据,可得

$$\alpha_{i-1}+4\alpha_i+\alpha_{i+1}=4f_i,\quad i=1,2,\cdots,n+1. \tag{6.32}$$

这是一个含有 $n+3$ 个未知量 $\alpha_0,\alpha_1,\cdots,\alpha_{n+2}$,而只有 $n+1$ 个方程的线性方程组. 我们仍然要补加端点条件,使之成为一个 $n+3$ 阶线性方程组. 例如,我们加上第二种端点条件:

$$S'(a)=f'(a),\quad S'(b)=f'(b).$$

这样,我们便建立 $f(x)$在点$\{x_i\}_{i=1}^{n+1}$上的一个完备三次样条插值函数 $S_C(x)$.

由端点条件 $S_C'(a)=f'(a)$,有

$$S_C'(a)=\sum_{k=0}^{n+2}\alpha_k g_k'(a)=f'(a).$$

因 $k\geqslant 3$ 时,$g_k'(a)=0$,利用表4.8的数据,求得

$$\alpha_0-\alpha_2=-\frac{4}{3}hf'(a). \tag{6.33}$$

同理,由端点条件 $S_C'(b)=f'(b)$,可得

$$-\alpha_n+\alpha_{n+2}=\frac{4}{3}hf'(b). \tag{6.34}$$

联合(6.32),(6.33)和(6.34)得到确定 $S_C(x)$的基表达式

$$S_C(x)=\sum_{k=0}^{n+2}\alpha_k g_k(x). \tag{6.35}$$

的系数 $\alpha_0,\alpha_1,\cdots,\alpha_{n+2}$应满足的 $n+3$ 阶线性方程组

$$\begin{bmatrix} 1 & 0 & -1 & & & & \\ 1 & 4 & 1 & & & & \\ & 1 & 4 & 1 & & & \\ & & \ddots & \ddots & \ddots & & \\ & & & & 1 & 4 & 1 \\ & & & & -1 & 0 & 1 \end{bmatrix} \begin{bmatrix} \alpha_0 \\ \alpha_1 \\ \alpha_2 \\ \vdots \\ \alpha_{n+1} \\ \alpha_{n+2} \end{bmatrix} = 4 \begin{bmatrix} -\frac{1}{3}hf'(a) \\ f_1 \\ f_2 \\ \vdots \\ f_{n+1} \\ \frac{1}{3}hf'(b) \end{bmatrix}. \tag{6.36}$$

若将方程组(6.36)的系数矩阵的第一列加到第三列,第 $n+3$ 列加到第 $n+1$ 列,

则可看出所得到的矩阵的行列式非零,因此方程组(6.36)有唯一解.

方程组(6.36)不是三对角方程组.但是,若把第二个方程加到第一个方程,第 $n+2$ 个方程加到第 $n+3$ 个方程,则得到三对角方程组

$$\begin{bmatrix} 2 & 4 & & & & & \\ 1 & 4 & 1 & & & & \\ & 1 & 4 & 1 & & & \\ & & \ddots & \ddots & \ddots & & \\ & & & & 1 & 4 & 1 \\ & & & & & 4 & 2 \end{bmatrix} \begin{bmatrix} \alpha_0 \\ \alpha_1 \\ \alpha_2 \\ \vdots \\ \alpha_{n+1} \\ \alpha_{n+2} \end{bmatrix} = 4 \begin{bmatrix} -\frac{1}{3}hf'(a)+f_1 \\ f_1 \\ f_2 \\ \vdots \\ f_{n+1} \\ \frac{1}{3}hf'(b)+f_{n+1} \end{bmatrix}. \quad (6.37)$$

我们仍然可以用三对角算法来解这个方程组.

关于等距点 $\{x_i\}_{i=1}^{n+1}$ 的各种三次样条插值的基表达式的系数所满足的线性方程组中,方程组(6.32)为其所公有的,仅仅在方程组中端点条件不同而已.读者可以建立 $S_N(x)$, $S_L(x)$ 的基表达式的系数应满足的线性方程组.

习 题 4

1. 已知函数 $y=f(x)$ 的观测数据为 $f(1)=1, f(4)=2, f(2)=1$.试求以 1,4,2 为基点的 Lagrange 插值多项式,并求 $f(1.5)$ 的近似值.

2. 已知函数 $f(x)$ 的观测数据为 $f(-1)=3, f(0)=1, f(1)=3, f(2)=9$.试求以 $-1,0,1,2$ 为基点的 Lagrange 插值多项式,并求 $f\left(\frac{1}{2}\right)$ 的近似值.

3. 已知 $f(x)$ 的函数值 $f(1.0)=0.24255, f(1.3)=1.59751, f(1.4)=3.76155$.试用 Lagrange插值求 $f(1.25)$ 的近似值.

4. 已知函数 $f(x)$ 在若干点的函数值:

x	0	0.3	0.6	0.9	1.2
$f(x)$	1.000006	0.9850674	0.9410708	0.8703632	0.7766992

试用线性插值求 $f(0.15)$, $f(0.45)$, $f(0.75)$ 和 $f(1)$ 的近似值.

5. 观测得一个二次多项式 $p_2(x)$ 的值:

x_i	-2	-1	0	1	2
$p_2(x_i)$	3	1	1	6	15

表中 $p_2(x)$ 的某一个数值有错误,试找出并校正它.

6. 计算得多项式 $p(x)=x^4-x^3+x^2-x+1$ 的值:

x	-2	-1	0	1	2	3
$p(x)$	31	5	1	1	11	61

试求一个五次多项式 $q(x)$,使它取下列值:

x	-2	-1	0	1	2	3
$q(x)$	31	5	1	1	11	30

7. 设 $f(x)=3xe^x-2e^x$. 以 $x_0=1, x_1=1.05, x_2=1.07$ 作抛物线插值计算 $f(1.03)$ 的近似值. 将实际误差与由公式(2.15)所得的误差界进行比较.

8. 设 $x_0, x_1, \cdots, x_n$ 为 $n+1$ 个相异的插值基点, $l_i(x)(i=0,1,\cdots,n)$ 为 Lagrange 基本多项式,证明

(1) $\sum_{i=0}^{n} l_i(x)=1$;

(2) $\sum_{i=0}^{n} x_i^j l_i(x)=x^j,\ j=1,2,\cdots,n$;

(3) $\sum_{i=0}^{n} (x_i-x)^j l_i(x)=0,\ j=1,2,\cdots,n$;

(4) $\sum_{i=0}^{n} l_i(0)x_i^j=\begin{cases}1, & j=0,\\ 0, & j=1,2,\cdots,n,\\ (-1)^n x_0x_1\cdots x_n, & j=n+1.\end{cases}$

9. 已知 $\ln 3.1=1.1314, \ln 3.2=1.1632$,试用线性插值求 $\ln 3.16$ 的值,并估计其误差.

10. 假定要作计算零阶 Bessel 函数

$$I_0(x)=\frac{1}{\pi}\int_0^{\pi}\cos(x\ \sin t)\mathrm{d}t$$

的等距数值表,问如何选取表距 h,使利用这个数值表作线性插值时,误差不超过 10^{-6}?

11. 在区间 $[a,b]$ 上任取插值基点:

$$a\leqslant x_0<x_1<\cdots<x_n\leqslant b,$$

作函数 $f(x)$ 的 Lagrange 插值多项式 $p_n(x)$. 假设 $f(x)$ 在 $[a,b]$ 上为任意次可微,且

$$|f^{(k)}(x)|\leqslant M,\quad k=0,1,2,\cdots, x\in[a,b],$$

其中 M 为常数. 问当 $n\to\infty$ 时,序列, $p_n(x)$ 在 $[a,b]$ 上是否收敛于 $f(x)$?

12. 设 $p_n(x)$ 是函数 $f(x)=\cos x$ 关于区间 $\left[0,\frac{\pi}{2}\right]$ 上的等距点 $x_i=\frac{(i-1)}{2n}\pi\ (i=1,2,\cdots,n+1)$ 的 Lagrange 插值多项式,证明 $\lim_{n\to\infty} p_n(x)=\cos x$.

13. 已知函数值 $f(-2)=4, f(-1)=-3, f(0)=2, f(1)=0, f(2)=4$. 试用抛物线插值计算 $f(0.4)$ 和 $f(0.6)$ 的近似值.

14. 设函数 $y=f(x)$ 在区间 $[a,b]$ 上有单值反函数 $x=g(y)$. 反插值法是在插值法中将 $y_i(=f(x_i))$ 与 x_i 的地位对调,已知 y 的值求 $x=g(y)$ 的近似值. 就 $y=\sqrt{x}$ 取 $x_0=1.05, x_1=1.10, x_2=1.15$,用 Lagrange 插值求 $(1.05)^2$ 的近似值(计算结果取四位小数).

15. 已知 $f(x)$ 在若干点的函数值:

i	x_i	$f(x_i)$	i	x_i	$f(x_i)$
0	0.0	−7.00000	3	0.6	−5.17788
1	0.1	−5.89483	4	1.0	−4.28172
2	0.3	−5.65014			

试求 $f[x_0,x_1,x_2,x_3,x_4]$.

16. 设 $F(x)=\alpha f(x)+\beta g(x)$,其中 α,β 为实常数,证明

$$F[x_0,x_1,\cdots,x_n]=\alpha f[x_0,x_1,\cdots,x_n]+\beta g[x_0,x_1,\cdots,x_n].$$

17. 设 $f(x)$为 x 的n 次多项式.证明:

(1) 当 $k=n$ 时,$f[x_0,x_1,\cdots,x_n]=a_n$,$a_n$ 是$f(x)$的最高次项系数;

(2) 当 $k>n$ 时,$f[x_0,x_1,\cdots,x_n]=0$.

18. 设 $f(x)$为 x 的k 次多项式,$x_1,x_2,\cdots,x_m$ 为互不相同的实数,且 $k>m$.试证明 $f[x,x_1,\cdots,x_m]$为 x 的$k-m$ 次多项式.

19. 试证明,对 $k=0,1,\cdots,n-2$,恒有等式

$$\sum_{i=1}^{n}\frac{i^k}{(i-1)\cdots(i-i+1)(i-i-1)\cdots(i-n)}=0.$$

20. 设 $f(x)=x^7+x^3+1$,求 $f[2^0,2^1]$,$f[2^0,2^1,2^2]$,$f[2^0,2^1,2^2,\cdots,2^7]$和 $f[2^0,2^1,2^2,\cdots,2^8]$.

21. 设 n 次多项式$f(x)$有互异的 n 个实根$x_1,x_2,\cdots x_n$.证明

$$\sum_{i=1}^{n}\frac{x_i^k}{f'(x_i)}=\begin{cases}0, & 0\leqslant k\leqslant n-2;\\ a_n^{-1}, & k=n-1,\end{cases}$$

其中 a_n 为$f(x)$的首项系数.

22. 已知 $f(x)$的函数值 $f(0)=-5$,$f(1)=-3$,$f(-1)=-15$,$f(2)=-9$,求 Newton 均差插值多项式 $N_3(x)$以及 $f(1.5)$的近似值.

23. 已知 $f(x)$的函数值:

x	1.05	1.2	1.3	1.45
$f(x)$	1.7432	2.5722	3.6021	8.2381

试用 Newton 均差插值多项式,求 $f(1.25)$的近似值.

24. 已知 $f(x)$的函数值 $f(0)=3$,$f(1)=3$,$f(2)=\frac{5}{2}$.试求 Newton 均差插值多项式 $N_2(x)$.再增加 $f\left(\frac{3}{2}\right)=\frac{13}{4}$,求 $N_3(x)$.

25. 试利用 100,121 和 144 的平方根求$\sqrt{115}$,计算结果取四位小数,并估计其误差.

26. 方程 $x^3+x-4=0$ 在(1,2)内有唯一(实)根 p.试用反插值法求 p 的近似值(取 $x_0=1$,$x_1=1.4$,$x_2=2$,计算结果取四位小数).

27. 证明

$$\sum_{i=1}^{n-1}\Delta^2 f(a+ih)=\Delta f(a+nh)-\Delta f(a).$$

28．利用有限差证明：

(1) $1+a+\cdots+a^n=\dfrac{a^{n+1}-1}{a-1}(a\neq 1)$；

(2) $1^3+2^3+\cdots+n^3=\left[\dfrac{n(n+1)}{2}\right]^2$；

(3) $\sum\limits_{k=0}^{n}\cos\left(\dfrac{\alpha}{2}+k\alpha\right)=\dfrac{\sin(n+1)\alpha}{\sin\dfrac{\alpha}{2}}$.

29．设 $f(x)=2^x$，计算 $\Delta^4 f(n)$，取步长 $h=1$.

30．用 I,E,D,J 分别表示恒等，位移，微分和积分算子，定义为

$$If(x)=f(x),$$
$$E^\alpha f(x)=f(x+\alpha h),$$
$$Df(x)=\frac{\mathrm{d}}{\mathrm{d}x}f(x),$$
$$Jf(x)=\int_x^{x+h}f(t)\mathrm{d}t,$$

其中 α 为任意的实数，并规定 $E^0=I,E^1=E$. 证明：

(1) $JD=DJ=E-I$，

其中算子 $E-I$ 定义为

$$(E-I)f(x)=Ef(x)-If(x),$$

$JD=DJ$ 表示对任何 x，恒有

$$JDf(x)=DJf(x);$$

(2) $\Delta=E-I,\nabla=I-E^{-1},\delta=E^{\frac{1}{2}}-E^{-\frac{1}{2}}$.

31．假设由于舍入误差或者试验误差的影响，使得函数 $f(x)$ 在 $\{a+(k-1)h\}_{k=1}^{n+1}$ 的值不能准确得到，比方说

$$\tilde{f}_k=f_k+\varepsilon_k,$$

其中 $f_k=f(a+(k-1)h)$ 是准确值. 令 $\varepsilon=\max\limits_{1\leqslant k\leqslant n+1}|\varepsilon_k|$.

(1) 证明：对 $k=1,\cdots,n$

$$\Delta^k\tilde{f}_1=\Delta^k f_1+\Delta^k\varepsilon_1.$$

(2) 证明：对 $k=1,\cdots,n$

$$|\Delta\varepsilon_k|\leqslant 2\varepsilon.$$

(3) 利用(2)证明 $|\Delta^2\varepsilon_1|\leqslant 4\varepsilon$，并且证明一般地

$$|\Delta^k\varepsilon_1|\leqslant 2^k\varepsilon,\quad 1\leqslant k\leqslant n.$$

(4) 从(1)和(3)得到结论

$$|\Delta^k\tilde{f}_1-\Delta^k f_1|\leqslant 2^k\varepsilon,\quad 1\leqslant k\leqslant n.$$

这就给出了 k 阶前差绝对误差的一个界为 $2^k\varepsilon$.

32．已知函数 $y=f(x)$ 的观测数据为 $f(0)=1,f(1)=2,f(2)=4,f(3)=8$，试分别求出三次 Newton 前差和后差插值多项式，并求 $f(0.25)$ 和 $f(2.5)$ 的近似值.

33．利用阶乘函数 $i^{(-1)}$ 的差分 $\Delta i^{(-1)}=\dfrac{-1}{(i+1)(i+2)}$ 求级数 $\sum\limits_{i=0}^{\infty}\dfrac{1}{(i+1)(i+2)}$ 的和.

34. 设 u_k, v_k 分别为函数 $u(x)$和 $v(x)$在同一点 x_k 处的值,$x_{k+1}=x_k+h$(h 为步长).证明:

(1) $u_i\Delta v_i=\Delta(u_iv_i)-v_{i+1}\Delta u_i$;

(2) 差分的分部求和公式:

$$\sum_{i=0}^{n-1}u_i\Delta v_i = u_nv_n - u_0v_0 - \sum_{i=0}^{n-1}v_{i+1}\Delta u_i.$$

35. 利用差分的分部求和公式求级数 $\sum_{i=0}^{\infty}ir^i$ 的和以及 $\sum_{i=0}^{\infty}i^2r^i$ 的和,其中$|r|<1$.

36. 设函数 $f(x)$在$[x_1,x_2]$上有三阶连续导数,作一个不高于二次的多项式 $p(x)$满足条件:

$$p(x_1)=f(x_1)=f_1,\quad p'(x_1)=f'(x_1)=f_1',$$
$$p(x_2)=f(x_2)=f_2$$

(4.5节例1),证明其唯一性,并导出它的余项 $f(x)-p(x)$的表达式.

37. 设 $f(x)$在$[x_0,x_2]$上有四阶连续导数.试求满足下列条件的次数不超过3次的插值多项式 $H(x)$:

$$H(x_0)=f(x_0),H(x_1)=f(x_1),H(x_2)=f(x_2),H'(x_1)=f'(x_1),$$

其中 $x_0<x_1<x_2$,并求其余项 $f(x)-H(x)$的表达式.

(提示:令 $H(x)=N_2(x)+A(x-x_0)(x-x_1)(x-x_2)$,$N_2(x)$为 Newton 插值多项式.)

38. 已知函数 $f(x)$在 $x=0,1,2$ 的函数值和导数值如下:

x	0	1	2
$f(x)$	1	2.718	2.389
$f'(x)$	1	2.718	2.389

求 Hermite 插值多项式 $H_5(x)$以及 $f(0.25)$的近似值.

39. 已知函数 $y=f(x)$在若干点的函数值:

$$f(1)=1,f(2)=3,f(4)=4,f(5)=2,$$

且

$$f''(1)=f''(5)=0.$$

试求 $f(x)$的自然三次样条插值函数 $S_N(x)$,并求 $f(3)$的近似值.

40. 已知 $f(x)$在若干点的函数值:$f(1)=1,f(2)=3,f(4)=5,f(5)=2$,以及 $f'(1)=1$,$f'(5)=-4$.求完备三次样条插值函数 $S_C(x)$,并计算 $f(1.5)$和$f(3)$的近似值.

第5章　数值积分

假设 $f(x)$ 为定义在有限区间 $[a,b]$ 上的可积函数,我们要计算定积分

$$\int_a^b f(x)\mathrm{d}x.$$

如果 $F(x)$ 是 $f(x)$ 的一个原函数,那么可以直接利用公式

$$\int_a^b f(x)\mathrm{d}x = F(b) - F(a)$$

来计算它.但是,在实际问题中,这样做往往有困难.有些被积函数 $f(x)$ 的原函数不能用初等函数表示成有限的形式,例如,$\sin x^2$,$\cos x^2$,$\dfrac{\sin x}{x}$ 等等;有些被积函数,尽管它们的原函数可以用初等函数表示成有限的形式,但是表达式却很复杂,对于这些问题,使用这个公式来计算定积分是不方便的.甚至有些被积函数 $f(x)$ 没有具体的解析表达式,仅知道 $f(x)$ 在某些离散点处的值,这就无法应用这个公式了.因此,有必要研究计算定积分的数值方法.

现在,我们来考虑更一般的情形.设 (a,b) 为有限或无穷区间,欲计算积分

$$I(f) = \int_a^b W(x)f(x)\mathrm{d}x,$$

其中 $W(x)$ 为权函数,它满足下面两个条件:

(1) 在 (a,b) 中,$W(x)\geqslant 0$,并且最多只能有有限个零点;

(2) $\int_a^b x^i W(x)\mathrm{d}x$ 存在,$i = 0,1,2,\cdots$.

计算 $I(f)$ 常用的数值方法是用被积函数 $f(x)$ 在若干个点

$$a\leqslant x_1 < x_2 < \cdots < x_{n+1} \leqslant b$$

处的值 $f(x_1),f(x_2),\cdots,f(x_{n+1})$ 的线性组合:

$$I_n(f) = \sum_{i=1}^{n+1} A_i f(x_i)$$

作为 $I(f)$ 的近似值:

$$I(f) \simeq I_n(f).$$

$I_n(f)$ 称为**数值积分公式**或**求积公式**;$x_1,x_2,\cdots,x_{n+1}$ 称为**求积基点**;$A_i(i=1,\cdots,n+1)$ 称为**求积系数**,它们与 $f(x)$ 无关.

一般地,

$$I(f) = I_n(f) + E_n(f).$$

$E_n(f)$称为求积公式的**余项**或**离散误差**.

5.1 Newton-Cotes 型数值积分公式

通常,我们用简单的,便于积分的且又逼近于被积函数 $f(x)$的函数 $\varphi(x)$代替 $f(x)$来构造求积公式.由于多项式不但计算方便.而且容易积分,因此,常取 $\varphi(x)$为一个多项式.例如,取$\varphi(x)$为关于基点

$$a \leqslant x_1 < x_2 < \cdots < x_{n+1} \leqslant b$$

的 Lagrange 插值多项式

$$p_n(x) = \sum_{i=1}^{n+1} l_i(x) f(x_i),$$

其中 $l_i(x)$为 Lagrange 基本多项式

$$l_i(x) = \frac{w_{n+1}(x)}{(x - x_i) w'_{n+1}(x_i)}, \quad i = 1,2,\cdots,n+1,$$

$$w_{n+1}(x) = (x - x_1)(x - x_2)\cdots(x - x_{n+1}).$$

于是

$$I(f) = \int_a^b f(x) W(x) \mathrm{d}x = \sum_{i=1}^{n+1} A_i f(x_i) + E_n(f), \tag{1.1}$$

其中

$$A_i = \int_a^b l_i(x) W(x) \mathrm{d}x, \quad i = 1,2,\cdots,n+1.$$

此时,

$$I_n(f) = \sum_{i=1}^{n+1} A_i f(x_i) \tag{1.2}$$

称为**插值求积公式**.假设 $f(x)$具有 $n+1$ 阶连续导数,则离散误差为

$$E_n(f) = \int_a^b \frac{f^{(n+1)}(\xi)}{(n+1)!} w_{n+1}(x) W(x) \mathrm{d}x.$$

5.1.1 Newton-Cotes 型求积公式

设$[a,b]$为有限区间,$W(x)=1$,并且基点

$$a = x_1 < x_2 < \cdots < x_{n+1} = b$$

为等距基点,即**步长** $h = x_{i+1} - x_i = \dfrac{b-a}{n}$, $i = 1,\cdots,n$,相应的公式(1,2)便称为(n 阶)**Newton-Cotes 型求积公式**,A_i 称为 **Cotes 系数**($i=1,\cdots,n+1$).此时,令

$$x = a + th,$$

则

$$\begin{aligned}
dx &= h\,dt, \\
x - x_i &= h(t - i + 1), \quad i = 1,2,\cdots,n+1, \\
w_{n+1}(x) &= (x - x_1)(x - x_2)\cdots(x - x_n)(x - x_{n+1}) \\
&= h^{n+1}t(t-1)\cdots(t-n), \\
w'_{n+1}(x_i) &= (x_i - x_1)\cdots(x_i - x_{i-1})(x_i - x_{i+1})\cdots(x_i - x_{n+1}) \\
&= (-1)^{n+1-i}h^n(i-1)!(n+1-i)!.
\end{aligned}$$

因而

$$\begin{aligned}
A_i &= \int_a^b \frac{w_{n+1}(x)}{(x - x_i)w'_{n+1}(x_i)}dx \\
&= (-1)^{n+1-i}\frac{h}{(i-1)!(n+1-i)!}\int_0^n t(t-1)\cdots(t-(i-2))(t-i)\cdots(t-n)dt, \\
&\qquad i = 1,2,\cdots,n+1.
\end{aligned} \tag{1.3}$$

再令

$$A_i = AhB_i, \tag{1.4}$$

其中 $Ah>0$,是诸 $A_i(i=1,\cdots,n+1)$的公因子,则(1.1)和(1.2)式分别写成

$$I(f) = I_n(f) + E_n(f) \tag{1.5}$$

和

$$I_n(f) = Ah\sum_{i=1}^{n+1}B_i f(x_i), \tag{1.6}$$

其中

$$B_i = \frac{A_i}{Ah}.$$

不难证明,系数 B_i 具有对称性,即

$$B_i = B_{n+2-i}, \quad i = 1,2,\cdots,n.$$

5.1.2　梯形公式和 Simpson 公式

现在,我们考虑两个简单的 Newton-Cotes 型求积公式. 当 $n=1$ 时,取两个基点 $x_1=a, x_2=b$. 据(1.3)式有

$$\begin{aligned}
A_1 &= (-1)(b-a)\int_0^1 (t-1)dt = \frac{b-a}{2}, \\
A_2 &= (b-a)\int_0^1 t\,dt = \frac{b-a}{2}.
\end{aligned}$$

因此

$$I_1(f) = \frac{b-a}{2}(f(a) + f(b)). \tag{1.7}$$

在 1.2 节中,我们曾经提到过这个公式,通常称它为**梯形公式**.

当 $n=2$ 时,取三个基点

$$x_1 = a, \quad x_2 = \frac{a+b}{2}, \quad x_3 = b.$$

由(1.3)式,得

$$A_1 = \frac{h}{2}\int_0^2 (t-1)(t-2)\mathrm{d}t = \frac{h}{3},$$

$$A_2 = -h\int_0^2 t(t-2)\mathrm{d}t = \frac{4}{3}h,$$

$$A_3 = \frac{h}{2}\int_0^2 t(t-1)\mathrm{d}t = \frac{h}{3}.$$

因此

$$I_2(f) = \frac{h}{3}\left[f(a) + 4f\left(\frac{a+b}{2}\right) + f(b)\right], \tag{1.8}$$

其中 $h=(b-a)/2$.

(1.8)式的几何意义是,$I_2(f)$ 恰好是经过三点 $(a, f(a))$, $\left(\frac{a+b}{2}, f\left(\frac{a+b}{2}\right)\right)$, $(b, f(b))$ 的抛物线 $y=N_2(x)(a\leqslant x\leqslant b, y\geqslant 0)$ 所围成的曲边梯形的面积.通常称 $I_2(f)$ 为**抛物线公式**或 **Simpson 公式**.

例 应用梯形公式和 Simpson 公式计算积分

$$I(f) = \int_0^1 \frac{1}{1+x}dx.$$

解 应用梯形公式得

$$I_1(f) = \frac{1}{2}(f(0) + f(1)) = \frac{1}{2}(1 + 0.5) = 0.75;$$

应用 Simpson 公式得

$$\begin{aligned} I_2(f) &= \frac{0.5}{3}(f(0) + 4f(0.5) + f(1)) \\ &= \frac{0.5}{3}(1 + 4\times 0.66666667 + 0.5) \\ &= 0.69444444. \end{aligned}$$

直接计算积分得

$$I(f) = \int_0^1 \frac{1}{1+x}\mathrm{d}x = \ln 2 = 0.69314718.$$

5.1.3 误差、收敛性和数值稳定性

应用 Newton-Cotes 型求积公式(1.6) 计算定积分 $I(f)=\int_a^b f(x)\mathrm{d}x$ 时,一方面由于它是由(1.5) 去掉余项 $E_n(f)$ 得到的,因而产生了离散误差 $E_n(f)$;另一方面,由于计算机的字长是有限的,函数值可能带有误差,并且计算 $I_n(f)$ 还会有舍入误差.

关于离散误差,我们有下面的定理.

定理 设 n 为偶数且 $f(x)$在$[a,b]$上有 $n+2$ 阶连续导数,则 Newton-Cotes 型求积公式(1.6)的离散误差为

$$E_n(f)=\frac{h^{n+3}f^{(n+2)}(\eta)}{(n+2)!}\int_0^n t^2(t-1)\cdots(t-n)\mathrm{d}t,\quad \eta\in(a,b);\tag{1.9}$$

若 n 为奇数,且 $f(x)$在$[a,b]$上有 $n+1$ 阶连续导数,则

$$E_n(f)=\frac{h^{n+2}f^{(n+1)}(\xi)}{(n+1)!}\int_0^n t(t-1)\cdots(t-n)\mathrm{d}t,\quad \xi\in(a,b).\tag{1.10}$$

特别,$n=1$ 时,梯形公式的离散误差为

$$E_1(f)=-\frac{(b-a)^3}{12}f''(\xi).\tag{1.11}$$

$n=2$ 时,Simpson 公式的离散误差为

$$E_2(f)=-\frac{h^5}{90}f^{(4)}(\eta),\quad h=\frac{b-a}{2}.\tag{1.12}$$

假设在区间$[a,b]$上给定基点组成的无穷三角阵

$$\left.\begin{array}{llllll}
x_1^{(1)} \\
x_1^{(2)}, & x_2^{(2)} \\
x_1^{(3)}, & x_2^{(3)}, & x_3^{(3)} \\
\cdots\cdots\cdots\cdots \\
x_1^{(n)}, & x_2^{(n)} & x_3^{(n)}, & \cdots, & x_n^{(n)} \\
x_1^{(n+1)}, & x_2^{(n+1)}, & x_3^{(n+1)}, & \cdots, & x_n^{(n+1)}, & x_{n+1}^{(n+1)} \\
\cdots\cdots\cdots\cdots
\end{array}\right\}.\tag{1.13}$$

由基点组

$$a\leqslant x_1^{(n)}<x_2^{(n)}<\cdots<x_n^{(n)}\leqslant b$$

构造带余项的插值求积公式

$$\int_a^b f(x)W(x)\mathrm{d}x=\sum_{i=1}^n A_i^{(n)}f(x_i^{(n)})+E_{n-1}(f).$$

若

$$\lim_{n\to\infty} E_{n-1}(f) = 0,$$

则由基点三角阵(1.13)产生的插值求积公式

$$I_n(f) = \sum_{i=1}^{n} A_i^{(n)} f(x_i^{(n)})$$

收敛于定积分$\int_a^b f(x)W(x)\mathrm{d}x$,即

$$\lim_{n\to\infty}\sum_{i=1}^{n} A_i^{(n)} f(x_i^{(n)}) = \int_a^b f(x)W(x)\mathrm{d}x.$$

此时,我们说由基点三角阵(1.13)产生的插值求积方法是收敛的.

可以证明,Newton-Cotes 型求积方法并不是对任何连续函数都收敛.

现在,我们来考虑计算 $I_n(f) = Ah\sum_{i=1}^{n+1} B_i f(x_i)$ 的过程中舍入误差对计算结果的影响问题,这是数值求积公式的数值稳定性问题.假设计算函数值 $f(x_i)$ 得到的近似值为 y_i,其舍入误差为 ε_i,即 $f(x_i) = y_i + \varepsilon_i, i = 1,2,\cdots,n+1$,则使用公式(1.6)时,实际得到的是

$$I_n^*(f) = Ah\sum_{i=1}^{n+1} B_i y_i,$$

计算结果的误差为

$$\begin{aligned}\eta_n &= I_n(f) - I_n^*(f)\\ &= Ah\sum_{i=1}^{n+1} B_i f(x_i) - Ah\sum_{i=1}^{n+1} B_i y_i = Ah\sum_{i-1}^{n+1} B_i\varepsilon_i.\end{aligned}$$

假定

$$\max_{1\leqslant i\leqslant n+1} |\varepsilon_i| = \frac{1}{2}\cdot 10^{-t},$$

则有

$$|\eta_n| \leqslant \frac{1}{2}\cdot 10^{-t} Ah\sum_{i=1}^{n+1} |B_i|. \tag{1.14}$$

若取 $f(x)=1$,则 $E_n(f)=0$,从而有

$$Ah\sum_{i=1}^{n+1} B_i = \int_a^b 1\mathrm{d}x = b - a.$$

因此,若诸系数 B_i 皆为正数,则

$$|\eta_n| \leqslant \frac{1}{2}10^{-t}(b-a).$$

这就是说,使用(1.6)时,计算结果的误差得到控制,计算过程是数值稳定的.但是 $n\geqslant 8$ 时,Cotes 系数 B_i 出现负数,这样会使

$$Ah\sum_{i=1}^{n+1} |B_i| > b - a.$$

因此,对于较大的 n,Newton-Cotes 型求积公式会产生数值不稳定性,因而不宜使用.

5.2　复合求积公式

应用高阶的 Newton-Cotes 型求积公式计算积分 $\int_a^b f(x)\mathrm{d}x$ 会出现数值不稳定,低阶公式(如梯形和 Simpson 公式)又往往因积分区间步长过大使得离散误差大.然而,若积分区间愈小,则离散误差小.因此,为了提高求积公式的精确度,可以把积分区间分成若干个子区间,在每个子区间上使用低阶公式,然后将结果加起来.这种公式称为**复合求积公式**.

5.2.1　复合梯形公式

用点

$$a = x_1 < x_2 < \cdots < x_{n+1} = b$$

将积分区间$[a,b]$分成 n 个相等的子区间$[x_i,x_{i+1}]$,$i=1,\cdots,n$,其中

$$x_{i+1} - x_i = \frac{b-a}{n} = h,\quad i = 1,\cdots,n,$$

即

$$x_i = a + (i-1)h,\quad i = 1,\cdots,n+1.$$

在每个子区间$[x_i,x_{i+1}]$上使用梯形公式得

$$\int_{x_i}^{x_{i+1}} f(x)\mathrm{d}x = \frac{h}{2}[f(x_i) + f(x_{i+1})] - \frac{h^3}{12}f''(\xi_i),\quad x_i < \xi_i < x_{i+1}.$$

于是

$$\int_a^b f(x)\mathrm{d}x = \sum_{i=1}^{n}\int_{x_i}^{x_{i+1}} f(x)\mathrm{d}x = \frac{h}{2}\sum_{i=1}^{n}[f(x_i) + f(x_{i+1})] - \frac{h^3}{12}\sum_{i=1}^{n}f''(\xi_i).$$

假设 $f''(x)$在$[a,b]$上连续,则在(a,b)中必存在一点 ξ,使得

$$\frac{1}{n}\sum_{i=1}^{n}f''(\xi_i) = f''(\xi),$$

从而有

$$\int_a^b f(x)\mathrm{d}x = \frac{h}{2}\left[f(a) + f(b) + 2\sum_{i=1}^{n-1}f(a+ih)\right] - \frac{nh^3}{12}f''(\xi).$$

于是得到**复合梯形公式**

$$T_n(f) = \frac{h}{2}\left[f(a) + f(b) + 2\sum_{i=1}^{n-1}f(a+ih)\right],\quad h = \frac{b-a}{n},\tag{2.1}$$

且

$$I(f) = \int_a^b f(x)\mathrm{d}x = T_n(f) + E_n(f),$$

其中

$$E_n(f) = -\frac{nh^3}{12}f''(\xi) = -\frac{h^2(b-a)}{12}f''(\xi), \quad a < \xi < b. \tag{2.2}$$

如果计算函数值 $f(x_i)$时有误差 ε_i,且 $\max\limits_{1\leqslant i\leqslant n+1}|\varepsilon_i| = \frac{1}{2}\times 10^{-t}$,那么,使用复合求积公式(2.1)计算 $T_n(f)$的误差界为

$$\begin{aligned}|\eta_n| &\leqslant \frac{h}{2}(1+2+\cdots+2+1)\cdot\frac{1}{2}\times 10^{-t} \\ &= \frac{nh}{2}\times 10^{-t} = \frac{1}{2}10^{-t}(b-a).\end{aligned}$$

因此,复合梯形公式(2.1)是数值稳定的.

5.2.2 复合 Simpson 公式

用 $n+1(n=2m)$个点

$$a = x_0 < x_1 < \cdots < x_{2m} = b$$

将积分区间$[a,b]$分成 m 个相等的子区间$[x_{2i-2}, x_{2i}]$, $i=1,\cdots,m$. 设子区间$[x_{2i-2}, x_{2i}]$的中点为 x_{2i-1},且

$$x_{2i} - x_{2i-2} = \frac{b-a}{m} = 2h, \quad i = 1,\cdots,m.$$

在每个子区间$[x_{2i-2}, x_{2i}]$上使用 Simpson 公式得

$$\int_{x_{2i-2}}^{x_{2i}} f(x)\mathrm{d}x = \frac{h}{3}[f(x_{2i-2}) + 4f(x_{2i-1}) + f(x_{2i})] - \frac{h^5}{90}f^{(4)}(\xi_i),$$

其中 $x_{2i-2}<\xi_i<x_{2i}$. 于是,若 $f^{(4)}$在$[a,b]$上连续,则

$$\begin{aligned}\int_a^b f(x)\mathrm{d}x &= \sum_{i=1}^{m}\int_{x_{2i-2}}^{x_{2i}} f(x)\mathrm{d}x \\ &= \frac{h}{3}\sum_{i=1}^{m}[f(x_{2i-2}) + 4f(x_{2i-1}) + f(x_{2i})] - \frac{h^5}{90}\sum_{i=1}^{m}f^{(4)}(\xi_i) \\ &= \frac{h}{3}[f(a) + f(b) + 4\sum_{i=1}^{m}f(a+(2i-1)h) \\ &\quad + 2\sum_{i=1}^{m-1}f(a+2ih)] - \frac{mh^5}{90}f^{(4)}(\xi), \\ &\quad a < \xi < b.\end{aligned} \tag{2.3}$$

这样,便得到**复合 Simpson 公式**

$$S_m(f) = \frac{h}{3}[f(a) + f(b) + 4\sum_{i=1}^{m}f(a+(2i-1)h) + 2\sum_{i=1}^{m-1}f(a+2ih)],$$

$$h = \frac{b-a}{2m} = \frac{b-a}{n}, \tag{2.4}$$

其离散误差为

$$E_m(f) = -\frac{mh^5}{90}f^{(4)}(\xi) = -\frac{h^4(b-a)}{180}f^{(4)}(\xi), \quad a < \xi < b. \quad (2.5)$$

假设计算诸函数值 $f(x_i)$时产生的舍入误差为 ε_i，且 $\max\limits_{0\leqslant i\leqslant 2m}|\varepsilon_i| = \frac{1}{2}\times 10^{-t}$，那么用复合 Simpson 公式计算得结果的误差的绝对值不超过$\frac{1}{2}\times 10^{-t}(b-a)$，因而是数值稳定的.

算法 5.1　用复合 Simpson 公式计算积分 $I = \int_a^b f(x)\mathrm{d}x$（把积分区间$[a,b]$分成 m 个相等子区间）.

输入　端点 a,b；正整数 m.

输出　I 的近似值SI.

step 1　$h \leftarrow \frac{b-a}{2m}$.

step 2　$SI0 \leftarrow f(a) + f(b)$;

$SI1 \leftarrow 0$;

$SI2 \leftarrow 0$.

step 3　对 $i=1,\cdots,2m-1$ 做 step 4～5.

step 4　$x \leftarrow a + ih$.

step 5　若 i 是偶数，则 $SI2 \leftarrow SI2 + f(x)$，

否则 $SI1 \leftarrow SI1 + f(x)$.

step 6　$SI \leftarrow h(SI0 + 4\cdot SI1 + 2\cdot SI2)/3$.

step 7　输出(SI)；

停机.

例 1　应用复合梯形公式计算积分

$$I = \int_0^1 6e^{-x^2}\mathrm{d}x$$

时要求误差不超过 10^{-6}，试确定所需的步长 h 和基点个数.

解　令 $f(x)=6e^{-x^2}$，则

$$f'(x) = -12xe^{-x^2},$$

$$f''(x) = 12e^{-x^2}(2x^2-1),$$

$$f'''(x) = 24xe^{-x^2}(3-2x^2) \neq 0, \quad x \in (0,1).$$

$f''(x)$在$[0,1]$上为单调函数，因此

$$\max_{x\in[0,1]}|f''(x)| = \max\{|f''(0)|, |f''(1)|\} = |f''(0)| = 12.$$

由于复合梯形公式的离散误差为

$$E_n(f) = -\frac{h^2(b-a)}{12}f''(\xi), \quad 0 < \xi < 1,$$

因此

$$|E_n(f)| \leqslant \frac{h^2(b-a)}{12}\max_{x\in[0,1]}|f''(x)|.$$

要使$|E_n(f)| \leqslant 10^{-6}$,则只要

$$\frac{h^2(b-a)}{12}\max_{x\in[0,1]}|f''(x)| \leqslant 10^{-6},$$

即

$$\frac{12h^2(1-0)}{12} = h^2 \leqslant 10^{-6}.$$

因此 $h \leqslant 10^{-3}$.故可取步长 $h=10^{-3}$.由于

$$h = (b-a)/n = 1/n,$$

因此得 $n=10^3$.故可取基点数为 1001.

例 2 试用复合 Simpson 公式计算积分

$$I(f) = \int_1^2 3\ln x \mathrm{d}x,$$

要求误差不超过 10^{-5},并把计算结果与准确值比较.

解 令 $f(x)=3\ln x$,则

$$f^{(4)}(x) = -\frac{18}{x^4},$$

且

$$\max_{x\in[1,2]}|f^{(4)}(x)| = 18.$$

由于复合 Simpson 公式的离散误差为

$$E_m(f) = -\frac{h^4(b-a)}{180}f^{(4)}(\xi) = -\frac{(b-a)^5}{2880m^4}f^{(4)}(\xi), \quad 1 < \xi < 2,$$

因此

$$|E_m(f)| \leqslant \frac{(b-a)^5}{2880m^4}\max_{x\in[1,2]}|f^{(4)}(x)|.$$

要使$|E_m(f)| \leqslant 10^{-5}$,则只要

$$\frac{(b-a)^5}{2880m^4}\max_{x\in[1,2]}|f^{(4)}(x)| \leqslant 10^{-5},$$

即

$$\frac{18}{2880m^4} = \frac{1}{160m^4} \leqslant 10^{-5},$$

因此,$m \geqslant 5$.取 $m=5, h=\frac{b-a}{2m}=0.1$.于是

$$
\begin{aligned}
I(f) &\simeq S_5(f) \\
&= 3 \times \frac{0.1}{3}[\ln 1 + \ln 2 + 2(\ln 1.2 + \ln 1.4 + \ln 1.6 + \ln 1.8) \\
&\quad + 4(\ln 1.1 + \ln 1.3 + \ln 1.5 + \ln 1.7 + \ln 1.9)] \\
&= 1.15888021,
\end{aligned}
$$

$$
\begin{aligned}
\left| I(f) - S_5(f) \right| &= \left| 3(x\ln x - x)\Big|_1^2 - S_5(f) \right| \\
&= \left| 1.15888308 - S_5(f) \right| < 2.87 \times 10^{-6}.
\end{aligned}
$$

5.3　区间逐次分半法

应用复合求积公式计算定积分 $\int_a^b f(x)\mathrm{d}x$ 时,为了保证计算结果的精确度,往往需要事先根据公式的离散误差界来确定积分区间 $[a,b]$ 分成多少个子区间,即步长取多大.这样做通常是有困难的.这一节,我们介绍一种积分计算过程,它通过一定程序,让计算机自动选取积分步长,并算出满足精确度要求的积分近似值.更具体地说,我们可以将积分区间逐次分半,就是每次总是将前一次分成的子区间再分半,使用复合求积公式计算后随时比较相邻两次结果.若二者之差小于所允许的误差界限,则最后计算结果作为积分的近似值.这种方法称为**区间逐次分半法**.

我们将积分区间 $[a,b]$ 分成 n 个相等的子区间,应用复合梯形公式(2.1),其离散误差为

$$E_n(f) = I(f) - T_n(f) = -\frac{(b-a)^3}{12n^2}f''(\xi_n). \tag{3.1}$$

若将上述子区间分半,即将积分区间 $[a,b]$ 分成 $2n$ 个子区间,此时

$$E_{2n}(f) = I(f) - T_{2n}(f) = -\frac{(b-a)^3}{12(2n)^2}f''(\xi_{2n}).$$

在 $f''(x)$ 变化不大的情形下,有 $f''(\xi_n) = f''(\xi_{2n})$,于是

$$I(f) - T_{2n}(f) = -\frac{1}{4}\frac{(b-a)^3}{12n^2}f''(\xi_n). \tag{3.2}$$

比较(3.1)和(3.2)式就有

$$4(I(f) - T_{2n}(f)) \simeq I(f) - T_n(f)$$

即

$$I(f) - T_{2n}(f) \simeq \frac{1}{3}(T_{2n}(f) - T_n(f)).$$

因此,可根据条件

$$| T_{2n}(f) - T_n(f) | < \varepsilon(\text{允许误差})$$

来判断积分近似值 $T_{2n}(f)$是否满足精确度要求.在积分近似值的绝对值比较大的情形,我们可以根据

$$\frac{|T_{2n}(f) - T_n(f)|}{|T_{2n}(f)|} \tag{3.3}$$

是否小于所允许的误差界 δ,来判断 $T_{2n}(f)$是否满足精确度要求.

现在,我们将积分区间$[a,b]$逐次分半.每次使用复合梯形公式,得到的积分近似值称为**梯形值**.第 m 次将区间分半(此时将区间$[a,b]$分成 2^{m-1}等分)得到的梯形值记作 $T_{m,1}$.令

$$h_m = (b-a)/2^{m-1}.$$

这样,便可得到一系列的梯形值.当 $m=1$ 时,

$$T_{1,1} = \frac{b-a}{2}(f(a)+f(b)).$$

当 $m=2$ 时,

$$\begin{aligned} T_{2,1} &= \frac{1}{2}\frac{b-a}{2}\left[f(a)+f(b)+2f\left(a+\frac{b-a}{2}\right)\right] \\ &= \frac{1}{2}\left[T_{1,1}+(b-a)f\left(a+\frac{b-a}{2}\right)\right] \\ &= \frac{1}{2}\left[T_{1,1}+h_1 f\left(a+\frac{h_1}{2}\right)\right]. \end{aligned}$$

当 $m=3$ 时,

$$\begin{aligned} T_{3,1} &= \frac{1}{2}\frac{b-a}{4}\left\{f(a)+f(b)+2\left[f\left(a+\frac{b-a}{4}\right)+f\left(a+\frac{b-a}{2}\right)\right.\right. \\ &\quad \left.\left.+f\left(a+\frac{3(b-a)}{4}\right)\right]\right\} \\ &= \frac{1}{2}\left\{T_{2,1}+h_2\left[f\left(a+\frac{h_2}{2}\right)+f\left(a+\frac{3h_2}{2}\right)\right]\right\}. \end{aligned}$$

一般地

$$T_{m,1} = \frac{1}{2}\left[T_{m-1,1}+h_{m-1}\sum_{k=1}^{2^{m-2}} f\left(a+\left(k-\frac{1}{2}\right)h_{m-1}\right)\right]$$
$$m = 2,3,\cdots, \tag{3.4}$$

其中

$$h_m = \frac{b-a}{2^{m-1}} = \frac{1}{2}h_{m-1}, \quad h_1 = b-a.$$

h_m 是将区间$[a,b]$分成 2^{m-1}等分的步长.(3.4)式称为**变步长梯形公式**,它与定步长复合梯形公式没有本质区别.由于我们在计算过程中将积分区间逐次分半,因此变步长梯形公式中的步长不像定步长梯形公式那样固定不变,而是随积分区间逐次分半而逐次缩小一半.变步长梯形公式(3.4)的优点是上一次计算得积分近似

值对当前的计算仍然有用.

在计算梯形值序列的过程中,每当算出一个梯形值 $T_{m,1}$时,判断它是否满足精确度要求的准则如下:设

$$d = \begin{cases} T_{m,1} - T_{m-1,1}, & \text{当} \mid T_{m,1} \mid < KC \text{时}; \\ \dfrac{T_{m,1} - T_{m-1,1}}{T_{m,1}}, & \text{当} \mid T_{m,1} \mid \geqslant KC \text{时}, \end{cases}$$

其中 KC 为误差控制常数.若$|d|<\varepsilon$,且 $m>m_0$ 时,则 $T_{m,1}$作为 $I(f)$的近似值,否则继续将积分区间分半,直到$|d|<\varepsilon$ 且 $m>m_0$ 为止.

类似地,我们将积分区间逐次分半,每次应用复合 Simpson 公式,则可导出变步长 Simpson 公式.

5.4 Euler-Maclaurin 公式

为了推导 Euler-Maclaurin 公式,我们先引进一个具有某些特性的多项式序列.设 $q_j(t)$是一个 j 次多项式,它满足下列条件:

(i) $q_0(t)=1$;

(ii) $q'_{j+1}(t)=q_j(t),j\geqslant 0$;

(iii) $\int_0^1 q_j(t)\mathrm{d}t = 0, j \geqslant 1$.

多项式序列$\{q_j(t)\}$有下列简单性质:

(1) $q_{j+1}(t) = q_{j+1}(0) + \int_0^t q_j(x)\mathrm{d}x, j = 0,1,2,\cdots$.

据此递推关系式和(iii)可以逐步计算出各次多项式 $q_j(t)$.例如,由

$$\begin{aligned} q_1(t) &= q_1(0) + \int_0^t 1\mathrm{d}t \\ &= q_1(0) + t, \end{aligned}$$

$$\int_0^1 q_1(t)\mathrm{d}t = \left(q_1(0)t + \frac{t^2}{2}\right)\Big|_0^1 = q_1(0) + \frac{1}{2} = 0,$$

得 $q_1(0)=-\dfrac{1}{2}$.因此得到

$$q_1(t) = t - \frac{1}{2}.$$

由

$$q_2(t) = q_2(0) + \int_0^t \left(x - \frac{1}{2}\right)\mathrm{d}x = q_2(0) + \frac{1}{2}t^2 - \frac{1}{2}t,$$

$$\int_0^1 q_2(t)\mathrm{d}t = \left(q_2(0)t + \frac{1}{6}t^3 - \frac{1}{4}t^2\right)\Big|_0^1 = q_2(0) + \frac{1}{6} - \frac{1}{4} = 0,$$

得 $q_2(0)=\frac{1}{12}$,从而得到

$$q_2(t)=\frac{1}{2}t^2-\frac{1}{2}t+\frac{1}{12}.$$

如此继续进行下去,我们可求得

$$q_3(t)=\frac{1}{3!}t^3-\frac{1}{4}t^2+\frac{1}{12}t,$$

$$q_4(t)=\frac{1}{4!}t^4-\frac{1}{12}t^3+\frac{1}{24}t^2-\frac{1}{720},$$

$$q_5(t)=\frac{1}{5!}t^5-\frac{1}{48}t^4+\frac{1}{72}t^3-\frac{1}{720}t,$$

等等.

(2) $q_j(1)=q_j(0), j\geqslant 2$.

证明 据性质(1)有

$$q_{j+1}(1)-q_{j+1}(0)=\int_0^1 q_j(t)\mathrm{d}t.$$

再由(iii),上式右端等于零($j\geqslant 1$).

(3) 令 $p_j(t)=q_j\left(t+\frac{1}{2}\right)$,则 $p_{2j}(t)$为偶函数,$p_{2j+1}(t)$为奇函数.

证明 当 $j=0$ 时,$p_0(t)=1$ 为偶函数,设 $p_{2j}(t)$对某一个 $j\geqslant 0$ 为偶函数.据(ii)和(iii)可知

$$p'_{2j+1}(t)=p_{2j}(t),$$

$$\int_{-\frac{1}{2}}^{\frac{1}{2}} p_{2j+1}(t)\mathrm{d}t=\int_{-\frac{1}{2}}^{\frac{1}{2}} q_{2j+1}\left(t+\frac{1}{2}\right)\mathrm{d}t=\int_0^1 q_{2j+1}(x)\mathrm{d}x=0.$$

由于 $p_{2j}(t)$为偶函数,因此

$$g(t)=\int_0^t p_{2j}(x)\mathrm{d}x$$

为奇函数,从而

$$\int_{-\frac{1}{2}}^{\frac{1}{2}} g(t)\mathrm{d}t=0.$$

因为

$$g(t)=\int_0^t p_{2j}(x)\mathrm{d}x=\int_0^t p'_{2j+1}(x)\mathrm{d}x=p_{2j+1}(t)-p_{2j+1}(0),$$

所以

$$\int_{-\frac{1}{2}}^{\frac{1}{2}} g(t)\mathrm{d}t=\int_{-\frac{1}{2}}^{\frac{1}{2}} p_{2j+1}(t)\mathrm{d}t-p_{2j+1}(0)\int_{-\frac{1}{2}}^{\frac{1}{2}}\mathrm{d}t=-p_{2j+1}(0)=0.$$

从而可知 $p_{2j+1}(t)=g(t)$为奇函数.由于

$$p_{2j+2}(t)=\int_0^t p_{2j+1}(t)\mathrm{d}t+C,$$

奇函数的任一原函数为偶函数,因此 $p_{2j+2}(t)$是一个偶函数.根据归纳法原理,结论成立.

(4) $q_{2j+1}(0)=q_{2j+1}(1)=0,\quad j\geqslant 1.$

证明　对 $j\geqslant 1$,据性质(2)和(3)可知

$$q_{2j+1}(1)=q_{2j+1}(0)=p_{2j+1}\left(-\frac{1}{2}\right)=-p_{2j+1}\left(\frac{1}{2}\right)=-q_{2j+1}(1),$$

因此 $q_{2j+1}(0)=q_{2j+1}(1)=0$.

定理1　假设函数 $F(t)$在$[0,1]$上有 k 阶连续导数,$\{q_j(t)\}_{j=0}^k$是前面所定义的多项式序列,那么有等式:

$$\int_0^1 F(t)\mathrm{d}t=\frac{1}{2}[F(0)+F(1)]+\sum_{j=1}^{k-1}(-1)^j q_{j+1}(0)[F^{(j)}(1)-F^{(j)}(0)]$$
$$+(-1)^k\int_0^1 F^{(k)}(t)q_k(t)\mathrm{d}t. \tag{4.1}$$

证明　利用分部积分得

$$\begin{aligned}\int_0^1 F(t)\mathrm{d}t&=\int_0^1 F(t)q_0(t)\mathrm{d}t\\&=F(t)q_1(t)\Big|_0^1-\int_0^1 F'(t)q_1(t)\mathrm{d}t\\&=\frac{1}{2}[F(0)+F(1)]-\int_0^1 F'(t)q_1(t)\mathrm{d}t,\end{aligned}$$

再用分部积分法,得

$$\begin{aligned}\int_0^1 F'(t)q_1(t)\mathrm{d}t&=F'(t)q_2(t)\Big|_0^1-\int_0^1 F''(t)q_2(t)\mathrm{d}t\\&=q_2(0)[F'(1)-F'(0)]-\int_0^1 F''(t)q_2(t)\mathrm{d}t,\end{aligned}$$

因此

$$\int_0^1 F(t)\mathrm{d}t=\frac{1}{2}[F(0)+F(1)]-q_2(0)[F'(1)-F'(0)]+\int_0^1 F''(t)q_2(t)\mathrm{d}t.$$

反复利用分部积分法继续上述过程便可得(4.1)式.

定理2　假设函数 $f(x)$在$[a,b]$上有 $k(\geqslant 2)$阶连续导数,$x_i=a+(i-1)h$,$h=(b-a)/n$,$i=1,2,\cdots,n+1$,那么 Euler-Maclaurin 公式:

$$I(f)=T_n(f)-h^2q_2(0)[f'(b)-f'(a)]-h^4q_4(0)[f'''(b)-f'''(a)]$$
$$+\cdots+(-1)^{k-1}h^kq_k(0)[f^{(k-1)}(b)-f^{(k-1)}(a)]+R_k^n(f), \tag{4.2}$$

成立,其中

$$R_k^n(f) = (-1)^k h^{k+1} \sum_{i=1}^{n} \int_0^1 f^{(k)}(x_i + th) q_k(t) \mathrm{d}t.$$

证明 我们定义

$$F(t) = f(x_i + th), \quad t \in [0,1],$$

则

$$F(0) = f(x_i), \qquad F(1) = f(x_i + h),$$

且

$$\begin{aligned} F'(t) &= hf'(x_i + th), \\ F''(t) &= h^2 f''(x_i + th), \\ &\cdots\cdots \\ F^{(k)}(t) &= h^k f^{(k)}(x_i + th). \end{aligned}$$

令 $x = x_i + th$,则

$$\int_0^1 F(t)\mathrm{d}t = \int_0^1 f(x_i + th)\mathrm{d}t = \frac{1}{h}\int_{x_i}^{x_{i+1}} f(x)\mathrm{d}x.$$

据(4.1)式,我们有

$$\begin{aligned} \int_{x_i}^{x_{i+1}} f(x)\mathrm{d}x = h\int_0^1 F(t)\mathrm{d}t \\ &= \frac{h}{2}[f(x_i) + f(x_{i+1})] + \sum_{j=1}^{k-1}(-1)^j h^{j+1} q_{j+1}(0) \\ &\quad \times [f^{(j)}(x_{i+1}) - f^{(j)}(x_i)] \\ &\quad + (-1)^k h^{k+1} \int_0^1 f^{(k)}(x_i + th) q_k(t)\mathrm{d}t. \end{aligned} \tag{4.3}$$

对(4.3)式两端从 $i=1$ 到 $i=n$ 求和,并注意到 $q_3(0) = q_5(0) = \cdots = 0$,便得到 Euler-Maclaurin 公式(4.2).

在 Euler-Maclaurin 公式(4.2)中,令

$$CT_n(f) = T_n(f) - h^2 q_2(0)[f'(b) - f'(a)].$$

由于 $q_2(0) = \frac{1}{12}$,我们便得到修正的梯形公式

$$CT_n(f) = T_n(f) - \frac{h^2}{12}[f'(b) - f'(a)]. \tag{4.4}$$

又因 $q_4(0) = -\frac{1}{720}$,因此

$$I(f) - CT_n(f) = \frac{1}{720}h^4[f'''(b) - f'''(a)] + R_4^n(f). \tag{4.5}$$

我们可以利用(4.5)式来确定 $CT_n(f)$的误差界. 但是,对 $k=4$,利用(4.3)式

则更为方便.据(4.3)式,我们有

$$\int_{x_i}^{x_{i+1}} f(x)\mathrm{d}x = \frac{h}{2}[f(x_i) + f(x_{i+1})] - \frac{h^2}{12}[f'(x_{i+1}) - f'(x_i)]$$

$$+ \frac{h^4}{720}[f'''(x_{i+1}) - f'''(x_i)] + h^5\int_0^1 f^{(4)}(x_i + th)q_4(t)\mathrm{d}t.$$

令 $x = x_i + th$,则

$$\int_0^1 f^{(4)}(x_i + th)\mathrm{d}t = h^{-1}\int_{x_i}^{x_{i+1}} f^{(4)}(x)\mathrm{d}x$$

$$= h^{-1}(f'''(x_{i+1}) - f'''(x_i)).$$

因此

$$\int_{x_i}^{x_{i+1}} f(x)\mathrm{d}x = \frac{h}{2}[f(x_i) + f(x_{i+1})] - \frac{h^2}{12}[f'(x_{i+1}) - f'(x_i)]$$

$$+ h^5\int_0^1 f^{(4)}(x_i + th)Q_4(t)\mathrm{d}t,$$

其中

$$Q_4(t) = q_4(t) + \frac{1}{720} = t^2(t-1)^2/24.$$

由于 $Q_4(t)$ 在(0,1)中不变号,应用推广的积分中值定理,并注意到 $\int_0^1 Q_4(t)\mathrm{d}t = \frac{1}{720}$,得

$$\int_{x_i}^{x_{i+1}} f(x)\mathrm{d}x = \frac{h}{2}[f(x_i) + f(x_{i+1})] - \frac{1}{12}h^2[f'(x_{i+1}) - f'(x_i)]$$

$$+ \frac{1}{720}h^5 f^{(4)}(x_i + \theta h), \quad 0 < \theta < 1.$$

上式两端对 $i=1$ 到 $i=n$ 求和得

$$I(f) = CT_n(f) + \frac{h^5}{720}\sum_{i=1}^{n} f^{(4)}(x_i + \theta h).$$

设

$$M_4 = \max_{x\in[a,b]} | f^{(4)}(x) |,$$

则

$$| I(f) - CT_n(f) | \leqslant \frac{h^5}{720}\sum_{i=1}^{n} | f^{(4)}(x_i + \theta h) |$$

$$\leqslant \frac{h^5 n}{720}M_4 = \frac{h^4(b-a)}{720}M_4. \tag{4.6}$$

5.5 Romberg 积分法

在 5.3 节中,我们采用积分区间逐次分半法,作出一个**梯形值序列**

$$T_{1,1}, T_{2,1}, \cdots, T_{m,1}, \cdots,$$

离散误差为 $O(h^2)$. $\{T_{m,1}\}$收敛于积分 $I(f)=\int_a^b f(x)\mathrm{d}x$ (习题 5 第 12 题). 我们将用简易的方法从序列$\{T_{m,1}\}$构造一个新的序列,它更快地收敛于积分 $I(f)$. 这种方法又称为**加速收敛技巧**.

在 Euler-Maclaurin 公式(4.2)中,取 k 为偶数,如 $k=2p$,则有

$$I(f)-T_n(f)=\alpha_2h^2+\alpha_4h^4+\cdots+\alpha_{2p}h^{2p}+R_{2p}^n(f), \tag{5.1}$$

其中

$$\alpha_{2j}=-q_{2j}(0)[f^{(2j-1)}(b)-f^{(2j-1)}(a)], \quad 1\leqslant j\leqslant p,$$

α_{2j}与 h 无关. 现把(5.1)式改写成

$$I(f)-T_n(f)=\alpha_2h^2+\alpha_4h^4+O(h^6). \tag{5.2}$$

假如把积分区间$[a,b]$分成 2^{m-1}等分,则(5.2)式为

$$I(f)-T_{m,1}=\alpha_2h^2+\alpha_4h^4+O(h^6), \tag{5.3}$$

$$h=\frac{b-a}{2^{m-1}}.$$

若把区间$[a,b]$分成 2^{m-2}等分,则在(5.3)式中以 $2h$ 代替 h 得

$$I(f)-T_{m-1,1}=2^2\alpha_2h^2+2^4\alpha_4h^4+O(h^6). \tag{5.4}$$

(5.3)的 4 倍减去(5.4)得

$$3I(f)-(4T_{m,1}-T_{m-1,1})=-12\alpha_4h^4+O(h^6).$$

即

$$I(f)-\frac{1}{3}(4T_{m,1}-T_{m-1,1})=\alpha_4'h^4+O(h^6), \quad \alpha_4'=-4\alpha_4. \tag{5.5}$$

记

$$T_{m,2}=\frac{4T_{m,1}-T_{m-1,1}}{3}, \quad m\geqslant 2. \tag{5.6}$$

它的离散误差为 $O(h^4)$. 容易证明 $T_{m,2}$恰是把积分区间$[a,b]$分成 2^{m-2}等分的复合 Simpson 公式,即

$$T_{m,2}=S_{2^{m-2}}(f), \quad m\geqslant 2$$

(习题 5 第 13 题). 例如

$$T_{2,2}=\frac{4T_{2,1}-T_{1,1}}{3}=S_1(f),$$

$$T_{3,2}=\frac{4T_{3,1}-T_{2,1}}{3}=S_2(f),$$

$$T_{4,2}=\frac{4T_{4,1}-T_{3,1}}{3}=S_4(f),$$

$$T_{5,2}=\frac{4T_{5,1}-T_{4,1}}{3}=S_8(f).$$

因此,序列

$$T_{2,2},T_{3,2},\cdots,T_{m,2},\cdots$$

又称为 **Simpson 值序列**.

我们再把(5.5)式写成

$$I(f)-T_{m,2}=\alpha'_4h^4+\alpha'_6h^6+O(h^8). \tag{5.7}$$

上式中以 $2h$ 代替 h, 得

$$I(f)-T_{m-1,2}=2^4\alpha'_4h^4+2^6\alpha'_6h^6+O(h^8). \tag{5.8}$$

(5.7)的 16 倍减去(5.8)得

$$15I(f)-(16T_{m,2}-T_{m-1,2})=\alpha''_6h^6+O(h^8).$$

令

$$T_{m,3}=\frac{16T_{m,2}-T_{m-1,2}}{15}=\frac{4^2T_{m,2}-T_{m-1,2}}{4^2-1},\quad m\geqslant 3,$$

则用 $T_{m,3}$作为 $I(f)$的近似值的离散误差为 $O(h^6)$. 序列

$$T_{3,3},T_{4,3},\cdots,T_{m,3},\cdots$$

称为 **Cotes 值序列**. 仿上继续由 Cotes 序列构造新的序列:

$$T_{m,4}=\frac{4^3T_{m,3}-T_{m-1,3}}{4^3-1},\quad m=4,5,\cdots,$$

称为 **Romberg 值序列**.

一般地,我们有

$$T_{m,j}=\frac{4^{j-1}T_{m,j-1}-T_{m-1,j-1}}{4^{j-1}-1},\qquad j=2,3,\cdots,m=2,3,\cdots. \tag{5.9}$$

综合上述,**Romberg 积分法**的计算公式为

$$T_{1,1}=\frac{h_1}{2}(f(a)+f(b)),\quad h_1=b-a,$$

$$T_{i,1}=\frac{1}{2}\left[T_{i-1,1}+h_{i-1}\sum_{k=1}^{2^{i-2}}f\left(a+\left(k-\frac{1}{2}\right)h_{i-1}\right)\right],\quad i=2,3,\cdots,$$

其中

$$h_i=\frac{b-a}{2^{i-1}}=\frac{1}{2}h_{i-1},$$

以及

$$T_{m,j}=\frac{4^{j-1}T_{m,j-1}-T_{m-1,j-1}}{4^{j-1}-1},\qquad j=2,3,\cdots(m\geqslant j).$$

在构造上述诸序列时,并不需要作出序列$\{T_{m,1}\}$后再作序列$\{T_{m,2}\}$.我们可以在算出$T_{1,1},T_{2,1}$后就计算$T_{2,2}$,计算得$T_{2,2},T_{3,2}$后就计算$T_{3,3}$,依此类推.我们实际上考虑的序列为

$$T_{1,1},T_{2,2},T_{3,3},\cdots,T_{j,j},\cdots.$$

计算$T_{m,j}$的顺序见下表:

$T_{1,1}$				
$T_{2,1}$	$T_{2,2}$			
$T_{3,1}$	$T_{3,2}$	$T_{3,3}$		
$T_{4,1}$	$T_{4,2}$	$T_{4,3}$	$T_{4,4}$	
$T_{5,1}$	$T_{5,2}$	$T_{5,3}$	$T_{5,4}$	$T_{5,5}$

下面,我们给出计算积分$I=\int_a^b f(x)\mathrm{d}x$的 Romberg 积分法的一种算法.

算法 5.2 用 Romberg 积分法计算积分$I=\int_a^b f(x)\mathrm{d}x$.

输入 端点a,b;正整数m.

输出 数组T.

step 1 $h\leftarrow b-a$;

$T_{1,1}\leftarrow h(f(a)+f(b))/2$.

step 2 输出$(T_{1,1})$.

step 3 对$i=2,\cdots,m$做 step 4~8.

step 4 $T_{2,1}\leftarrow\frac{1}{2}\left[T_{1,1}+h\sum_{k=1}^{2^{i-2}}f(a+(k-0.5)h)\right]$.

step 5 对$j=2,\cdots,i$,

$$T_{2,j}\leftarrow\frac{4^{j-1}T_{2,j-1}-T_{1,j-1}}{4^{j-1}-1}.$$

step 6 输出$(T_{2,j},j=1,2,\cdots,i)$.

step 7 $h\leftarrow h/2$.

step 8 对$j=1,2,\cdots,i$

$T_{1,j}\leftarrow T_{2,j}$.

step 9 停机.

算法 5.2 需要预先确定一个整数m,以保证$T_{2,m}$的误差在所允许的范围之内.这是有一定的困难.通常,可以在算法 5.2 的第 6 步之后再加上终止准则:

$$|T_{2,i}-T_{2,i-1}|<TOL.$$

例　应用 Romberg 积分法计算积分

$$I=\int_0^{1.5}\frac{1}{1+x}\mathrm{d}x.$$

解　令 $f(x)=1/(1+x)$. 根据 Romberg 积分法计算得

$$T_{1,1}=\frac{1.5}{2}(f(0)+f(1.5))=1.05,$$

$$T_{2,1}=\frac{1}{2}[T_{11}+1.5f(0.75)]=0.953571429,$$

$$T_{2,2}=\frac{4T_{2,1}-T_{1,1}}{3}=0.921428571,$$

$$T_{3,1}=\frac{1}{2}[T_{2,1}+0.75(f(0.375)+f(1.125))]=0.925983575,$$

$$T_{3,2}=\frac{4T_{3,1}-T_{2,1}}{3}=0.916787624,$$

$$T_{3,3}=\frac{16T_{3,2}-T_{2,2}}{15}=0.916478228.$$

等等. 现将计算结果列表如下：

i	$T_{i,1}$	$T_{i,2}$	$T_{i,3}$	$T_{i,4}$	
1	1.05				
2	0.953571429	0.921428571			
3	0.925983575	0.916787624	0.916478228		
4	0.918741799	0.916327874	0.916297224	0.916294351	
5	0.916905342	0.916293190	0.916290077	0.916290776	0.916290762

由于 $|T_{5,5}-T_{5,4}|<10^{-7}$, 因此

$$I\simeq T_{5,5}=0.916290762,$$

且

$$|I-T_{5,5}|=|\ln 2.5-T_{5,5}|<10^{-7}.$$

(5.6)又称为 **Richardson 外推公式**. 假如把(5.3)式更一般地写成

$$T(h)=I+\beta_2h^2+\beta_4h^4+O(h^6),$$

那么 $T(h)$ 可视为 h 的函数. 若将 h^2 作为自变量, 则 $T(h)$ 又可视为 h^2 的函数, 它在 (h^2,T) 平面上可画出一条曲线. 这条曲线在 T 轴的截距即是积分值 I. 从而由梯形值序列得到该曲线上的一系列点：

$$(h_1^2,T_{1,1}),(h_2^2,T_{2,1}),\cdots,(h_{m-1}^2,T_{m-1,1}),(h_m^2,T_{m,1}),\cdots,$$

其中

$$h_m = \frac{b-a}{2^{m-1}}.$$

若以 h_m^2, h_{m-1}^2为插值基点,使用线性插值则得到

$$T(h) \simeq T_{m,1} + \frac{T_{m-1,1} - T_{m,1}}{h_{m-1}^2 - h_m^2}(h^2 - h_m^2).$$

现取插值点为 $h^2=0$(即 $h=0$),它位于插值区间$[h_m^2, h_{m-1}^2]$之外.这样,我们得到

$$I = T(0) \simeq T_{m,1} + \frac{T_{m,1} - T_{m-1,1}}{h_{m-1}^2 - h_m^2} h_m^2.$$

由于 $h_{m-1}=2h_m$,因此

$$I = T(0) \simeq \frac{4T_{m,1} - T_{m-1,1}}{3} = T_{m,2}.$$

从而 $T_{m,2}$又可以看作是应用线性外推(外插)到 0 得到的(参见图 5.1).

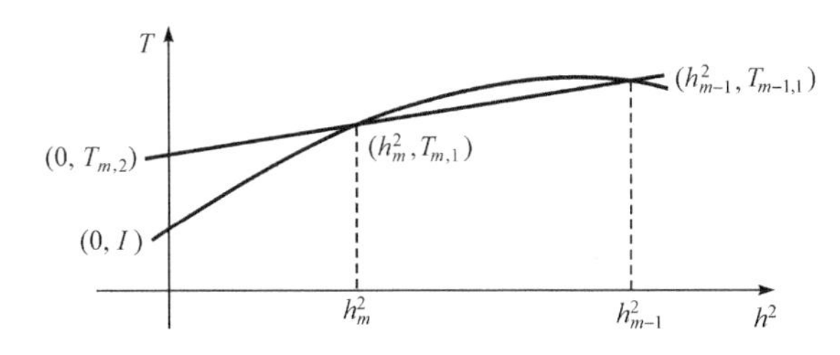

图 5.1

可以证明,Romberg 算法是数值稳定的.

5.6 自适应 Simpson 积分法

在计算定积分的数值方法中,主要工作量是用在计算函数值上,因此尽量减小计算函数值的次数是考虑算法的一个原则.一种办法是,使已经算出的函数值在以后的计算过程中尽可能多地起作用以减小计算新函数值的次数,在变步长梯形公式和 Romberg 算法中体现了这个原则:此外,还有一种情形值得注意,即被积函数 $f(x)$在整个积分区间$[a,b]$上的变化不是均衡的.把$[a,b]$分成若干个子区间时,被积函数 $f(x)$在有些子区间上变化缓慢,而在另一些子区间上变化较快.为了使计算结果达到预定的精确度,对变化大的子区间要分得细一些,而与此相反,在变化小的区间上就不必分得同样的细.就是说,要根据具体情况对这两种区间分别对待.这样可以减少对一些函数值的不必要的计算.这一节所要介绍的**自适应 Simpson 积分法**就是体现这种原则的一种算法.

假定我们要计算积分

$$I = \int_a^b f(x)\mathrm{d}x$$

的近似值,使误差不超过预先给定的容限 ε. 首先,取步长 $h = (b-a)/2$,应用 Simpson 公式得

$$\int_a^b f(x)\mathrm{d}x = S(a,b) - \frac{h^5}{90} f^{(4)}(\mu), \quad \mu \in (a,b), \tag{6.1}$$

其中

$$S(a,b) = \frac{h}{3}[f(a) + 4f(a+h) + f(b)].$$

其次,取步长为 $(b-a)/4 = h/2$,应用复合 Simpson 公式得

$$\int_a^b f(x)\mathrm{d}x = \frac{h}{6}\left[f(a) + 4f\left(a + \frac{h}{2}\right) + 2f(a+h) + 4f\left(a + \frac{3}{2}h\right) + f(b)\right]$$
$$- \left(\frac{h}{2}\right)^4 \frac{(b-a)}{180} f^{(4)}(\widetilde{\mu}), \quad \widetilde{\mu} \in (a,b). \tag{6.2}$$

令

$$S\left(a, \frac{a+b}{2}\right) = \frac{h}{6}\left[f(a) + 4f\left(a + \frac{h}{2}\right) + f(a+h)\right]$$

和

$$S\left(\frac{a+b}{2}, b\right) = \frac{h}{6}\left[f(a+h) + 4f\left(a + \frac{3}{2}h\right) + f(b)\right],$$

则(6.2)式可改写成

$$\int_a^b f(x)\mathrm{d}x = S\left(a, \frac{a+b}{2}\right) + S\left(\frac{a+b}{2}, b\right) - \frac{1}{16}\left(\frac{h^5}{90}\right) f^{(4)}(\widetilde{\mu}). \tag{6.3}$$

若 $f^{(4)}(x)$ 变化很缓慢,则可设 $f^{(4)}(\mu) \simeq f^{(4)}(\widetilde{\mu})$. 这样,据(6.1)和(6.3)式有

$$S\left(a, \frac{a+b}{2}\right) + S\left(\frac{a+b}{2}, b\right) - \frac{1}{16}\left(\frac{h^5}{90}\right) f^{(4)}(\widetilde{\mu}) \simeq S(a,b) - \left(\frac{h^5}{90}\right) f^{(4)}(\widetilde{\mu}).$$

于是

$$\left(\frac{h^5}{90}\right) f^{(4)}(\widetilde{\mu}) \simeq \frac{16}{15}\left[S(a,b) - S\left(a, \frac{a+b}{2}\right) - S\left(\frac{a+b}{2}, b\right)\right].$$

据(6.3)式,我们得到误差估计式

$$\left|\int_a^b f(x)\mathrm{d}x - S\left(a, \frac{a+b}{2}\right) - S\left(\frac{a+b}{2}, b\right)\right|$$
$$\simeq \frac{1}{15}\left|S(a,b) - S\left(a, \frac{a+b}{2}\right) - S\left(\frac{a+b}{2}, b\right)\right|. \tag{6.4}$$

因此,若

$$\left|S(a,b) - S\left(a, \frac{a+b}{2}\right) - S\left(\frac{a+b}{2}, b\right)\right| < 15\varepsilon, \tag{6.5}$$

则

$$\left|\int_a^b f(x)\mathrm{d}x - S\left(a,\frac{a+b}{2}\right) - S\left(\frac{a+b}{2},b\right)\right| < \varepsilon. \tag{6.6}$$

这时,我们可以认为,取

$$S\left(a,\frac{a+b}{2}\right) + S\left(\frac{a+b}{2},b\right)$$

作为 $\int_a^b f(x)\mathrm{d}x$ 的近似值,能达到所要求的精确度. 如果不等式(6.5) 不成立,那么,分别对子区间 $\left[a,\frac{a+b}{2}\right]$ 和 $\left[\frac{a+b}{2},b\right]$(称为 1 级子区间) 应用上述误差估计过程以确定每个 1 级子区间中积分近似值的误差是否都在容限 $\varepsilon/2$ 之内. 若是,则两个子区间的积分近似值之和作为 $\int_a^b f(x)\mathrm{d}x$ 近似值,其误差在容限 ε 之内. 若两个子区间中有一个子区间积分近似值的误差不在容限 $\varepsilon/2$ 之内,则再将该子区间分半得到 2 级子区间,要求其误差在容限 $\varepsilon/4$ 之内. 按照这种方法,从左到右跑遍整个区间,直到每一部分都在所要求的误差容限之内.

例 用自适应 Simpson 求积法计算积分

$$I(f) = \int_0^1 x^{\frac{3}{2}}\mathrm{d}x, \quad \varepsilon = 10^{-4}.$$

我们把积分区间[0,1]分成两个 1 级子区间[0,0.5]和[0.5,1]. 令 $h_1 = \frac{1-0}{2} = 0.5$, $TOL_1 = 10\times 10^{-4} = 10^{-3}$. 计算得

$$S(0,1) = \frac{0.5}{3}(f(0) + 4f(0.5) + f(1)) = 0.402369,$$

$$S(0,0.5) = \frac{0.5}{6}(f(0) + 4f(0.25) + f(0.5)) = 0.0711294,$$

$$S(0.5,1) = \frac{0.5}{6}(f(0.5) + 4f(0.75) + f(1)) = 0.329302,$$

$$|S(0,1) - S(0,0.5) - S(0.5,1)| = 1.9376\times 10^{-3} > TOL_1.$$

因此不满足终止准则. 我们把左子区间[0,0.5]分成两个 2 级子区间[0,0.25]和[0.25,0.5].

令

$$TOL_2 = \frac{1}{2}\times 10^{-3} = 0.5\times 10^{-3},$$

$$h_2 = \frac{0.5}{2} = 0.25.$$

计算得

$$S(0,0.25) = \frac{0.25}{6}(f(0) + 4f(0.125) + f(0.25)) = 0.012574,$$

$$S(0.25,0.5) = \frac{0.25}{6}(f(0.25) + 4f(0.375) + f(0.5)) = 0.058213,$$

$$|S(0,0.5) - S(0,0.25) - S(0.25,0.5)| = 3.424 \times 10^{-4} < TOL_2,$$

因此满足终止准则.我们再考虑右半子区间[0.5,1],并把它分成两个 2 级子区间[0.5,0.75]和[0.75,1].计算得

$$S(0.5,0.75) = \frac{0.25}{6}(f(0.5) + 4f(0.625) + f(0.75)) = 0.124146,$$

$$S(0.75,1) = \frac{0.25}{6}(f(0.75) + 4f(0.875) + f(1)) = 0.205144,$$

$$|S(0.5,1) - S(0.5,0.75) - S(0.75,1)| = 0.12 \times 10^{-4} < TOL_2,$$

因此它也满足终止准则.故得

$$\begin{aligned} I(f) &\simeq S(0,0.25) + S(0.25,0.5) + S(0.5,0.75) + S(0.75,1) \\ &= 0.400077. \end{aligned}$$

实际上,容易计算得

$$I(f) = \int_0^1 x^{\frac{3}{2}} \mathrm{d}x = 0.4.$$

从而

$$|I(f) - 0.400077| = 0.77 \times 10^{-4}.$$

在下面的自适应 Simpson 算法中,我们把不等式(6.5)右端的 15ε 改为 10ε.

算法 5.3　应用自适应 Simpson 方法计算积分 $I = \int_a^b f(x)\mathrm{d}x$,要求误差不超过容限 $TOL(>0)$.

输入　端点 a,b;容限 TOL;最大级数 n.

输出　积分 I 的近似值 APP;或超过 n 的信息.

step 1　$APP \leftarrow 0$;

$i \leftarrow 1$;

$TOL_i \leftarrow 10\,TOL$;

$a_i \leftarrow a$;

$h_i \leftarrow (b-a)/2$;

$ga_i \leftarrow f(a)$;

$gc_i \leftarrow f(a+h_i)$;

$gb_i \leftarrow f(b)$;

$S_i \leftarrow h_i(ga_i + 4gc_i + gb_i)/3$;

$L_i \leftarrow 1$.

step 2　$gd \leftarrow f(a_i + h_i/2)$;

$ge \leftarrow f(a_i + 3h_i/2)$;
$p1 \leftarrow h_i(ga_i + 4gd + gc_i)/6$;
$p2 \leftarrow h_i(gc_i + 4ge + gb_i)/6$;
$v_1 \leftarrow a_i$;(存贮这一级的数据)
$v_2 \leftarrow ga_i$;
$v_3 \leftarrow gc_i$;
$v_4 \leftarrow gb_i$;
$v_5 \leftarrow h_i$;
$v_6 \leftarrow TOL_i$;
$v_7 \leftarrow S_i$;
$v_8 \leftarrow L_i$.

step 3 $i \leftarrow i - 1$.(删去此级)

step 4 若$|p1 - p2 - v_7| < v_6$,则 $APP \leftarrow APP + (p1 + p2)$;
否则,若($v_8 > n$),则输出('LEVEL EXCEEDED');停机;
否则(加一级)
$i \leftarrow i + 1$;(右半子区间的数据)
$a_i \leftarrow v_1 + v_5$;
$ga_i \leftarrow v_3$;
$gc_i \leftarrow ge$;
$gb_i \leftarrow v_4$;
$h_i \leftarrow v_5/2$;
$TOL_i \leftarrow v_6/2$;
$S_i \leftarrow p2$;
$L_i \leftarrow v_8 + 1$;
$i \leftarrow i + 1$;(左半子区间的数据)
$a_i \leftarrow v_1$;
$ga_i \leftarrow v_2$;
$gc_i \leftarrow gd$;
$gb_i \leftarrow v_3$;
$h_i \leftarrow h_{i-1}$;
$TOL_i \leftarrow TOL_{i-1}$;
$S_i \leftarrow p1$;
$L_i \leftarrow L_{i-1}$.

step 5 若 $i>0$,则转到 step 2.

step 6 输出(APP);

停机.

5.7 直交多项式

这一节,我们来介绍直交多项式及其性质.它在本课程的许多地方有着重要的应用.

设 $p_j(x)$是 j 次实系数多项式.若多项式系$\{p_i(x)\}_{i=0}^n$中任意两个多项式 $p_i(x),p_j(x)$在区间$[a,b]$上关于权函数 $W(x)$都**直交**,即满足条件:

$$\int_a^b p_i(x)p_j(x)W(x)\mathrm{d}x = 0, \qquad i,j = 0,1,\cdots,n,i\neq j,$$

则称$\{p_i(x)\}_{i=0}^n$为区间$[a,b]$上关于权函数$W(x)$的**直交多项式系**,并称 $p_n(x)$为区间$[a,b]$上关于权函数 $W(x)$的 n 次**直交多项式**.据此定义可知,$p_i(x)(i=0,1,\cdots,n)$是$[a,b]$上关于权函数 $W(x)$的 i 次直交多项式(规定 $p_0(x)$是 0 次直交多项式).

n 次多项式

$$p_n(x) = a_nx^n + a_{n-1}x^{n-1} + \cdots + a_1x + a_0$$

的首项系数 $a_n\neq 0$.令

$$q_n(x) = \frac{1}{a_n}p_n(x),$$

则 $q_n(x)$便是首一的 n 次多项式.显然,若 $p_n(x)$是区间$[a,b]$上关于权函数 $W(x)$的直交多项式,则 $q_n(x)$也是$[a,b]$上关于权函数$W(x)$的直交多项式.

区间$[a,b]$上关于权函数 $W(x)$的直交多项式是存在的.

定理 对给定的权函数 $W(x)$,在区间$[a,b]$上关于权函数 $W(x)$的首一 k 次直交多项式$q_k(x)$(k 为任意的一个自然数或 0)存在,唯一,且满足递推关系式:

$$q_{k+1}(x) = (x-\alpha_k)q_k(x) - \beta_k q_{k-1}(x), \quad k = 0,1,\cdots \tag{7.1}$$

$$q_0(x) = 1$$

(规定 $q_{-1}(x)=0$),其中

$$\alpha_k = \int_a^b x[q_k(x)]^2W(x)\mathrm{d}x \Big/ \int_a^b [q_k(x)]^2W(x)\mathrm{d}x,$$

$$\beta_k = \begin{cases} 0, & k = 0; \\ \int_a^b [q_k(x)]^2W(x)\mathrm{d}x \Big/ \int_a^b [q_{k-1}(x)]^2W(x)\mathrm{d}x, & k\geqslant 1. \end{cases}$$

证明 我们用归纳法证明此定理.显然,$q_0(x)=1$.任何首一的一次多项式

$q_1(x)$都可唯一地表示成

$$q_1(x) = x - \alpha_0,$$

从而有

$$\int_a^b q_1(x)q_0(x)W(x)\mathrm{d}x = \int_a^b (x - \alpha_0)W(x)\mathrm{d}x = \int_a^b xW(x)\mathrm{d}x - \alpha_0\int_a^b W(x)\mathrm{d}x.$$

欲使 $q_1(x)$与 $q_0(x)$直交,必须

$$\int_a^b q_1(x)q_0(x)W(x)\mathrm{d}x = 0.$$

由于

$$\int_a^b W(x)\mathrm{d}x > 0,$$

因此得到

$$\alpha_0 = \int_a^b xW(x)\mathrm{d}x \Big/ \int_a^b W(x)\mathrm{d}x = \int_a^b x[q_0(x)]^2 W(x)\mathrm{d}x \Big/ \int_a^b [q_0(x)]^2 W(x)\mathrm{d}x.$$

根据定理假设 $\beta_0=0$,并规定 $q_{-1}(x)=0$,因此 $q_1(x)$便可表示成

$$q_1(x) = (x - \alpha_0)q_0(x) - \beta_0 q_{-1}(x).$$

今假设已作出前 $k+1$ 个直交多项式

$$q_0(x), q_1(x), \cdots, q_k(x),$$

我们来构造首一 $k+1$ 次直交多项式 $q_{k+1}(x)$,这只要使得它与 $q_0(x)$, $q_1(x),\cdots,q_k(x)$在$[a,b]$上关于权函数 $W(x)$都直交,即

$$\int_a^b q_{k+1}(x)q_i(x)W(x)\mathrm{d}x = 0, \quad i = 0,1,\cdots,k, \tag{7.2}$$

并且满足递推关系式(7.1)就行了.

任何一个首一的 $k+1$ 次多项式 $q_{k+1}(x)$都可以唯一地表示成

$$q_{k+1}(x) = (x - C_k)q_k(x) + C_{k-1}q_{k-1}(x) + \cdots + C_0 q_0(x) \tag{7.3}$$

的形式.据归纳法假设,对一切 $i\neq j, i,j\leqslant k$,有

$$\int_a^b q_i(x)q_j(x)W(x)\mathrm{d}x = 0,$$

因此

$$\int_a^b q_{k+1}(x)q_k(x)W(x)\mathrm{d}x = \int_a^b (x - C_k)[q_k(x)]^2 W(x)\mathrm{d}x,$$

$$\int_a^b q_{k+1}(x)q_i(x)W(x)\mathrm{d}x = \int_a^b xq_k(x)q_i(x)W(x)\mathrm{d}x + C_i\int_a^b [q_i(x)]^2 W(x)\mathrm{d}x, \quad i < k,$$

从而,欲使(7.2)式成立,必须有

$$\int_a^b (x - C_k)[q_k(x)]^2 W(x) \mathrm{d}x = 0, \tag{7.4}$$

$$\int_a^b x q_k(x) q_i(x) W(x) \mathrm{d}x + C_i \int_a^b [q_i(x)]^2 W(x) \mathrm{d}x = 0, \quad i < k. \tag{7.5}$$

据归纳法假设,对 $i \leqslant k-1$,有

$$q_{i+1}(x) = (x - \alpha_i) q_i(x) - \beta_i q_{i-1}(x),$$

从而有

$$x q_i(x) = q_{i+1}(x) + \alpha_i q_i(x) + \beta_i q_{i-1}(x), \quad i \leqslant k-1,$$

因此

$$\int_a^b x q_i(x) q_k(x) W(x) \mathrm{d}x = \int_a^b q_{i+1}(x) q_k(x) W(x) \mathrm{d}x, \quad i \leqslant k-1. \tag{7.6}$$

据(7.4)式,得

$$C_k = \alpha_k = \int_a^b x [q_k(x)]^2 W(x) \mathrm{d}x \Big/ \int_a^b [q_k(x)]^2 W(x) \mathrm{d}x,$$

据(7.5)和(7.6)式,得

$$\begin{aligned} C_i &= -\int_a^b q_{i+1}(x) q_k(x) W(x) \mathrm{d}x \Big/ \int_a^b [q_i(x)]^2 W(x) \mathrm{d}x \quad (i \leqslant k-1) \\ &= \begin{cases} 0, & i < k-1, \\ -\beta_k, & i = k-1. \end{cases} \end{aligned}$$

将得到的系数 C_k, C_i 代入(7.3)式,便得到关系式(7.1).由(7.4)和(7.5)确定的(7.3)式的系数是唯一的,因此也证得直交多项式的唯一性.

我们构造性地证明了直交多项式的存在性,从而也给出了构造直交多项式的具体方法.

直交多项式有下列基本性质.

性质1　区间$[a,b]$上关于权函数 $W(x)$的直交多项式 $p_n(x)$与任何次数低于 n 的i 次多项式$g_i(x)$均直交,即有

$$\int_a^b g_i(x) p_n(x) W(x) \mathrm{d}x = 0, \quad i < n.$$

证明　显然,任何 $i(i<n)$次多项式 $g_i(x)$都可由直交多项式 $p_0(x)$, $p_1(x), \cdots, p_{n-1}(x)$线性表示,即

$$g_i(x) = \sum_{k=0}^{n-1} C_k p_k(x), \tag{7.7}$$

其中 C_k 为适当的常数.用 $p_n(x)W(x)$乘(7.7)式两端后积分得

$$\int_a^b g_i(x) p_n(x) W(x) \mathrm{d}x = \sum_{k=0}^{n-1} C_k \int_a^b p_k(x) p_n(x) W(x) \mathrm{d}x. \tag{7.8}$$

因为 $p_n(x)$与 $p_k(x)$均直交,即

$$\int_a^b p_k(x)p_n(x)W(x)\mathrm{d}x = 0, \quad k = 0,1,\cdots,n-1,$$

因此(7.8)式右端等于零.

由性质 1,特别地有

$$\int_a^b x^k p_n(x)W(x)\mathrm{d}x = 0, \quad k = 0,1,\cdots,n-1. \tag{7.9}$$

性质 2 设 $p_n(x)$为区间$[a,b]$上关于权函数 $W(x)$的 n 次直交多项式,则 $p_n(x)$在$[a,b]$上有 n 个互异的实根.

证明 当 $n\geqslant 1$ 时,$p_n(x)$与 $p_0(x)$直交,即

$$\int_a^b p_0(x)p_n(x)W(x)\mathrm{d}x = 0,$$

而 $p_0(x)$是一个非零常数,因此

$$\int_a^b p_0(x)p_n(x)W(x)\mathrm{d}x = p_0(x)\int_a^b p_n(x)W(x)\mathrm{d}x,$$

从而

$$\int_a^b p_n(x)W(x)\mathrm{d}x = 0.$$

这说明 $p_n(x)$在(a,b)内必然变号,因而必有奇重实根.设 $p_n(x)$在(a,b)内共有 r 个互异奇重实根:$x_1,x_2,\cdots,x_r$.令

$$g_r(x) = (x-x_1)(x-x_2)\cdots(x-x_r),$$

则 $p_n(x)g_r(x)$在$[a,b]$内的实根(只有有限个)均为偶重的,从而

$$p_n(x)g_r(x)W(x)\geqslant 0(\text{或}\leqslant 0),$$

于是

$$\int_a^b p_n(x)g_r(x)W(x)\mathrm{d}x > 0(\text{或} < 0).$$

据性质 1,若 $r<n$,则上述积分应为零,因此 $r\geqslant n$.但 $P_n(x)$是 n 次多项式,r 不可能大于n,故必然 $r=n$,即 $p_n(x)$在$[a,b]$内恰有 n 个互异的实根.

下面,我们介绍一些常用的直交多项式及其性质.

1. Chebyshev 多项式

我们来考虑函数

$$T_n(x) = \frac{1}{2}[(x+\sqrt{x^2-1})^n + (x-\sqrt{x^2-1})^n], \quad -\infty < x < +\infty. \tag{7.10}$$

易知,它是变量 x 的 n 次多项式.注意,当$|x|<1$ 时,(7.10)式中的中间变量 $\sqrt{x^2-1}$是复数.

当$|x|\leqslant 1$时,我们常常将(7.10)写成

$$T_n(x)=\cos(n\arccos x). \tag{7.11}$$

事实上,令

$$x=\cos\theta,\quad 0\leqslant\theta\leqslant\pi.$$

由 Euler 公式

$$e^{in\theta}=\cos n\theta+i\sin n\theta,\quad e^{-in\theta}=\cos n\theta-i\sin n\theta,$$

此处$i=\sqrt{-1}$,我们有

$$\begin{aligned}T_n(x)&=\frac{1}{2}[(x+i\sqrt{1-x^2})^n+(x-i\sqrt{1-x^2})^n]\\&=\frac{1}{2}[(\cos\theta+i\sin\theta)^n+(\cos\theta-i\sin\theta)^n]\\&=\frac{1}{2}[e^{in\theta}+e^{-in\theta}]\\&=\cos n\theta\\&=\cos(n\arccos x).\end{aligned}$$

注意,当$|x|>1$,甚至x为复数时,(7.11)式仍然成立(x为复数时,(7.10)式有意义),此时,$x=\cos\theta$为复变数θ的函数:

$$\cos\theta=1-\frac{\theta^2}{2!}+\frac{\theta^4}{4!}+\cdots+(-1)^k\frac{\theta^{2k}}{(2k)!}+\cdots.$$

以后,若无特别申明,我们总假定x为实数.

我们称$T_n(x)$为 **Chebyshev 多项式**.

Chebyshev 多项式$T_n(x)$有下列重要性质:

(1) 递推关系:

$$\begin{aligned}&T_{n+1}(x)=2xT_n(x)-T_{n-1}(x),\quad n=1,2,\cdots,\\&T_0(x)=1,\\&T_1(x)=x.\end{aligned} \tag{7.12}$$

证明　据(7.10)式,显然有

$$T_0(x)=1,\qquad T_1(x)=x.$$

当$n\geqslant 1$时,

$$\begin{aligned}T_{n+1}(x)+T_{n-1}(x)=&\frac{1}{2}[(x+\sqrt{x^2-1})^{n+1}+(x-\sqrt{x^2-1})^{n+1}\\&+(x+\sqrt{x^2-1})^{n-1}+(x-\sqrt{x^2-1})^{n-1}]\\=&\frac{1}{2}[(x+\sqrt{x^2-1})^n(x+\sqrt{x^2-1})\\&+(x-\sqrt{x^2-1})^n(x-\sqrt{x^2-1})+(x+\sqrt{x^2-1})^{n-1}\end{aligned}$$

$$
\begin{aligned}
&+ (x - \sqrt{x^2 - 1})^{n-1}] \\
&= \frac{1}{2}[x(x + \sqrt{x^2 - 1})^n + x(x - \sqrt{x^2 - 1})^n] \\
&\quad + \frac{1}{2}[(x + \sqrt{x^2 - 1})^n \sqrt{x^2 - 1} \\
&\quad - (x - \sqrt{x^2 - 1})^n \sqrt{x^2 - 1} + (x + \sqrt{x^2 - 1})^{n-1} \\
&\quad + (x - \sqrt{x^2 - 1})^{n-1}] \\
&= xT_n(x) + \frac{1}{2}[(x + \sqrt{x^2 - 1})^{n-1}(x + \sqrt{x^2 - 1}) \sqrt{x^2 - 1} \\
&\quad - (x - \sqrt{x^2 - 1})^{n-1}(x - \sqrt{x^2 - 1}) \sqrt{x^2 - 1} \\
&\quad + (x + \sqrt{x^2 - 1})^{n-1} + (x - \sqrt{x^2 - 1})^{n-1}] \\
&= xT_n(x) + \frac{1}{2}x[(x + \sqrt{x^2 - 1})^n + (x - \sqrt{x^2 - 1})^n] \\
&= xT_n(x) + xT_n(x) \\
&= 2xT_n(x).
\end{aligned}
$$

(2) $T_n(x)$的首项系数为 2^{n-1}.

证明 从递推关系式(7.12),容易看到 $T_n(x)$的首项系数为 2^{n-1}.

(3) 在 $x = 1, -1, 0$ 处,$T_n(x)$的值分别为

$$
\left.
\begin{aligned}
&T_n(1) = 1, \\
&T_n(-1) = (-1)^n, \\
&T_n(0) = \frac{1}{2}(1 + (-1)^n)(-1)^{\frac{n}{2}}.
\end{aligned}
\right\} n = 0, 1, 2, \cdots
$$

(4) 奇偶数:

$$T_n(-x) = (-1)^n T_n(x),$$

即当 n 为奇数时,$T_n(x)$为奇函数;当 n 为偶数时,$T_n(x)$为偶函数.

(5) 若$|x| \leqslant 1$,则$|T_n(x)| \leqslant 1$;若$|x| > 1$,则$|T_n(x)| > 1$,$n = 1, 2, \cdots$,从而有

$$\max_{-1 \leqslant x \leqslant 1} |T_n(x)| = 1.$$

(6) 在 $n + 1$ 个点

$$x_k = \cos\left(\frac{k\pi}{n}\right), \quad k = 0, 1, \cdots, n \tag{7.13}$$

处,

$$T_n(x_k) = (-1)^k. \tag{7.14}$$

证明 据(7.11)式,有

$$T_n(x_k) = \cos n \arccos\left(\cos\frac{k\pi}{n}\right) = \cos n\frac{k\pi}{n}$$
$$= (-1)^k, \quad k = 0,1,\cdots,n.$$

(7) $T_n(x)$有 n 个互异实根：

$$x_k^{(n)} = \cos\frac{(2k-1)\pi}{2n}, \quad k = 1,2,\cdots,n, \tag{7.15}$$

且$|x_k^{(n)}|<1$.

证明

$$T_n(x_k^{(n)}) = \cos n \arccos\left(\cos\frac{(2k-1)\pi}{2n}\right)$$
$$= \cos\frac{(2k-1)}{2}\pi = 0, \quad k = 1,2,\cdots,n.$$

又因

$$0 < \frac{(2k-1)}{2n}\pi < \pi,$$

因此，$|x_k^{(n)}|<1$.

(8) 直交性：$T_n(x)$是区间$[-1,1]$上关于权函数$(1-x^2)^{-\frac{1}{2}}$的直交多项式：

$$\int_{-1}^{1} T_m(x)T_k(x)(1-x^2)^{-\frac{1}{2}}\mathrm{d}x = \begin{cases} 0, & m \neq k; \\ \dfrac{\pi}{2}, & m = k \neq 0; \\ \pi, & m = k = 0. \end{cases}$$

证明　令 $x = \cos\theta$，据(7.11)式，有

$$\int_{-1}^{1} T_m(x)T_k(x)(1-x^2)^{-\frac{1}{2}}\mathrm{d}x$$
$$= \int_0^{\pi}\cos m\theta\cos k\theta\mathrm{d}\theta = \begin{cases} 0, & m \neq k; \\ \dfrac{\pi}{2}, & m = k \neq 0; \\ \pi, & m = k = 0. \end{cases}$$

(9) 设 z 为大于1的任一固定实数，θ_n 为满足下列条件的实系数多项式集合：

(i) θ_n 中任一多项式$q_n(x)$的次数不高于 n；

(ii) 对 θ_n 中的任一多项式$q_n(x)$，有 $q_n(z)=1$，那么，在 θ_n 中，使

$$\max_{-1\leqslant x\leqslant 1}|q_n(x)| = \text{极小}$$

的多项式是

$$\overline{T}_n(x) = \frac{T_n(x)}{T_n(z)}, \tag{7.16}$$

即有

$$\min_{q_n(x)\in\theta_n}\max_{-1\leqslant x\leqslant 1}|q_n(x)| = \max_{-1\leqslant x\leqslant 1}|\overline{T}_n(x)|. \tag{7.17}$$

证明 设有多项式 $\bar{q}_n(x)\in\theta_n$,使得

$$\max_{-1\leqslant x\leqslant 1}|\bar{q}_n(x)|\leqslant\max_{-1\leqslant x\leqslant 1}|\overline{T}_n(x)|. \tag{7.18}$$

令

$$x_k=\cos\frac{k\pi}{n},\quad k=0,1,\cdots,n$$

以及

$$r(x)=\bar{q}_n(x)-\overline{T}_n(x),$$

则

$$r(x_k)=\bar{q}_n(x_k)-\frac{(-1)^k}{T_n(z)},$$

从而,据(7.18)式知

$$r(x_k)\leqslant 0,\text{若 } k \text{ 为零或偶数};$$
$$r(x_k)\geqslant 0,\text{若 } k \text{ 为奇数}.$$

于是,对 $k=1,2,\cdots,n$,我们有

$$r(x_k)r(x_{k-1})\leqslant 0.$$

若 $r(x_k)r(x_{k-1})<0$,则在(x_k,x_{k-1})中,$r(x)$至少有一个零点;若 $r(x_k)r(x_{k-1})=0$,则或 $r(x_k)=0$ 或 $r(x_{k-1})=0$.若 $r(x_k)=0$,$k=1,2,\cdots,n-1$,则 $r'(x_k)=0$,即 x_k 至少是$r(x)$的二重零点,这是因为 x_k 是 $\overline{T}_n(x)$的极值点,且据(7.18)式知 x_k 也是 $\bar{q}_n(x)$的极值点,从而 $r'(x_k)=q'_n(x_k)=0$.

现在,讨论在区间$[-1,1]$中 $r(x)$的零点个数.首先,若 $r(x_0)=0$,则令 x_0 在$[x_1,x_0]$中.若 $r(x_0)\neq 0$,且 $r(x_1)\neq 0$,则在(x_1,x_0)中,$r(x)$至少有一个零点;或者 $r(x_1)=0$,则 x_1 为 $r(x)$的二重零点,指定其中之一个零点在$[x_1,x_0]$中,另一个在$[x_2,x_1]$中.因此,无论哪种情形,至少有一个零点在$[x_1,x_0]$中.其次,对于 $k>1$,若 $r(x_{k-1})=0$,则 x_{k-1}是 $r(x)$的二重零点,指定其中一个在$[x_k,x_{k-1}]$中.若 $r(x_{k-1})\neq 0$,且 $r(x_k)\neq 0$,则在(x_k,x_{k-1})中有一个零点;或者 $r(x_k)=0$,则 $x_k(k\neq n)$是 $r(x)$的二重零点,我们也指定一个在$[x_k,x_{k-1}]$中.这样,在区间$[-1,1]$中,$r(x)$至少有 n 个零点.又因 $r(z)=0$,故 $r(x)$至少有 $n+1$ 个零点.但若多项式 $r(x)$是有次数的,则其次数不超过 n,不可能有 $n+1$ 个零点.因此必须 $r(x)=0$,即

$$\bar{q}_n(x)=\overline{T}_n(x).$$

推论 设 $\prod_n^1$ 为次数不高于 n 且常数项为 1 的多项式 $p_n(\lambda)$的集合,则在 $\prod_n^1$ 中,使

$$\max_{a\leqslant\lambda\leqslant b}|p_n(\lambda)|=\text{极小}(a>0)$$

的多项式是

$$\bar{p}_n(\lambda) = \frac{T_n((b+a-2\lambda)/(b-a))}{T_n\left(\frac{b+a}{b-a}\right)}. \tag{7.19}$$

证明 作变换 $x=(b+a-2\lambda)/(b-a)$. 于是当 $\lambda\in[a,b]$时, $x\in[-1,1]$, 且当 $\lambda=0$ 时,

$$x = \frac{b+a}{b-a} > 1.$$

定义

$$q_n(x) = q_n\left(\frac{b+a-2\lambda}{b-a}\right) = p_n(\lambda),$$

则

$$q_n\left(\frac{b+a}{b-a}\right) = p_n(0) = 1,$$

因此, $q_n(x)\in\theta_n$, 且有

$$\max_{a\leqslant\lambda\leqslant b} | p_n(\lambda) | = \max_{-1\leqslant x\leqslant 1} | q_n(x) |.$$

据性质(9), 在 θ_n 中, 使

$$\max_{-1\leqslant x\leqslant 1} | q_n(x) | = \text{极小}$$

的多项式是

$$\bar{q}_n(x) = \frac{T_n(x)}{T_n\left(\frac{b+a}{b-a}\right)} = \frac{T_n((b+a-2\lambda)/(b-a))}{T_n\left(\frac{b+a}{b-a}\right)},$$

因此, 在 $\prod_n^1$ 中, 使

$$\max_{a\leqslant\lambda\leqslant b} | p_n(\lambda) | = \text{极小}$$

的多项式是

$$\bar{p}_n(\lambda) = \bar{q}_n(x) = \frac{T_n((b+a-2\lambda)/(b-a))}{T_n((b+a)/(b-a))}.$$

仿性质(9)的证明, 可得下面的性质.

(10) 设 $\bar{\theta}_n$ 是首项系数为 1 的 n 次实系数多项式 $p_n(x)$全体所构成的集合, 则在 $\bar{\theta}_n$ 中, 使

$$\max_{-1\leqslant x\leqslant 1} | p_n(x) | = \text{极小}$$

的多项式是

$$\widetilde{T}_n(x) = \frac{1}{2^{n-1}} T_n(x), \tag{7.20}$$

即有

$$\min_{p_n(x)\in\tilde{\theta}_n}\max_{-1\leqslant x\leqslant 1}|p_n(x)| = \max_{-1\leqslant x\leqslant 1}|\widetilde{T}_n(x)|. \tag{7.21}$$

据递推关系式(7.12),可以推出各次 Chebyshev 多项式.表 5.1 列出前 12 个 Chebyshev 多项式 $T_n(x)$.

表 5.1

$T_0(x)=1,$
$T_1(x)=x,$
$T_2(x)=2x^2-1,$
$T_3(x)=4x^3-3x,$
$T_4(x)=8x^4-8x^2+1,$
$T_5(x)=16x^5-20x^3+5x,$
$T_6(x)=32x^6-48x^4+18x^2-1,$
$T_7(x)=64x^7-112x^5+56x^3-7x,$
$T_8(x)=128x^8-256x^6+160x^4-32x^2+1,$
$T_9(x)=256x^9-576x^7+432x^5-120x^3+9x,$
$T_{10}(x)=512x^{10}-1280x^8+1120x^6-400x^4+50x^2-1,$
$T_{11}(x)=1024x^{11}-2816x^9+2816x^7-1232x^5+220x^3-11x,$
$T_{12}(x)=2048x^{12}-6144x^{10}+6912x^8-3584x^6+840x^4-72x^2+1.$

x^n 也可用 $T_0(x),T_1(x),\cdots,T_n(x)$的线性组合表示,如表 5.2 所示(表中将 $T_n(x)$简记作 T_n):

表 5.2

$1=T_0,$
$x=T_1,$
$x^2=\frac{1}{2}(T_0+T_2),$
$x^3=\frac{1}{4}(3T_1+T_3),$
$x^4=\frac{1}{8}(3T_0+4T_2+T_4),$
$x^5=\frac{1}{16}(10T_1+5T_3+T_5),$
$x^6=\frac{1}{32}(10T_0+15T_2+6T_4+T_6),$
$x^7=\frac{1}{64}(35T_1+21T_3+7T_5+T_7),$
$x^8=\frac{1}{128}(35T_0+56T_2+28T_4+8T_6+T_8),$
$x^9=\frac{1}{256}(126T_1+84T_3+36T_5+9T_7+T_9),$
$x^{10}=\frac{1}{512}(126T_0+210T_2+120T_4+45T_6+10T_8+T_{10}),$
$x^{11}=\frac{1}{1024}(462T_1+330T_3+165T_5+55T_7+11T_9+T_{11}),$
$x^{12}=\frac{1}{2048}(462T_0+792T_2+495T_4+220T_6+66T_8+12T_{10}+T_{12}).$

在第4章中,我们知道 Lagrange 插值公式中余项的大小与插值基点有关.若选取 Chebyshev 多项式的零点作为插值基点,则可使余项极小化.设函数 $f(x)$定义在区间$[-1,1]$上,据 Chebyshev 多项式的性质(10)可知,选取多项式 $T_{n+1}(x)$的零点

$$x_j = \cos\frac{(2j+1)\pi}{2(n+1)}, \quad j = 0,1,\cdots,n$$

作插值基点,此时

$$w_{n+1}(x) = (x-x_0)(x-x_1)\cdots(x-x_n) = \widetilde{T}_{n+1}(x),$$

它与零有最小偏差,即有

$$\min_{w_{n+1}(x)\in\bar{\theta}_n}\max_{-1\leqslant x\leqslant 1}|w_{n+1}(x)| = \max_{-1\leqslant x\leqslant 1}|\widetilde{T}_{n+1}(x)|,$$

且由第4章(2.15)式,我们有

$$\begin{aligned}|r_n(x)| &\leqslant \frac{M_{n+1}}{(n+1)!}\max_{-1\leqslant x\leqslant 1}|w_{n+1}(x)| \\ &= \frac{M_{n+1}}{(n+1)!}\max_{-1\leqslant x\leqslant 1}|\widetilde{T}_{n+1}(x)| \\ &\leqslant \frac{M_{n+1}}{(n+1)!}2^{-n},\end{aligned}$$

其中

$$M_{n+1} = \max_{-1\leqslant x\leqslant 1}|f^{(n+1)}(x)|.$$

假设 $f(x)$定义在区间$[a,b]$上,而不是$[-1,1]$,则可作变换

$$z = \frac{1}{b-a}(2x-b-a)$$

将区间$[a,b]$变为$[-1,1]$.这样,$x\in[a,b]$,而 $z\in[-1,1]$,且

$$\begin{aligned}w_{n+1}(x) &= (x-x_0)(x-x_1)\cdots(x-x_n) \\ &= \frac{(b-a)^{n+1}}{2^{n+1}}(z-z_0)(z-z_1)\cdots(z-z_n) \\ &= \frac{(b-a)^{n-1}}{2^{n+1}}w_{n+1}(z).\end{aligned}$$

于是,选取 Chebyshev 多项式 $T_{n+1}(z)$的零点

$$z_j = \cos\frac{(2j+1)\pi}{2(n+1)}, \quad j = 0,1,\cdots,n,$$

即

$$x_j = \frac{1}{2}\left[(b-a)\cos\frac{(2j+1)\pi}{2(n+1)} + b + a\right], \quad j = 0,1,\cdots,n$$

作插值基点,此时,

$$\begin{aligned}|r_n(x)| &\leqslant \frac{M_{n+1}}{(n+1)!}\max_{a\leqslant x\leqslant b}|w_{n+1}(x)| \\ &= \frac{M_{n+1}}{(n+1)!}\frac{(b-a)^{n+1}}{2^{n+1}}\max_{-1\leqslant z\leqslant 1}|w_{n+1}(z)| \\ &= \frac{M_{n+1}}{(n+1)!}\frac{(b-a)^{n+1}}{2^{n+1}}\max_{-1\leqslant z\leqslant 1}|\widetilde{T}_{n+1}(z)| \\ &\leqslant \frac{M_{n+1}}{(n+1)!}\frac{(b-a)^{n+1}}{2^{2n+1}}.\end{aligned}$$

2. 第二类 Chebyshev 多项式

我们来考虑函数

$$U_n(x) = \frac{\sin[(n+1)\arccos x]}{\sqrt{1-x^2}}, \quad n = 0,1,2,\cdots, \tag{7.22}$$

其中 $-1\leqslant x\leqslant 1$. 在三角恒等式

$$\sin(n+2)\theta + \sin n\theta = 2\cos\theta\sin(n+1)\theta$$

中,令 $x=\cos\theta$,便得到类似于(7.12)的递推关系式:

$$\begin{aligned}&U_{n+1}(x) = 2xU_n(x) - U_{n-1}(x), \quad n = 1,2,\cdots, &(7.23)\\ &U_0(x) = 1,\\ &U_1(x) = 2x.\end{aligned}$$

从关系式(7.23)推知 $U_n(x)$是 n 次多项式. 由 $T_{n+1}(x)$对 x 求导数,立即可得

$$T'_{n+1}(x) = (n+1)U_n(x), \quad -1\leqslant x\leqslant 1. \tag{7.24}$$

我们称 $U_n(x)$为**第二类 Chebyshev 多项式**.

第二类 Chebyshev 多项式 $U_n(x)$是区间$[-1,1]$上关于权函数$\sqrt{1-x^2}$的 n 次直交多项式. 事实上,只要令 $x=\cos\theta$,则

$$\int_{-1}^{1}U_m(x)U_k(x)\sqrt{1-x^2}\,\mathrm{d}x = \int_0^{\pi}\sin(m+1)\theta\sin(k+1)\theta\,\mathrm{d}\theta = \begin{cases}0, & 若\ m\neq k;\\ \dfrac{\pi}{2}, & 若\ m = k.\end{cases}$$

下面,我们列出前 6 个多项式 $U_n(x)$:

$$\begin{aligned}U_0(x) &= 1,\\ U_1(x) &= 2x,\\ U_2(x) &= 4x^2-1,\\ U_3(x) &= 8x^3-4x,\\ U_4(x) &= 16x^4-12x^2+1,\end{aligned}$$

$$U_5(x) = 32x^5 - 32x^3 + 6x.$$

3. Legendre 多项式

Legendre 多项式 $P_n(x)$定义为

$$P_n(x) = \frac{1}{2^n n!}\frac{d^n(x^2-1)^n}{dx^n}, \quad n = 1,2,\cdots,$$

$$P_0(x) = 1. \tag{7.25}$$

因为$(x^2-1)^n$是$2n$次多项式,所以$P_n(x)$是n次多项式.显然$P_n(x)$的首项系数为

$$\frac{1}{2^n n!}2n(2n-1)(2n-2)\cdots(n+1) = \frac{(2n)!}{2^n(n!)^2}. \tag{7.26}$$

Legendre 多项式$P_n(x)$有下列重要性质.

(1) $P_n(x)$是区间$[-1,1]$上关于权函数$W(x)=1$的n次直交多项式:

$$\int_{-1}^{1}P_m(x)P_k(x)\mathrm{d}x = \begin{cases} 0, & m \neq k; \\ \dfrac{2}{2m+1}, & m = k. \end{cases} \tag{7.27}$$

证明　不妨设$k \geqslant m$.逐次应用分部积分法,我们有

$$\begin{aligned}
&m!k!2^{m+k}\int_{-1}^{1}P_m(x)P_k(x)\mathrm{d}x \\
&= \int_{-1}^{1}\frac{\mathrm{d}^m(x^2-1)^m}{\mathrm{d}x^m}\cdot\frac{\mathrm{d}^k(x^2-1)^k}{\mathrm{d}x^k}\mathrm{d}x \\
&= \frac{\mathrm{d}^m(x^2-1)^m}{\mathrm{d}x^m}\cdot\frac{\mathrm{d}^{k-1}(x^2-1)^k}{\mathrm{d}x^{k-1}}\bigg|_{-1}^{1} - \int_{-1}^{1}\frac{\mathrm{d}^{m+1}(x^2-1)^m}{\mathrm{d}x^{m+1}}\cdot\frac{\mathrm{d}^{k-1}(x^2-1)^k}{\mathrm{d}x^{k-1}}\mathrm{d}x \\
&= -\int_{-1}^{1}\frac{\mathrm{d}^{m+1}(x^2-1)^m}{\mathrm{d}x^{m+1}}\cdot\frac{\mathrm{d}^{k-1}(x^2-1)^k}{\mathrm{d}x^{k-1}}\mathrm{d}x \\
&= \cdots \\
&= (-1)^k\int_{-1}^{1}\frac{\mathrm{d}^{m+k}(x^2-1)^m}{\mathrm{d}x^{m+k}}\cdot(x^2-1)^k\mathrm{d}x.
\end{aligned} \tag{7.28}$$

若$k>m$,则(7.28)的右端的被积函数恒等于零,因而积分等于零;若$k=m$,由(7.28)式得

$$\begin{aligned}
&(m!)^2 2^{2m}\int_{-1}^{1}[P_m(x)]^2\mathrm{d}x \\
&= (2m)!\int_{-1}^{1}(1-x^2)^m\mathrm{d}x \\
&= 2(2m)!\int_{0}^{1}(1-x^2)^m\mathrm{d}x \\
&= 2(2m)!\int_{0}^{\frac{\pi}{2}}\cos^{2m+1}\theta\mathrm{d}\theta(\text{作变换 } x = \sin\theta)
\end{aligned}$$

$$= 2(2m)!\frac{2^{2m}(m!)^2}{(2m+1)!}.$$

因此

$$\int_{-1}^{1}[P_m(x)]^2\mathrm{d}x = \frac{2}{2m+1}.$$

(2) 若 n 为奇数,则 $P_n(x)$为奇函数;若 n 为偶数,则 $P_n(x)$为偶函数,即有

$$P_n(-x) = (-1)^n P_n(x).$$

(3) $P_n(x)$满足递推关系:

$$P_{n+1}(x) = \frac{2n+1}{n+1}xP_n(x) - \frac{n}{n+1}P_{n-1}(x), \quad n = 1,2,\cdots, \tag{7.29}$$

$$P_0(x) = 1,$$

$$P_1(x) = x.$$

证明 当 $n=1$ 时,可直接验证得(7.29)式.当 $n>1$ 时,由于 $P_n(x)$的首项系数为$(2n)!/2^n(n!)^2$,因此

$$\widetilde{P}_n(x) = \frac{2^n(n!)^2}{(2n)!}P_n(x)$$

是首一多项式.显然,$\widetilde{P}_n(x)$亦是$[-1,1]$上的直交多项式.由直交多项式的存在性定理知,$\widetilde{P}_n(x)$满足递推关系式:

$$\widetilde{P}_{n+1}(x) = (x-\alpha_n)\widetilde{P}_n(x) - \beta_n\widetilde{P}_{n-1}(x), \quad n = 2,\cdots. \tag{7.30}$$

现在,

$$\alpha_n = \int_{-1}^{1}x[\widetilde{P}_n(x)]^2\mathrm{d}x\Big/\int_{-1}^{1}[\widetilde{P}_n(x)]^2\mathrm{d}x.$$

因 $x[\widetilde{P}_n(x)]^2$ 是奇函数,因此

$$\int_{-1}^{1}x[\widetilde{P}_n(x)]^2\mathrm{d}x = 0,$$

故 $\alpha_n=0$.而

$$\begin{aligned}\beta_n &= \int_{-1}^{1}[\widetilde{P}_n(x)]^2\mathrm{d}x\Big/\int_{-1}^{1}[\widetilde{P}_{n-1}(x)]^2\mathrm{d}x \\ &= \left[\frac{2^n(n!)^2}{(2n)!}\right]^2\int_{-1}^{1}[P_n(x)]^2\mathrm{d}x\Big/\left[\frac{2^{n-1}((n-1)!)^2}{(2n-2)!}\right]^2\int_{-1}^{1}[P_{n-1}(x)]^2\mathrm{d}x \\ &= \left[\frac{n}{2n-1}\right]^2\int_{-1}^{1}[P_n(x)]^2\mathrm{d}x\Big/\int_{-1}^{1}[P_{n-1}(x)]^2\mathrm{d}x,\end{aligned}$$

再由(7.27)式便得

$$\beta_n = \frac{n^2}{(2n-1)(2n+1)}.$$

将所求得的 α_n，β_n 以及

$$\widetilde{P}_n(x) = \frac{2^n(n!)^2}{(2n)!}P_n(x)$$

代入(7.30)式，并经整理可得(7.29)式.

由递推关系式(7.29)，不难推得

$$P_0(x) = 1,$$

$$P_1(x) = x,$$

$$P_2(x) = \frac{1}{2}(3x^2 - 1),$$

$$P_3(x) = \frac{1}{2}(5x^3 - 3x),$$

$$P_4(x) = \frac{1}{8}(35x^4 - 30x^2 + 3),$$

$$P_5(x) = \frac{1}{8}(63x^5 - 70x^3 + 15x),$$

$$P_6(x) = \frac{1}{16}(231x^6 - 315x^4 + 105x^2 - 5),$$

$$P_7(x) = \frac{1}{16}(429x^7 - 693x^5 + 315x^3 - 35x)$$

等等.

4．Laguerre 多项式

Laguerre 多项式 $L_n(x)$定义为

$$L_n(x) = e^x \frac{\mathrm{d}^n(x^n e^{-x})}{\mathrm{d}x^n}, \quad 0 \leqslant x < +\infty. \tag{7.31}$$

它是区间$[0, +\infty]$中关于权函数 e^{-x}的 n 次直交多项式：

$$\int_0^{+\infty} L_m(x)L_k(x)e^{-x}\mathrm{d}x = \begin{cases} 0, & m \neq k; \\ (m!)^2, & m = k. \end{cases} \tag{7.32}$$

$L_n(x)$的首项系数为$(-1)^n$. 可以证明，Laguerre 多项式满足递推关系式：

$$L_{n+1}(x) = (1 + 2n - x)L_n(x) - n^2 L_{n-1}(x), \quad n = 1,2,\cdots, \tag{7.33}$$

$$L_0(x) = 1,$$

$$L_1(x) = 1 - x.$$

由(7.33)式可计算得

$$L_0(x) = 1,$$

$$L_1(x) = 1 - x,$$

$$L_2(x) = x^2 - 4x + 2,$$

$$L_3(x) = -x^3 + 9x^2 - 18x + 6,$$

$$L_4(x) = x^4 - 16x^3 + 72x^2 - 96x + 24,$$

$$L_5(x) = -x^5 + 25x^4 - 200x^3 + 600x^2 - 600x + 120.$$

5. Hermite 多项式

Hermite 多项式 $H_n(x)$定义为

$$H_n(x) = (-1)^n e^{x^2} \frac{\mathrm{d}^n e^{-x^2}}{\mathrm{d}x^n}, \quad -\infty < x < \infty. \tag{7.34}$$

它是区间$(-\infty, +\infty)$中关于权函数 e^{-x^2}的 n 次直交多项式：

$$\int_{-\infty}^{+\infty} H_m(x) H_k(x) e^{-x^2} \mathrm{d}x = \begin{cases} 0, & m \neq k; \\ 2^m m! \sqrt{\pi}, & m = k. \end{cases} \tag{7.35}$$

Hermite 多项式 $H_n(x)$的首项系数为 2^n. 可以证明 Hermite 多项式满足递推关系式：

$$H_{n+1}(x) = 2xH_n(x) - 2nH_{n-1}(x), \quad n = 1,2,\cdots, \tag{7.36}$$

$$H_0(x) = 1,$$

$$H_1(x) = 2x.$$

由(7.36)式可计算得

$$H_0(x) = 1,$$

$$H_1(x) = 2x,$$

$$H_2(x) = 4x^2 - 2,$$

$$H_3(x) = 8x^3 - 12x,$$

$$H_4(x) = 16x^4 - 48x^2 + 12.$$

5.8 Gauss 型数值求积公式

在计算积分

$$I(f) = \int_a^b f(x) W(x) \mathrm{d}x \tag{8.1}$$

的 Newton-Cotes 型求积公式中，我们限制积分区间$[a, b]$为有限区间，权函数 $W(x)=1$，并且基点为等距的. 在这一节中，我们将去掉这些限制，建立计算积分 $I(f)$的一些数值求积公式.

一个求积公式的精确度取决于离散误差的大小，但是引进代数精确度的概念则更便于讨论. 给定一组基点

$$a \leqslant x_1 < x_2 < \cdots < x_{n+1} \leqslant b.$$

设

$$I_n(f) = \sum_{i=1}^{n+1} A_i f(x_i) \tag{8.2}$$

为计算 $I(f)$的求积公式,其中 A_i 与$f(x)$无关,$i=1,\cdots,n+1$.若对 $f(x)=x^j$,有

$$I_n(x^j) = I(x^j), \quad j = 0,1,\cdots,k,$$

但对 $f(x)=x^{k+1}$,

$$I_n(x^{k+1}) \neq I(x^{k+1}),$$

则说求积公式 $I_n(f)$的**代数精确度**是 k.

求积公式 $I_n(f)$的代数精确度是 k 的充分必要条件是对一切次数小于等于k的多项式$p(x)$都有

$$I_n(p(x)) = I(p(x)),$$

但存在 $k+1$ 次多项式 $p_{k+1}(x)$,使得

$$I_n(p_{k+1}(x)) \neq I(p_{k+1}(x)).$$

我们容易从梯形公式和 Simpson 公式的离散误差看出,它们的代数精确度分别是 1 和 3.

例 1　假设计算积分

$$I(f) = \int_{-1}^{1} f(x)\mathrm{d}x$$

的求积公式为

$$I_1(f) = A_1 f(x_1) + A_2 f(x_2).$$

为使 $I_1(f)$的代数精确度为 3,试确定系数 A_1,A_2 和基点 x_1,x_2.

解　为使 $I_1(f)$的代数精确度为 3,我们要求

$$I_1(x^j) = I(x^j), \quad j = 0,1,2,3.$$

这就得到方程组

$$\begin{cases} A_1 + A_2 = 2, \\ A_1 x_1 + A_2 x_2 = 0, \\ A_1 x_1^2 + A_2 x_2^2 = \dfrac{2}{3}, \\ A_1 x_1^3 + A_2 x_2^3 = 0. \end{cases} \tag{8.3}$$

方程组(8.3)是含有四个未知量 A_1,A_2,x_1,x_2 的非线性方程组.不难看出 A_1,A_2,x_1,x_2 都不为零,且 $x_1 \neq x_2$.为了解这个方程组,从第二个方程减去第一个方程的 x_1 倍,得到

$$A_2(x_2 - x_1) = -2x_1. \tag{8.4}$$

从第三个方程减去第二个方程的 x_1 倍,得到

$$A_2 x_2 (x_2 - x_1) = \frac{2}{3}. \tag{8.5}$$

将(8.4)式代到(8.5)式得

$$x_1x_2=-\frac{1}{3}. \tag{8.6}$$

再从(8.3)的最后一个方程减去第二个方程的 x_1^2 倍,得

$$A_2x_2(x_2^2-x_1^2)=0.$$

因 $A_2x_2\neq0$,因此得

$$x_1^2=x_2^2. \tag{8.7}$$

由(8.6)和(8.7)解得

$$x_1=-\frac{1}{\sqrt{3}},\quad x_2=\frac{1}{\sqrt{3}}.$$

将它们代入(8.3)的前两个方程,解得

$$A_1=A_2=1.$$

又由于

$$I(x^4)=\frac{2}{5}\neq I_1(x^4)=\frac{2}{9},$$

因此所建立的求积分公式 $I_1(f)$的代数精确度是 3.

5.8.1 Gauss 型求积公式

我们自然希望一个求积公式的代数精确度尽量高.在 5.1 节中,我们给出了 $n+1$ 个基点

$$a\leqslant x_1<x_2<\cdots<x_{n+1}\leqslant b$$

的插值求积公式

$$I_n(f)=\sum_{i=1}^{n+1}A_if(x_i), \tag{8.8}$$

其中

$$A_i=\int_a^b\frac{w_{n+1}(x)}{(x-x_i)w_{n+1}'(x_i)}W(x)\mathrm{d}x,$$

$$w_{n+1}(x)=(x-x_1)(x-x_2)\cdots(x-x_{n+1}).$$

假设 $f(x)$具有 $n+1$ 阶连续导数,则 $I_n(f)$的离散误差为

$$E_n(f)=\int_a^b\frac{f^{(n+1)}(\xi)}{(n+1)!}w_{n+1}(x)W(x)\mathrm{d}x,\quad a<\xi<b.$$

从离散误差可以看出,若 $f(x)$是不高于 n 次的多项式,则 $f^{(n+1)}(x)=0$,从而 $E_n(f)=0$.因此,$n+1$ 个基点的插值求积公式(8.8)的代数精确度至少是 n.我们要问,如果对 $n+1$ 个基点 $x_1,x_2,\cdots,x_{n+1}$适当加以选择,插值求积公式(8.8)的代数精确度最大是多少?

假设 $f(x)$ 取为 $2n+2$ 次多项式 $w_{n+1}^2(x)$，即

$$\begin{aligned} f(x) &= w_{n+1}^2(x) \\ &= (x-x_1)^2(x-x_2)^2\cdots(x-x_{n+1})^2. \end{aligned}$$

将它代入(8.8)式，则有

$$I_n(w_{n+1}^2(x)) = \sum_{i=1}^{n+1} A_i w_{n+1}^2(x_i) = 0.$$

它对任意的 A_i 都成立，但

$$I(w_{n+1}^2(x)) = \int_a^b w_{n+1}^2(x) W(x) \mathrm{d}x > 0.$$

因此，$I_n(w_{n+1}^2(x)) \neq I(w_{n+1}^2(x))$. 这就说明 $n+1$ 个基点的插值求积公式的代数精确度至多是 $2n+1$.

现在的问题是，能否适当选择基点 $x_1,\cdots,x_{n+1}$ 使求积公式(8.8)的代数精确度达到 $2n+1$? 例1说明这是可能的. 但若用例1那样的方法，则要讨论一个含有 $2n+2$ 个未知量 $A_1,\cdots,A_{n+1}$ 和 $x_1,\cdots,x_{n+1}$ 的非线性方程组

$$I_n(x^j) = \int_a^b x^j W(x) \mathrm{d}x, \quad j = 0,1,\cdots,2n+1$$

是否有解? 若有解，又如何求其解? 这决不是一件简单的事(见第9章). 下面，我们应用直交多项式的性质来研究这个问题.

定理1　欲使 $n+1$ 个基点的求积公式(8.8)的代数精确度为 $2n+1$ 的充分必要条件是 $n+1$ 次多项式 $w_{n+1}(x)$ 与不高于 n 次的多项式关于区间 $[a,b]$ 上的权函数 $W(x)$ 都直交.

证明　*必要性*　设求积公式(8.8)的代数精确度是 $2n+1$，则对于任何不高于 $2n+1$ 次的多项式 $p(x)$ 都有 $I_n(p(x)) = I(p(x))$. 设 $q(x)$ 为任意的一个不高于 n 次的多项式，则 $w_{n+1}(x)q(x)$ 是一个不高于 $2n+1$ 次的多项式. 取 $f(x) = w_{n+1}(x)q(x)$，就有

$$\int_a^b w_{n+1}(x) q(x) W(x) \mathrm{d}x = \sum_{i=1}^{n+1} A_i w_{n+1}(x_i) q(x_i) = 0.$$

这说明 $w_{n+1}(x)$ 与任意的不高于 n 次的多项式关于 $[a,b]$ 上的权函数 $W(x)$ 都直交.

充分性　设 $p(x)$ 为任一不高于 $2n+1$ 次的多项式. 据多项式的带余除法定理，存在唯一的多项式 $q(x)$ 和 $r(x)$，使

$$p(x) = q(x) w_{n+1}(x) + r(x), \tag{8.9}$$

其中或 $r(x)=0$，或者 $r(x)$ 的次数小于 $w_{n+1}(x)$ 的次数(因而不高于 n). 显然 $q(x)$ 的次数也不高于 n，以 $W(x)$ 乘(8.9)式两端后积分得

$$\int_a^b p(x)W(x)\mathrm{d}x = \int_a^b q(x)w_{n+1}(x)W(x)\mathrm{d}x + \int_a^b r(x)W(x)\mathrm{d}x. \quad (8.10)$$

由定理的假设条件可知(8.10)式右端第一项积分等于零.又因 $n+1$ 个基点的插值求积公式的代数精确度至少是 n,因此

$$\int_a^b r(x)W(x)\mathrm{d}x = \sum_{i=1}^{n+1} A_i r(x_i).$$

从而

$$\begin{aligned}\int_a^b p(x)W(x)\mathrm{d}x &= \sum_{i=1}^{n+1} A_i r(x_i)\\ &= \sum_{i=1}^{n+1} A_i r(x_i) + \sum_{i=1}^{n+1} A_i q(x_i)w_{n+1}(x_i)\\ &= \sum_{i=1}^{n+1} A_i(q(x_i)w_{n+1}(x_i) + r(x_i))\\ &= \sum_{i=1}^{n+1} A_i p(x_i).\end{aligned}$$

但取 $f(x)=w_{n+1}^2(x)$时

$$\int_a^b w_{n+1}^2(x)W(x)\mathrm{d}x \neq \sum_{i=1}^{n+1} A_i w_{n+1}^2(x_i).$$

故求积公式(8.8)的代数精确度是 $2n+1$,充分性得证.

假如我们选取$[a,b]$上关于权函数 $W(x)$的 $n+1$ 次直交多项式 $p_{n+1}(x)$的 $n+1$ 个互异实根 $x_1,\cdots,x_{n+1}$作为基点,此时 $w_{n+1}(x)$与 $p_{n+1}(x)$最多相差一个非零常数因子,即

$$w_{n+1}(x) = d_{n+1}p_{n+1}(x),$$

其中 d_{n+1}是 $p_{n+1}(x)$的首项系数的倒数.因此 $w_{n+1}(x)$也是$[a,b]$上关于权函数 $W(x)$的直交多项式,它与任何不高于 n 次的多项式都直交.这样,取$[a,b]$上关于权函数 $W(x)$的 $n+1$ 次直交多项式的 $n+1$ 个互异实根作为基点时,插值求积公式(8.8)的代数精确度为 $2n+1$.

定义 若 $n+1$ 个基点的插值求积公式(8.8)的代数精确度是 $2n+1$,则称它为 **Gauss 型求积公式**.

Gauss 型求积公式是具有最高代数精确度的插值求积公式.它的基点是区间$[a,b]$上关于权函数 $W(x)$的 $n+1$ 次直交多项式的 $n+1$ 个互异实根.

例 2 在例 1 中,计算积分

$$I(f) = \int_{-1}^1 f(x)\mathrm{d}x$$

的两点求积公式

$$I_1(f) = A_1 f(x_1) + A_2 f(x_2),$$

其代数精确度是 3. 现在,我们视它为 Gauss 型求积公式来确定其系数 A_1, A_2 和基点 x_1, x_2.

据 5.7 节知道,区间$[-1,1]$上关于权函数 $W(x)=1$ 的直交多项式是 Legendre 多项式. 二次 Legendre 多项式

$$P_2(x) = \frac{1}{2}(3x^2 - 1)$$

的两个根是

$$x_1 = -\frac{1}{\sqrt{3}}, \quad x_2 = \frac{1}{\sqrt{3}}.$$

以它们作为求积公式的基点,我们有

$$A_1 = \int_{-1}^{1} \frac{x - \frac{1}{\sqrt{3}}}{-\frac{1}{\sqrt{3}} - \frac{1}{\sqrt{3}}} \mathrm{d}x = 1,$$

$$A_2 = \int_{-1}^{1} \frac{x + \frac{1}{\sqrt{3}}}{\frac{1}{\sqrt{3}} + \frac{1}{\sqrt{3}}} \mathrm{d}x = 1.$$

因此,所得结果和例 1 相同.

现在,我们来讨论 Gauss 型求积公式的离散误差

$$E_n(f) = \int_a^b f(x) W(x) \mathrm{d}x - \sum_{i=1}^{n+1} A_i f(x_i). \tag{8.11}$$

选取区间$[a,b]$上关于权函数 $W(x)$的 $n+1$ 次直交多项式 $p_{n+1}(x)$的根 $x_1, x_2, \cdots, x_{n+1}$为基点,作 $f(x)$的 Hermite 插值多项式 $H_{2m+1}(x)$. 据第 4 章(6.8)式有

$$f(x) = H_{2n+1} + \frac{f^{(2n+2)}(\eta)}{(2n+2)!} w_{n+1}^2(x), \quad \eta \in (a,b).$$

将它代入(8.11)式,得

$$E_n(f) = \int_a^b H_{2n+1}(x) W(x) \mathrm{d}x + \int_a^b \frac{f^{(2n+2)}(\eta)}{(2n+2)!} w_{n+1}^2(x) W(x) \mathrm{d}x - \sum_{i=1}^{n+1} A_i f(x_i). \tag{8.12}$$

由于 $H_{2n+1}(x)$是一个不高于 $2n+1$ 次的多项式,因此

$$\begin{aligned} \int_a^b H_{2n+1}(x) W(x) \mathrm{d}x &= \sum_{i=1}^{n+1} A_i H_{2n+1}(x_i) \\ &= \sum_{i=1}^{n+1} A_i f(x_i). \end{aligned}$$

将它代入(8.12)式,得

$$E_n(f) = \int_a^b \frac{f^{(2n+2)}(\eta)}{(2n+2)!} w_{n+1}^2(x) W(x) \mathrm{d}x.$$

因 $w_{n+1}^2(x)W(x)$在$[a,b]$内不变号,应用积分中值定理,得

$$\begin{aligned} E_n(f) &= \frac{f^{(2n+2)}(\xi)}{(2n+2)!} \int_a^b w_{n+1}^2(x) W(x) \mathrm{d}x \\ &= \frac{d_{n+1}^2 f^{(2n+2)}(\xi)}{(2n+2)!} \int_a^b p_{n+1}^2(x) W(x) \mathrm{d}x, \quad \xi \in (a,b), \end{aligned} \tag{8.13}$$

其中 d_{n+1}是直交多项式 $p_{n+1}(x)$的首项系数的倒数.这样,我们得到下面的定理.

定理 2 计算积分

$$I(f) = \int_a^b f(x) W(x) \mathrm{d}x$$

的 Gauss 型求积公式为

$$I_n(f) = \sum_{i=1}^{n+1} A_i f(x_i),$$

其中$\{x_i\}_{i=1}^{n+1}$是$[a,b]$上关于权函数 $W(x)$的 $n+1$ 次直交多项式 $p_{n+1}(x)$的 $n+1$ 个根,求积系数为

$$A_i = \int_a^b \frac{p_{n+1}(x)}{(x-x_i)p_{n+1}'(x_i)} W(x) \mathrm{d}x, \tag{8.14}$$

离散误差为

$$E_n(f) = C_n f^{(2n+2)}(\xi), \quad \xi \in (a,b), \tag{8.15}$$

C_n 为某一常数.

Gauss 型求积公式的系数 $A_1, \cdots, A_{n+1}$都恒为正数.事实上,令

$$g_k(x) = (x-x_1)^2 \cdots (x-x_{k-1})^2 (x-x_{k+1})^2 \cdots (x-x_{n+1})^2,$$

则 $g_k(x)$是 $2n$ 次多项式.因此

$$\int_a^b g_k(x) W(x) \mathrm{d}x = \sum_{i=1}^{n+1} A_i g_k(x_i),$$

不难看出

$$g_k(x_i) \begin{cases} = 0, & i \neq k; \\ > 0, & i = k. \end{cases}$$

因此

$$\int_a^b g_k(x) W(x) \mathrm{d}x = A_k g_k(x_k).$$

但

$$\int_a^b g_k(x) W(x) \mathrm{d}x > 0,$$

故必有

$$A_k > 0, \quad k = 1,2,\cdots,n+1.$$

假设计算函数值 $f(x_i)$有误差 ε_i，则应用 Gauss 型求积公式计算

$$\sum_{i=1}^{n+1} A_i f(x_i)$$

的误差为

$$\eta_n = \sum_{i=1}^{n+1} A_i \varepsilon_i.$$

令

$$\max_{1\leqslant i\leqslant n+1} |\varepsilon_i| = \frac{1}{2}\times 10^{-t},$$

则

$$|\eta_n| \leqslant \frac{1}{2}\times 10^{-t}\sum_{i=1}^{n+1} A_i.$$

若取 $f(x)=1$，则 Gauss 型求积公式的离散误差 $E_n(f)=0$. 因此

$$\sum_{i=1}^{n+1} A_i = \int_a^b W(x)\mathrm{d}x,$$

故

$$|\eta_n| \leqslant \frac{1}{2}\times 10^{-t}\int_a^b W(x)\mathrm{d}x.$$

这就是说，Gauss 型求积公式是数值稳定的.

5.8.2　几种 Gauss 型求积公式

上面对一般的权函数讨论了 Gauss 型求积公式. 对于不同的权函数，便有不同的直交多项式，从而得到不同的具体 Gauss 型求积公式. 下面讨论几种常用的 Gauss 型求积公式.

1. Gauss-Legendre 求积公式

据 5.7 节，我们知道，Legendre 多项式

$$P_{n+1}(x) = \frac{1}{2^{n+1}(n+1)!}\frac{d^{n+1}(x^2-1)^{n+1}}{dx^{n+1}}$$

是区间[$-1,1$]上关于权函数 $W(x)=1$ 的 $n+1$ 次直交多项式. 以 Legendre 多项式 $P_{n+1}(x)$的 $n+1$ 个实根为基点的插值求积公式称为 **Gauss-Legendre 求积公式**. 它是古典的 Gauss 求积公式，因此又称它为 **Gauss 求积公式**，特别地，取二次 Legendre 多项式

$$P_2(x) = \frac{1}{2}(3x^2-1)$$

的两个根：$x_1=-1/\sqrt{3}$，$x_2=1/\sqrt{3}$为求积基点，据例 2，我们得到代数精确度为 3 的两点 Gauss-Legendre 求积公式

$$I_1(f)=f\left(-\frac{1}{\sqrt{3}}\right)+f\left(\frac{1}{\sqrt{3}}\right). \tag{8.16}$$

于是

$$\int_{-1}^{1}f(x)\mathrm{d}x\simeq I_1(f).$$

据(8.15)式，$I_1(f)$的离散误差为

$$E_1(f)=\int_{-1}^{1}f(x)\mathrm{d}x-I_1(f)=c_1f^{(4)}(\xi),\quad \xi\in(-1,1),$$

现令 $f(x)=x^4$. 由于

$$\int_{-1}^{1}x^4\mathrm{d}x=\frac{2}{5},$$

$$I_1(x^4)=\left(-\frac{1}{\sqrt{3}}\right)^4+\left(\frac{1}{\sqrt{3}}\right)^4=\frac{2}{9},$$

$$f^{(4)}(x)=24,$$

因此

$$E_1(x^4)=\int_{-1}^{1}x^4\mathrm{d}x-I_1(x^4)=\frac{8}{45}=24c_1,$$

即得 $c_1=\frac{1}{135}$. 故两点 Gauss-Legendre 求积公式的离散误差为

$$E_1(f)=\frac{1}{135}f^{(4)}(\xi),\quad \xi\in(-1,1).$$

两点 Gauss 求积公式并不限于在区间$[-1,1]$上适用. 对于一般的积分区间$[c,d]$，c,d 为有限数，我们可以用一个简单的变换把它变到$[-1,1]$上来. 令

$$x=x(t)=\frac{d-c}{2}t+\frac{d+c}{2}, \tag{8.17}$$

则

$$\int_{c}^{d}g(x)\mathrm{d}x=\frac{d-c}{2}\int_{-1}^{1}g(x(t))\mathrm{d}t.$$

若令

$$f(t)=\frac{d-c}{2}g(x(t)),$$

并应用两点公式(8.16)，则得到能应用于积分区间$[c,d]$的两点求积公式

$$\int_{c}^{d}g(x)\mathrm{d}x\simeq\frac{d-c}{2}\left[g\left(x\left(-\frac{1}{\sqrt{3}}\right)\right)+g\left(x\left(\frac{1}{\sqrt{3}}\right)\right)\right], \tag{8.18}$$

其中

$$x\left(-\frac{1}{\sqrt{3}}\right)=\frac{d-c}{2}\left(-\frac{1}{\sqrt{3}}\right)+\frac{d+c}{2},$$

$$x\left(\frac{1}{\sqrt{3}}\right)=\frac{d-c}{2}\left(\frac{1}{\sqrt{3}}\right)+\frac{d+c}{2}.$$

例 3　我们应用两点 Gauss 求积公式计算积分

$$I_1=\int_0^1 e^{-x^2}\mathrm{d}x.$$

作变换

$$x=x(t)=\frac{t+1}{2},$$

则

$$x\left(-\frac{1}{\sqrt{3}}\right)=\frac{1}{2}\left(-\frac{1}{\sqrt{3}}\right)+\frac{1}{2}=\frac{-1+\sqrt{3}}{2\sqrt{3}},\quad x\left(\frac{1}{\sqrt{3}}\right)=\frac{1+\sqrt{3}}{2\sqrt{3}}.$$

因此

$$\begin{aligned}\int_0^1 e^{-x^2}\mathrm{d}x &\simeq I_1(e^{-x^2})\\ &=\frac{1}{2}\left[e^{-(\sqrt{3}-1)^2/12}+e^{-(\sqrt{3}+1)^2/12}\right]\\ &=0.7465875.\end{aligned}$$

若应用(11 个点的)复合梯形公式计算得

$$T_{10}(e^{-x^2})=0.7462101.$$

而

$$I=0.74682413\cdots,$$

$$|I-T_{10}(e^{-x^2})|<6.141\times10^{-4},$$

$$|I-I_1(e^{-x^2})|<2.364\times10^{-4}.$$

因此应用两点 Gauss 求积公式得到的 I 的近似值较梯形值 $T_{10}(e^{-x^2})$更精确.

为了提高 Gauss 求积公式的精确度,类似于 5.2 节,我们把积分区间$[a,b]$分成若干个相等的子区间,在每个子区间上应用两点 Gauss 求积公式,然后把结果加起来,这种方法称为**两点复合 Guass 求积法**.

设函数 $f(x)$定义在区间$[a,b]$上,令

$$h=\frac{b-a}{m},\quad x_i=a+(i-1)h,\quad i=1,\cdots,m+1.$$

把$[a,b]$分成 m 个相等的子区间$[x_i,x_{i+1}]$, $i=1,\cdots,m$,则

$$I(f)=\int_a^b f(x)\mathrm{d}x=\sum_{i=1}^{m}\int_{x_i}^{x_{i+1}}f(x)\mathrm{d}x.$$

对积分

$$\int_{x_i}^{x_{i+1}} f(x)\mathrm{d}x$$

作变换

$$x = x(t) = (ht + x_i + x_{i+1})/2,$$

得到

$$\int_{x_i}^{x_{i+1}} f(x)\mathrm{d}x = \frac{h}{2}\int_{-1}^{1} f\left(\frac{ht}{2} + x_{i+\frac{1}{2}}\right)\mathrm{d}t,$$

其中

$$x_{i+\frac{1}{2}} = (x_i + x_{i+1})/2,$$

它是区间$[x_i, x_{i+1}]$的中点.据(8.18)式得到

$$\int_{x_i}^{x_{i+1}} f(x)\mathrm{d}x \simeq \frac{h}{2}[f(z_i^1) + f(z_i^2)],$$

其中

$$z_i^1 = x_{i+\frac{1}{2}} - h/2\sqrt{3}, \quad z_i^2 = x_{i+\frac{1}{2}} + h/2\sqrt{3}.$$

于是,我们得到复合两点 Gauss 求积公式

$$\int_a^b f(x)\mathrm{d}x \simeq I_1^m(f) = \frac{h}{2}\sum_{i=1}^{m}[f(z_i^1) + f(z_i^2)].$$

我们仍然以计算例 3 的积分

$$I = \int_0^1 e^{-x^2}\mathrm{d}x$$

为例,取 $m=2$.由于

$$h = \frac{1-0}{2} = \frac{1}{2},$$

$$z_1^1 = \frac{1}{4} - \frac{1}{4\sqrt{3}} = \frac{3-\sqrt{3}}{12},$$

$$z_1^2 = \frac{1}{4} + \frac{1}{4\sqrt{3}} = \frac{3+\sqrt{3}}{12},$$

$$z_2^1 = \frac{3}{4} - \frac{1}{4\sqrt{3}} = \frac{9-\sqrt{3}}{12},$$

$$z_2^2 = \frac{3}{4} + \frac{1}{4\sqrt{3}} = \frac{9+\sqrt{3}}{12},$$

因此

$$I = \int_0^1 e^{-x^2}\mathrm{d}x \simeq I_1^2(e^{-x^2})$$

$$= \frac{1}{4}\left[e^{-\left(\frac{3-\sqrt{3}}{12}\right)^2} + e^{-\left(\frac{3+\sqrt{3}}{12}\right)^2} + e^{-\left(\frac{9-\sqrt{3}}{12}\right)^2} + e^{-\left(\frac{9+\sqrt{3}}{12}\right)^2}\right]$$

$$= 0.7468033.$$

$$|I - I_1^2(e^{-x^2})| < 2.084 \times 10^{-5}.$$

$I_1^2(e^{-x^2})$较 $I_1(e^{-x^2})$更精确.

我们取三次 Legendre 多项式

$$P_3(x) = \frac{1}{2}(5x^3 - 3x)$$

的三个根

$$x_1 = -\sqrt{\frac{3}{5}}, \quad x_2 = 0, \quad x_3 = \sqrt{\frac{3}{5}}$$

作为基点,由于

$$A_1 = \int_{-1}^{1} \frac{(x - x_2)(x - x_3)}{(x_1 - x_2)(x_1 - x_3)} dx$$

$$= \int_{-1}^{1} \frac{x\left(x - \sqrt{\frac{3}{5}}\right)}{\frac{6}{5}} dx = \frac{5}{9},$$

$$A_2 = \int_{-1}^{1} \frac{(x - x_1)(x - x_3)}{(x_2 - x_1)(x_2 - x_3)} dx$$

$$= \int_{-1}^{1} \frac{\left(x + \sqrt{\frac{3}{5}}\right)\left(x - \sqrt{\frac{3}{5}}\right)}{-\frac{3}{5}} dx = \frac{8}{9},$$

$$A_3 = \int_{-1}^{1} \frac{(x - x_1)(x - x_2)}{(x_3 - x_1)(x_3 - x_2)} dx$$

$$= \int_{-1}^{1} \frac{\left(x + \sqrt{\frac{3}{5}}\right)x}{\frac{6}{5}} dx = \frac{5}{9}.$$

因此得到三点 Gauss 求积公式

$$\int_{-1}^{1} f(x) dx \simeq I_2(f)$$

$$= \frac{1}{9}\left[5f\left(-\sqrt{\frac{3}{5}}\right) + 8f(0) + 5f\left(\sqrt{\frac{3}{5}}\right)\right].$$

2. Gauss-Laguerre 求积公式

Laguerre 多项式

$$L_{n+1}(x) = e^x \frac{\mathrm{d}^{n+1}(x^{n+1}e^{-x})}{\mathrm{d}x^{n+1}}$$

是区间$[0,+\infty)$中关于权函数 $W(x)=e^{-x}$的$n+1$次直交多项式.选取 $L_{n+1}(x)$ 的 $n+1$ 个根作为求积基点,便得到计算积分

$$\int_0^{+\infty} f(x)e^{-x}\mathrm{d}x$$

的 $n+1$ 点 **Gauss-Laguerre 求积公式**.例如,二次 Laguerre 多项式

$$L_2(x) = x^2 - 4x + 2$$

的两个根为

$$x_1 = 2-\sqrt{2}, \quad x_2 = 2+\sqrt{2}.$$

求积系数

$$A_1 = \int_0^{+\infty} \frac{x-2-\sqrt{2}}{-2\sqrt{2}} e^{-x}\mathrm{d}x = \frac{1}{4}(2+\sqrt{2}),$$

$$A_2 = \int_0^{+\infty} \frac{x-2+\sqrt{2}}{2\sqrt{2}} e^{-x}\mathrm{d}x = \frac{1}{4}(2-\sqrt{2}).$$

因此,我们得到两点 Gauss-Laguerre 求积公式

$$\int_0^{+\infty} f(x)e^{-x}\mathrm{d}x \simeq \frac{1}{4}[(2+\sqrt{2})f(2-\sqrt{2}) + (2-\sqrt{2})f(2+\sqrt{2})]. \tag{8.19}$$

3. Gauss-Chebyshev 求积公式

Chebyshev 多项式 $T_{n+1}(x)=\cos((n+1)\arccos x)$是区间$[-1,1]$上关于权函数 $W(x)=\dfrac{1}{\sqrt{1-x^2}}$的 $n+1$ 次直交多项式.以它的 $n+1$ 个根

$$x_i = \cos\left(\frac{2i-1}{2(n+1)}\pi\right), \quad i=1,2,\cdots,n+1$$

作为求积基点得到的插值求积公式称为 **Gauss-Chebyshev 求积公式**.据(8.14)式,Gauss-Chebyshev 求积公式的系数为

$$A_i = \int_{-1}^{1} \frac{(1-x^2)^{-\frac{1}{2}} T_{n+1}(x)}{(x-x_i)T'_{n+1}(x_i)}\mathrm{d}x, \quad i=1,\cdots,n+1. \tag{8.20}$$

现在,我们来计算积分(8.20).从 Ghebyshev 多项式的递推关系式,不难得到(见习题 5 第 24 题)

$$\frac{1}{2}[T_{n+1}(x)T_n(y) - T_{n+1}(y)T_n(x)] = (x-y)\left[\frac{1}{2} + \sum_{k=1}^{n} T_k(x)T_k(y)\right]. \tag{8.21}$$

在(8.21)式中令 $y=x_i$,由于 $T_{n+1}(x_i)=0$,便得到

$$\frac{1}{2}[T_{n+1}(x)T_n(x_i)] = (x-x_i)\left[\frac{1}{2} + \sum_{k=1}^{n} T_k(x)T_k(x_i)\right]. \tag{8.22}$$

用$\frac{1}{2}(x-x_i)T_n(x_i)T'_{n+1}(x_i)$除(8.22)式两端,得

$$\frac{T_{n+1}(x)}{(x-x_i)T'_{n+1}(x_i)}=\frac{2}{T_n(x_i)T'_{n+1}(x_i)}\left[\frac{1}{2}+\sum_{k=1}^{n}T_k(x)T_k(x_i)\right],$$

将它代入(8.20)式,由直交性得

$$\begin{aligned}A_i&=\int_{-1}^{1}\frac{(1-x^2)^{-1/2}}{T_n(x_i)T'_{n+1}(x_i)}dx+2\sum_{k=1}^{n}\frac{T_k(x_i)}{T_n(x_i)T'_{n+1}(x_i)}\int_{-1}^{1}T_k(x)(1-x^2)^{-1/2}dx\\&=\frac{1}{T_n(x_i)T'_{n+1}(x_i)}\int_{-1}^{1}(1-x^2)^{-\frac{1}{2}}dx\\&=\frac{\pi}{T_n(x_i)T'_{n+1}(x_i)}.\end{aligned}\tag{8.23}$$

令 $x=\cos\theta$,则

$$T'_{n+1}(x)=\frac{d}{d\theta}\cos(n+1)\theta\frac{d\theta}{dx}=\frac{(n+1)\sin(n+1)\theta}{\sin\theta}.$$

于是

$$T_n(x)T'_{n+1}(x)=(n+1)\sin(n+1)\theta\cos n\theta/\sin\theta.$$

记 $x_i=\cos\theta_i$,利用恒等式

$$\cos n\theta=\cos(n+1)\theta\cos\theta+\sin(n+1)\theta\sin\theta,$$

并注意到 $\cos(n+1)\theta_i=0$,得到

$$T_n(x_i)T'_{n+1}(x_i)=n+1.$$

这样,由(8.23)式,我们有

$$A_i=\frac{\pi}{n+1}.$$

从而,我们导出 Gauss-Chebyshev 求积公式

$$\int_{-1}^{1}f(x)(1-x^2)^{-\frac{1}{2}}dx\simeq\frac{\pi}{n+1}\sum_{k=1}^{n+1}f(x_i),\tag{8.24}$$

其中

$$x_i=\cos\left(\frac{2i-1}{2(n+1)}\pi\right),\quad i=1,2,\cdots,n+1.$$

由(8.13)式,据 Chebyshev 多项式的性质(2)和(8)得 Gauss-Chebyshev 求积公式的离散误差为

$$E_n(f)=\frac{\pi}{2^{2n+1}(2n+2)!}f^{(2n+2)}(\xi),\quad -1<\xi<1.$$

例4　作适当变换,把积分

$$I=\int_0^2\frac{x^2-1}{\sqrt{x(2-x)}}dx$$

化为能应用 m 点 Gauss-Chebyshev 求积公式的积分. 当 m 取何值时,能得到积分

的准确值？并计算它.

解 令

$$x=\frac{2-0}{2}t+\frac{2+0}{2}=t+1,$$

则

$$I=\int_{-1}^{1}\frac{t^2+2t}{\sqrt{1-t^2}}\mathrm{d}t$$

能应用 Gauss-Chebyshev 求积公式.由于 m 点 Gauss-Chebyshev 求积公式的代数精确度是 $2m-1$，$f(t)=t^2+2t$ 是二次多项式，因此应用两点以上($m\geqslant 2$)的 Gauss-Chebyshev 求积公式便可得到积分的准确值.据两点 Gauss-Chebyshev 求积公式，

$$\begin{aligned}I&=\frac{\pi}{2}\left[f\left(\cos\frac{\pi}{4}\right)+f\left(\cos\frac{3\pi}{4}\right)\right]\\&=\frac{\pi}{2}\left[\left(\frac{\sqrt{2}}{2}\right)^2+2\left(\frac{\sqrt{2}}{2}\right)+\left(-\frac{\sqrt{2}}{2}\right)^2+2\left(-\frac{\sqrt{2}}{2}\right)\right]\\&=\frac{\pi}{2}.\end{aligned}$$

一般地，Gauss 型求积公式的基点是无理数，并且不是等距的.基点和求积系数需要查表(参见[1]的附录Ⅱ)，这就带来不便，并且若需增加基点时，原先计算得函数值对当前的计算没有用处.但是，Gauss 求积公式具有较高的代数精确度，对于给定的误差容限，所需计算函数值的次数较其他许多求积公式少得多.并且，Gauss 型求积公式可以用来计算反常积分.

当然，我们也可以用区间截去法来计算反常积分.假设无穷积分

$$\int_a^{+\infty}f(x)\mathrm{d}x$$

收敛.选取足够大的数 b，使积分 $\int_b^{+\infty}f(x)\mathrm{d}x$ 的值充分小，即

$$\left|\int_b^{+\infty}f(x)\mathrm{d}x\right|<\varepsilon,$$

其中 ε 为计算积分 $\int_a^{+\infty}f(x)\mathrm{d}x$ 所允许的误差界.这样，我们可用 $\int_a^b f(x)\mathrm{d}x$ 作为 $\int_a^{+\infty}f(x)\mathrm{d}x$ 的近似值，即

$$\int_a^{+\infty}f(x)\mathrm{d}x\simeq\int_a^b f(x)\mathrm{d}x.$$

例 5 计算积分

$$\int_0^{+\infty}\frac{\sin^2 x}{1+e^x}\mathrm{d}x.$$

由于

$$\left|\int_b^{+\infty}\frac{\sin^2 x}{1+e^x}\mathrm{d}x\right|<\int_b^{+\infty}e^{-x}\mathrm{d}x=e^{-b},$$

因此,若取 $b\geqslant 15$,则

$$e^{-b}<\frac{1}{2}\times 10^{-6}.$$

这样

$$\left|\int_0^{+\infty}\frac{\sin^2 x}{1+e^x}\mathrm{d}x-\int_0^{15}\frac{\sin^2 x}{1+e^x}\mathrm{d}x\right|<\frac{1}{2}\times 10^{-6}.$$

取

$$\int_0^{+\infty}\frac{\sin^2 x}{1+e^x}\mathrm{d}x\simeq\int_0^{15}\frac{\sin^2 x}{1+e^x}\mathrm{d}x$$

可以准确到六位小数.

同样的方法可以用来处理收敛的奇异积分 $\int_a^b f(x)\mathrm{d}x$,其中 a 为奇异点.若能确定 $\delta>0$,使

$$\left|\int_a^{a+\delta}f(x)\mathrm{d}x\right|<\varepsilon,$$

其中 ε 为允许的误差界,则取

$$\int_a^b f(x)\mathrm{d}x\simeq\int_{a+\delta}^b f(x)\mathrm{d}x.$$

例 6　计算积分

$$\int_0^1\frac{\sin x}{\sqrt{x}+\sqrt[3]{x^2}}\mathrm{d}x.$$

由于

$$\left|\frac{\sin x}{\sqrt{x}+\sqrt[3]{x^2}}\right|\leqslant\frac{1}{2\sqrt{x}},\quad x\in(0,1],$$

因此

$$\left|\int_0^{\delta}\frac{\sin x}{\sqrt{x}+\sqrt[3]{x^2}}\mathrm{d}x\right|\leqslant\int_0^{\delta}\frac{1}{2\sqrt{x}}\mathrm{d}x=\sqrt{\delta},$$

即

$$\left|\int_0^1\frac{\sin x}{\sqrt{x}+\sqrt[3]{x^2}}\mathrm{d}x-\int_{\delta}^1\frac{\sin x}{\sqrt{x}+\sqrt[3]{x^2}}\mathrm{d}x\right|\leqslant\sqrt{\delta}.$$

取

$$\int_0^1\frac{\sin x}{\sqrt{x}+\sqrt[3]{x^2}}\mathrm{d}x\simeq\int_{\delta}^1\frac{\sin x}{\sqrt{x}+\sqrt[3]{x^2}}\mathrm{d}x.$$

若要误差界不超过 10^{-3},则可取 $\delta=10^{-6}$.

5.9 重积分计算

前面诸节讨论的求积法稍经修改便可用来计算重积分.首先,我们考虑二重积分

$$I=\iint_R f(x,y)\mathrm{d}x\mathrm{d}y \tag{9.1}$$

的计算法,此处,假设积分区域为矩形域:

$$R=\{(x,y)\mid a\leqslant x\leqslant b, c\leqslant y\leqslant d\}.$$

给定正整数 n 和 m,取步长

$$h=(b-a)/2n,\quad k=(d-c)/2m.$$

把积分 I 写成

$$I=\int_a^b\int_c^d f(x,y)\mathrm{d}x\mathrm{d}y.$$

对积分

$$\int_c^d f(x,y)\mathrm{d}y,$$

视 x 为常数.令 $y_j=c+jk,\quad j=0,1,\cdots,2m$.应用复合 Simpson 公式得

$$\int_c^d f(x,y)\mathrm{d}y=\frac{k}{3}\Big[f(x,y_0)+2\sum_{j=1}^{m-1}f(x,y_{2j})+4\sum_{j=1}^{m}f(x,y_{2j-1})$$

$$+f(x,y_{2m})\Big]-\frac{(d-c)k^4}{180}\frac{\partial^4 f(x,\mu)}{\partial y^4},\quad \mu\in(c,d).$$

于是

$$I=\frac{k}{3}\int_a^b f(x,y_0)\mathrm{d}x+\frac{2k}{3}\sum_{j=1}^{m-1}f(x,y_{2j})\mathrm{d}x$$

$$+\frac{4k}{3}\sum_{j=1}^{m}\int_a^b f(x,y_{2j-1})\mathrm{d}x+\frac{k}{3}\int_a^b f(x,y_{2m})\mathrm{d}x$$

$$-\frac{(d-c)k^4}{180}\int_a^b\frac{\partial^4 f(x,\mu)}{\partial y^4}\mathrm{d}x.$$

再令 $x_i=a+ih, i=0,1,\cdots,2n$,则对每一 $j=0,1,\cdots,2m$,有

$$\int_a^b f(x,y_j)\mathrm{d}x=\frac{h}{3}\Big[f(x_0,y_j)+2\sum_{i=1}^{n-1}f(x_{2i},y_j)+4\sum_{i=1}^{n}f(x_{2i-1},y_j)$$

$$+f(x_{2n},y_j)\Big]-\frac{(b-a)}{180}h^4\frac{\partial^4 f(\xi_j,y_j)}{\partial x^4},\quad \xi_j\in(a,b).$$

从而

$$
\begin{aligned}
I \simeq \frac{hk}{9}[&f(x_0,y_0)+2\sum_{i=1}^{n-1}f(x_{2i},y_0)+4\sum_{i=1}^{n}f(x_{2i-1},y_0)\\
&+f(x_{2n},y_0)+2\sum_{j=1}^{m-1}f(x_0,y_{2j})+4\sum_{j=1}^{m-1}\sum_{i=1}^{n-1}f(x_{2i},y_{2j})\\
&+8\sum_{j=1}^{m-1}\sum_{i=1}^{n}f(x_{2i-1},y_{2j})+2\sum_{j=1}^{m-1}f(x_{2n},y_{2j})\\
&+4\sum_{j=1}^{m}f(x_0,y_{2j-1})+8\sum_{j=1}^{m}\sum_{i=1}^{n-1}f(x_{2i},y_{2j-1})\\
&+16\sum_{j=1}^{m}\sum_{i=1}^{n}f(x_{2i-1},y_{2j-1})+4\sum_{i=1}^{m}f(x_{2n},y_{2j-1})\\
&+f(x_0,y_{2m})+2\sum_{i=1}^{n-1}f(x_{2i},y_{2m})+4\sum_{i=1}^{n}f(x_{2i-1},y_{2m})\\
&+f(x_{2n},y_{2m})],
\end{aligned}
$$

其离散误差为

$$
\begin{aligned}
E=\frac{-k(b-a)h^4}{540}&\left[\frac{\partial^4 f(\xi_0,y_0)}{\partial x^4}+2\sum_{j=1}^{m-1}\frac{\partial^4 f(\xi_{2j},y_{2j})}{\partial x^4}\right.\\
&\left.+4\sum_{j=1}^{m}\frac{\partial^4 f(\xi_{2j-1},y_{2j-1})}{\partial x^4}+\frac{\partial^4 f(\xi_{2m},y_{2m})}{\partial x^4}\right]\\
&-\frac{(d-c)}{180}k^4\int_a^b\frac{\partial^4 f(x,\mu)}{\partial y^4}\mathrm{d}x.
\end{aligned}
$$

设$\dfrac{\partial^4 f}{\partial x^4}$和$\dfrac{\partial^4 f}{\partial y^4}$在 R 上连续,则

$$
\begin{aligned}
E&=\frac{-k(b-a)h^4}{540}\left[6m\frac{\partial^4 f(\bar{\eta},\bar{\mu})}{\partial x^4}\right]-\frac{(d-c)(b-a)}{180}k^4\frac{\partial^4 f(\tilde{\eta},\tilde{\mu})}{\partial y^4}\\
&=\frac{-(d-c)(b-a)}{180}\left[h^4\frac{\partial^4 f(\bar{\eta},\bar{\mu})}{\partial x^4}+k^4\frac{\partial^4 f(\tilde{\eta},\tilde{\mu})}{\partial y^4}\right],
\end{aligned}
$$

其中$(\bar{\eta},\bar{\mu}),(\tilde{\eta},\tilde{\mu})\in R$.

现在,我们假设积分区域 R 为曲边梯形$R=[a,b;c(x),d(x)]$,它是上、下分别由连续曲线 $y=d(x)$和 $y=c(x)(a\leqslant x\leqslant b)$所限制,两侧由直线 $x=a$ 和$x=b$ 所限制,并且 $x\in(a,b)$时,$c(x)<d(x)$.若 $f(x,y)$在 R 上连续,则

$$
\begin{aligned}
I&=\iint_R f(x,y)\mathrm{d}x\mathrm{d}y\\
&=\int_a^b\left(\int_{c(x)}^{d(x)}f(x,y)\mathrm{d}y\right)\mathrm{d}x. \qquad (9.2)
\end{aligned}
$$

为了计算积分(9.2)的近似值,我们对两个变量 x 和 y 都应用 Simpson 公式. 关于变量 x,取步长 $h=(b-a)/2$;关于变量 y,取步长

$$k(x)=\frac{d(x)-c(x)}{2},$$

它是 x 的函数. 这样,我们有

$$\begin{aligned}I&\simeq\int_a^b\frac{k(x)}{3}[f(x,c(x))+4f(x,c(x)+k(x))+f(x,d(x))]\mathrm{d}x\\&\simeq\frac{h}{3}\left\{\frac{k(a)}{3}[f(a,c(a))+4f(a,c(a)+k(a))+f(a,d(a))]\right.\\&\quad+\frac{4k(a+b)}{3}[f(a+h,c(a+h))+4f(a+h,c(a+h)\\&\quad+k(a+h))+f(a+h,d(a+h))]\\&\quad\left.+\frac{k(b)}{3}[f(b,c(b))+4f(b,c(b)+k(b))+f(b,d(b))]\right\}.\end{aligned}$$

下面,我们给出应用复合 Simpson 公式计算积分(9.2)的一种算法.

算法 5.4 应用复合 Simpson 公式计算积分

$$I=\int_a^b\mathrm{d}x\int_{c(x)}^{d(x)}f(x,y)\mathrm{d}y$$

的近似值.

输入 端点 a,b;正整数 m,n.

输出 I 的近似值 S.

step 1 $h\leftarrow(b-a)/(2n)$.

step 2 $S_1\leftarrow0$;

$S_2\leftarrow0$;

$S_3\leftarrow0$.

step 3 对 $i=0,1,\cdots,2n$ 做

$x\leftarrow a+ih$;

$g\leftarrow(d(x)-c(x))/(2m)$;

$K_1\leftarrow f(x,c(x))+f(x,d(x))$;

$K_2\leftarrow0$;

$K_3\leftarrow0$;

对 $j=1,\cdots,2m-1$ 做

$y\leftarrow c(x)+jg$;

$z\leftarrow f(x,y)$;

若 j 是偶数,则 $K_2\leftarrow K_2+z$,

否则 $K_3\leftarrow K_3+z$;

$p \leftarrow (K_1+2K_2+4K_3)g/3$;
若 $i=0$ 或 $i=2n$
则 $S_1 \leftarrow S_1+p$
否则,若 i 是偶数,则 $S_2 \leftarrow S_2+p$
否则 $S_3 \leftarrow S_3+p$.

step 4 $S \leftarrow (S_1+2S_2+4S_3)h/3$.

step 5 输出(S);
停机.

习　题　5

1．证明 Newton-Cotes 求积公式中系数 B_i 具有对称性:

$$B_i = B_{n+2-i},\quad i=1,2,\cdots,n.$$

2．试用梯形和 Simpson 公式计算积分

(1) $\int_{1.1}^{1.5} e^x \mathrm{d}x$,　　(2) $\int_0^{\pi/2} \sin^2 x \mathrm{d}x$,

并与准确值比较.

3．用等距基点

$$a = x_0 < x_1 < \cdots < x_n < x_{n+1} = b$$

把积分区间$[a,b]$分成 $n+1$ 个相等子区间,其中

$$x_i = a + ih,\quad i=0,1,\cdots,n+1,$$

$$h = (b-a)/(n+1).$$

插值求积公式

$$\int_a^b f(x)\mathrm{d}x \simeq \sum_{i=1}^n A_i f(x_i),$$

$$A_i = \int_a^b l_i(x)\mathrm{d}x,$$

称为**开型 Newton-Cotes 求积公式**,其中

$$l_i(x) = \frac{(x-x_1)\cdots(x-x_{i-1})(x-x_{i+1})\cdots(x-x_n)}{(x_i-x_1)\cdots(x_i-x_{i-1})(x_i-x_{i+1})\cdots(x_i-x_n)}.$$

试导出 $n=1,2,3$ 时,开型 Newton-Cotes 型求积公式.

4．设 $f''(x)>0$. 证明应用梯形公式计算积分 $\int_a^b f(x)\mathrm{d}x$ 所得结果比准确值大,并说明其几何意义.

5．设函数 $f(x)$在区间$[a,b]$上有二阶连续导数. 证明

$$\int_a^b f(x)\mathrm{d}x = (b-a)f\left(\frac{a+b}{2}\right) + \frac{(b-a)^3}{24}f''(\xi),\quad \xi \in (a,b).$$

6．设函数 $f(x)$在$[-h,h]$上充分可导. 试推导求积公式

$$\int_0^h f(x)\mathrm{d}x \simeq \frac{h}{2}[3f(0)-f(-h)]$$

的余项.

7. 已知函数 $f(x)$在若干点处的值,即

x_i	-2	-1.5	-1	-0.5	0	0.5	1	1.5	2
$f(x_i)$	9	$\frac{15}{4}$	0	$-\frac{9}{4}$	-3	$-\frac{9}{4}$	0	$\frac{15}{4}$	9

试计算积分 $\int_{-2}^{2} f(x)\mathrm{d}x$ 的梯形值 $T_1(f)$, $T_2(f)$, $T_4(f)$, $T_8(f)$以及 Simpson 值 $S_1(f)$, $S_2(f)$, $S_4(f)$.

8. 应用复合梯形和 Simpson 公式计算积分

$$I(f) = \int_0^1 \frac{1}{1+x^2}\mathrm{d}x,$$

并与准确值 $I(f)=\frac{\pi}{4}$ 比较(取步长 $h=0.1$,计算结果取五位小数).

9. 试应用复合梯形公式计算积分

$$I(f) = \int_1^2 \frac{1}{2x}\mathrm{d}x,$$

要求误差不超过 10^{-3}. 并把计算得结果与准确值 $I(f)$比较.

10. 应用复合梯形公式计算积分

$$\int_0^2 e^x \sin x \mathrm{d}x$$

时,欲使其误差不超过 10^{-6},试确定所需的基点个数.

11. 应用复合 Simpson 公式计算积分

$$I(f) = \int_0^1 \frac{90}{\sqrt{2}e^{\pi/4}} e^x \cos x \mathrm{d}x$$

时,为使误差不超过 10^{-8},试确定所需的步长 h 和基点个数.

12. 设函数 $f(x)$ 在区间$[a,b]$上连续. 证明对复合梯形和 Simpson 公式有

$$\lim_{n\to\infty} T_n(f) = \int_a^b f(x)\mathrm{d}x,$$

$$\lim_{n\to\infty} S_n(f) = \int_a^b f(x)\mathrm{d}x.$$

13. 设 n 为偶数. 证明

$$S_{\frac{n}{2}}(f) = \frac{1}{3}[4T_n(f) - T_{\frac{n}{2}}(f)].$$

14. 设函数 $f(x)$在$[-1,1]$上有六阶连续导数,$p_5(x)\in R[x]_6$ 是满足插值条件

$$p_5(x_i) = f(x_i), \quad p'(x_i) = f'(x_i), \quad x_i = -1,0,1$$

的 Hermite 插值多项式. 试证明

$$\int_{-1}^1 f(x)\mathrm{d}x \simeq \int_{-1}^1 p_5(x)\mathrm{d}x$$

$$= \frac{7}{15}f(-1) + \frac{16}{15}f(0) + \frac{7}{15}f(1) + \frac{1}{15}f'(-1) - \frac{1}{15}f'(1);$$

并推导其余项.

15. 试在 Euler-Maclaurin 公式(4.2)中令$[a,b]=[0,n]$,$h=1$,推导出公式

$$\sum_{j=0}^{n} f(j)=\int_0^n f(x)\mathrm{d}x+\frac{1}{2}[f(0)+f(n)]+\frac{1}{12}[f'(n)-f'(0)]$$

$$-\frac{1}{720}[f'''(n)-f'''(0)]-\sum_{i=1}^{n}\int_0^1 f^{(4)}(i-1+t)q_4(t)\mathrm{d}t,$$

以及计算

$$\sum_{j=1}^{n} j,\quad \sum_{j=1}^{n} j^2,\quad \sum_{j=1}^{n} j^3$$

的公式.

16. 用 Romberg 积分法计算下列积分的近似值 $T_{3,3}$.

$$(1)\quad \int_0^3 x\sqrt{1+x^2}\mathrm{d}x,\qquad (2)\quad \int_0^1 x^2 e^x \mathrm{d}x,$$

并与积分准确值比较.

17. 试用 Romberg 积分法计算积分

$$I=\int_1^3 e^x \sin x \mathrm{d}x.$$

要求$|T_{m,m}-T_{m,m-1}|<10^{-6}$,并与积分准确值比较.

18. 证明

$$T_{3,3}=(T_{1,1}-20T_{2,1}+64T_{3,1})/45.$$

19. 证明

$$T_{m,j}=\sum_{i=m-j+1}^{m}\alpha_i^{(j)}T_{i1},\quad m\geqslant j\geqslant 2,$$

其中

$$\sum_{i=m-j+1}^{m}\alpha_i^{(j)}=1.$$

20. 设函数 $f(x)$在区间$[a,b]$上连续,$T_{m,j}$是 Romberg 积分法得到的序列,即

$$T_{m,j}=\frac{4^{j-1}T_{m,j-1}-T_{m-1,j-1}}{4^{j-1}-1},\quad m\geqslant j\geqslant 2.$$

试证明对固定的 j,有

$$\lim_{m\to\infty}T_{m,j}=\int_a^b f(x)\mathrm{d}x.$$

21. 应用自适应 Simpson 求积法计算积分

$$I=\int_0^3 x\sqrt{1+x^2}\mathrm{d}x.$$

要求误差不超过 10^{-2}.

22. 对下列给定的权函数 $W(x)$,求出区间$[-1,1]$上的直交多项式系的前三个多项式 $p_0(x),p_1(x),p_2(x)$.

$$(1)\quad W(x)=\frac{1}{\sqrt{1+x^2}},\qquad (2)\quad W(x)=1+x^2.$$

23. 设 $q_n(x)$是区间$[a,b]$上关于权函数 $W(x)$的首一 n 次直交多项式. 令

$$A_n=\begin{bmatrix} \alpha_0 & \sqrt{\beta_1} & & & \\ \sqrt{\beta_1} & \alpha_1 & & & \\ & \ddots & \ddots & \ddots & \\ & & & \alpha_{n-2} & \sqrt{\beta_{n-1}} \\ & & & \sqrt{\beta_{n-1}} & \alpha_{n-1} \end{bmatrix},\quad n\geqslant 1,$$

其中 α_k,β_k 为递推关系式(7.1)中的系数. 试证, 矩阵 A_n 的特征值是直交多项式 $q_n(x)$的根.

24. 设

$$X_n(x,y)=T_{n+1}(x)T_n(y)-T_{n+1}(y)T_n(x),$$

其中 T_n 表示 Chebyshev 多项式. 证明

$$X_n(x,y)=2(x-y)T_n(x)T_n(y)+X_{n-1}(x,y),n\geqslant 1,$$

并导出

$$\frac{1}{2}X_n(x,y)=(x-y)\left[\frac{1}{2}+\sum_{k=1}^{n}T_k(x)T_k(y)\right].$$

25. 设 $T_n(x)$是 n 次 Chebyshev 多项式. 证明, 若$|x|\leqslant 1$, 则$|T_n(x)|\leqslant 1$; 若$|x|>1$, 则$|T_n(x)|>1$, $n=1,2,\cdots$. 从而有

$$\max_{-1\leqslant x\leqslant 1}|T_n(x)|=1.$$

26. 记

$$T_n^*(x)=T_n(2x-1).$$

称 $T_n^*(x)$为位移 Chebyshev 多项式. 试验证

$$T_0^*(x)=1,$$
$$T_1^*(x)=2x-1,$$
$$T_2^*(x)=8x^2-8x+1,$$
$$T_3^*(x)=32x^3-48x^2+18x-1,$$

且

$$1=T_0^*(x),$$
$$x=\frac{1}{2}[T_0^*(x)+T_1^*(x)],$$
$$x^2=\frac{1}{8}[3T_0^*(x)+4T_1^*(x)+T_2^*(x)],$$
$$x^3=\frac{1}{32}[10T_0^*(x)+15T_1^*(x)+6T_2^*(x)+T_3^*(x)].$$

27. 证明 Chebyshev 多项式满足关系:

$$T_m(x)T_n(x)=\frac{1}{2}\{T_{m+n}(x)+T_{m-n}(x)\},$$
$$T_n(T_m(x))=T_m(T_n(x))=T_{mn}(x).$$

28. 设 $p_n(x)$为不高于 n 次的多项式, 令

$$M=\max_{-1\leqslant x\leqslant 1}|p_n(x)|.$$

试证明对任何大于 1 的实数 y,恒有

$$|p_n(y)| \leqslant M|T_n(y)|.$$

29. 证明:计算积分 $I(f)=\int_a^b f(x)\mathrm{d}x$ 的 $n+1$ 个基点的求积公式

$$I_n(f)=\sum_{i=1}^{n+1}A_i f(x_i)$$

的代数精确度至少是 n 的充分必要条件是

$$A_i=\int_a^b l_i(x)\mathrm{d}x, i=1,\cdots,n+1,$$

其中

$$l_i(x)=\prod_{\substack{j=1\\ j\neq i}}^{n+1}\frac{(x-x_j)}{(x_i-x_j)}.$$

30. 用代数精确度较高的求积公式来计算积分是否必得到较精确的结果? 研究例子

$$I=\int_{-1}^{1}(-8+45x^2-25x^4)\mathrm{d}x,$$

取步长 $h=1$,应用 Simpson 公式和复合梯形公式进行计算.

31. 试验证求积公式

$$\begin{aligned}\int_0^{nh} f(x)\mathrm{d}x \simeq\ & h(f(0)+f(h)+\cdots+f(nh))\\ & -\frac{5}{8}h(f(0)+f(nh))+\frac{h}{6}(f(h)+f((n-1)h))\\ & -\frac{1}{24}h(f(2h)+f((n-2)h))\end{aligned}$$

的代数精确度至少是 3.

32. 求求积公式

$$\int_a^b f(x)\mathrm{d}x \simeq \frac{h}{2}[f(a)+f(b)]-\frac{h^2}{12}[f'(b)-f'(a)]$$

的代数精确度,其中 $h=b-a$.

33. 证明,三点 Hermite 求积公式

$$\int_{-\infty}^{+\infty} e^{-x^2}f(x)\mathrm{d}x \simeq \frac{\sqrt{\pi}}{6}\left[f\left(-\sqrt{\frac{3}{2}}\right)+4f(0)+f\left(\sqrt{\frac{3}{2}}\right)\right]$$

对 $f(x)$ 为不超过 5 次的多项式都是准确成立的.

34. 求 A_1,A_2,A_3,使得计算积分

$$I(f)=\int_{-1}^{1}f(x)\mathrm{d}x$$

的求积公式

$$I_2(f)=A_1f(-1)+A_2f\left(-\frac{1}{3}\right)+A_3f\left(\frac{1}{3}\right)$$

的代数精确度至少为 2.

35. 求 x_1,x_2,使得计算积分

$$I(f)=\int_{-1}^{1}f(x)\mathrm{d}x$$

的求积公式

$$I_2(f)=\frac{1}{3}[f(-1)+2f(x_1)+3f(x_2)]$$

的代数精确度至少为 2.

36. 已知计算积分

$$\int_{-1}^{1}f(x)\mathrm{d}x$$

的求积公式

$$I_2(f)=C[f(x_1)+f(x_2)+f(x_3)]$$

的代数精确度是 3. 试确定系数 C 和基点 x_1,x_2 和 x_3.

37. 设求积公式

$$\int_{-1}^{1}x^2f(x)\mathrm{d}x\simeq A_0f(x_0)$$

对 $f(x)=1,x$ 都准确成立. 试求 x_0 和 A_0.

38. 试确定 A_{-1},A_0,A_1,使求积公式

$$\int_{-1}^{1}f(x)\mathrm{d}x\simeq A_{-1}f(-1)+A_0f(0)+A_1f(1)$$

对 $f(x)=1,e^x,e^{2x},e^{3x}$都准确成立.

39. 设 $P_n(x)$和 $T_n(x)$分别表示 n 次 Legendre 多项式和 Chebyshev 多项式. 试证明

(1) $\{P_{2n}(\sqrt{x})\}$是$[0,1]$上关于权函数$\frac{1}{\sqrt{x}}$的直交多项式序列;

(2) $\left\{\frac{1}{\sqrt{x}}P_{2n+1}(\sqrt{x})\right\}$是$[0,1]$上关于权函数$\sqrt{x}$的直交多项式序列;

(3) $\left\{\frac{1}{\sqrt{x}}T_{2n+1}(\sqrt{x})\right\}$是$[0,1]$上关于权函数$\left(\frac{x}{1-x}\right)^{\frac{1}{2}}$的直交多项式序列.

进一步建立相应的 Gauss 型求积公式.

40. 给出计算积分

$$\int_{-1}^{1}f(x)(1+x^2)\mathrm{d}x$$

的两点插值求积公式,使它的代数精确度为 3,并导出求积公式的离散误差. 利用此公式计算积分

$$\int_{2}^{4}(x^2-6x+10)e^{(x-3)^2}\mathrm{d}x.$$

41. 求 Gauss 型求积公式

$$\int_{0}^{1}f(x)\ln x\mathrm{d}x\simeq A_1f(x_1)+A_2f(x_2)$$

的系数 A_1,A_2 以及基点 x_1,x_2,并导出离散误差.

42. 应用两点和三点 Gauss-Legendre 求积公式计算积分

$$\int_{1}^{3}\frac{\mathrm{d}x}{x}.$$

43. 应用三点 Gauss-Legendre 求积公式计算积分

$$\int_0^1 \frac{\sin x}{1+x} \mathrm{d}x .$$

44. 应用两点 Gauss-Leguerre 求积公式计算积分

$$(1)\ \int_0^{+\infty} \frac{e^{-x}}{2x+100} \mathrm{d}x, \qquad (2)\ \int_0^{+\infty} e^{-10x} \sin x \mathrm{d}x .$$

45. 作合适的变换,化积分

$$(1)\ \int_0^{+\infty} \frac{e^{-3x^2}}{(1+x^2)^{1/2}} \mathrm{d}x, \qquad (2)\ \int_{-3}^{+\infty} \frac{e^{-(x+3)}}{x^2+3x+3} \mathrm{d}x$$

为能应用 Gauss-Leguerre 求积公式来计算的积分.

46. 选用合适的 Gauss 型求积公式,求出积分

$$I = \int_0^{+\infty} t^3 e^{-t} \mathrm{d}t$$

的准确值.

47. 应用两点 Gauss-Chebyshev 求积公式计算积分

$$\int_{-1}^1 (1-x^2)^{\frac{1}{2}} \mathrm{d}x,$$

并与积分准确值比较.

48. 作适当变换,应用 Gauss-Chebyshev 求积公式计算积分

$$I = \int_1^3 x\sqrt{4x-x^2-3} \mathrm{d}x$$

的准确值.

49. 作一个适当变换,把积分

$$\int_0^{\frac{1}{3}} \frac{6x}{\sqrt{x(1-3x)}} \mathrm{d}x$$

化为能应用 n 点 Gauss-Chebyshev 求积公式的积分. 当 n 为何值时,能得积分的准确值? 并用 Gauss-Chebyshev 求积公式计算它的准确值.

50. 如何用区间截去法计算积分

$$\int_0^{+\infty} e^{-x^2} \mathrm{d}x,$$

才能使其误差不超过 10^{-6}?

51. 怎样计算积分

$$\int_0^1 \frac{\arctan x}{x^{3/2}} \mathrm{d}x,$$

才能使误差不超过 10^{-6}?

部分习题答案

习题 1

1. 0.68394,离散误差.

2. (1) $\frac{1}{2}\times10^{-4}$,0.1177×10^{-2},3;(2) $\frac{1}{2}\times10^{-4}$,0.1246×10^{-3},4;(3) $\frac{1}{2}\times10^{-2}$,0.1539×10^{-3},4;(4) $\frac{1}{2}\times10^{0}$,0.125×10^{-3},4.

3. 1.

4. $\frac{1}{2}\times10^{-3}$.

5. $\frac{1}{2}\times10^{6}$.

8. (1) $\arctan\frac{1}{1+(x+1)x}$;(2) $-\ln(x+\sqrt{x^2-1})$;(3) $(x+\sqrt{x^2-1})\sin x$.

9. -0.0161,-62.0839.

10. (1) -0.2045×10^{3},-0.2044×10^{3};(2) 0.9300×10^{-2},0.9300×10^{-2};(3) 0.1235×10^{5},0.1234×10^{5};(4) 0.1235×10^{1},0.1234×10^{1};(5) 0.5233×10^{2},0.5233×10^{2};(6) 0.5267×10^{2},0.5266×10^{2};(7) 上溢;(8) 下溢.

12. 0.1005×10^{-2},-0.8408×10^{-3}.

13. 0.64100000×10^{-3},0.64137126×10^{-3},0.641371258×10^{-3}.

习题 2

2. 11.

3. 0.641601563,0.256835938.

4. 0.257530597.

5. 不.

6. 提示:对任意的 $x_0\in(-\infty,+\infty)$有 $x_1=\cos x_0\in[-1,1]$,因此可考虑区间$[a,b]=[-1,1]$应用 2.3 节定理 1 的推论.

7. 提示:方程 $3x^2-e^x=0$ 在$(-\infty,+\infty)$内有三个根,分别位于区间$(-1,0)$,$(0,1)$,$(3,4)$内,迭代函数分别取 $-\left(\frac{e^x}{3}\right)^{\frac{1}{2}}$,$\left(\frac{e^x}{3}\right)^{\frac{1}{2}}$,$\ln(3x^2)$;0.910001967.

8. 0.641193358,估计 12 次,实际 10 次.

9. 提示:设 $f(0)>0$(或 $f(x)<0$),应用微分中值定理和零点定理证明 $f(x)$在 $x=0$ 和 $x=-f(0)/M$之间至少有一个零点.再由 $f(x)$的单调性或 Rolle 定理证明零点是唯一的.

10. 提示:应用第 9 题证明 $x-g(x)$在$(-\infty,+\infty)$有唯一零点,再证$|x_k-p|\to 0(k\to\infty)$.

11. 提示:令 $g(x)=x-\lambda f(x)$,证明$|g'(x)|\leqslant L<1, L=\max\{|1-M\lambda|,|1-m\lambda|\}$,应用第 10 题.

12. 提示:考虑迭代法 $x_{k+1}=\sqrt{2+x_k}, k=0,1,2,\cdots$,迭代函数 $g(x)=\sqrt{2+x}$.

13. 提示:由迭代公式有 $1-ax_{k+1}=(1-ax_k)^2=\cdots=(1-ax_0)^{2^{k+1}}, \dfrac{1}{a}$.

14. 提示:要求迭代法至少三阶收敛,$f(x)=0$ 的根 x^*应满足 $x^*=g(x^*), g'(x^*)=g''(x^*)=0$. $p(x)=\dfrac{1}{f'(x)}, q(x)=\dfrac{1}{2}\dfrac{f''(x)}{[f'(x)]^3}$.

15. 0.9461287492.

16. 1.365230013.

17. 1.324717959.

18. 0.257530286.

19. 提示:令 $g(x)=x-\dfrac{f(x)}{f'(x)}$,证明存在 $r>0$ 使得对一切 $x\in[p-r,p+r]$有$|g'(x)|\leqslant L<1$,再证明 $g(x)\in[p-r,p+r]$,应用 2.3 节定理 1 推论.

22. 提示:证明 $x_k=(-2)^k x_0$.

23. 8(实际上,3).

24. 2.645751311.

25. 1.25992105.

26. 1.36523001.

27. 1,2,2,1.

28. 提示:令 $f(x)=(x-p)^m h(x), h(p)\neq 0, \lambda=m$.

29. $3, 1.8869\times 10^{-5}$.

30. $f(x)=x^{-\frac{1}{2}}(x^2-d)$或 $f(x)=x^{-\frac{1}{2}}(d-x^2)$.

31. 提示:记 $g(x)=x-\dfrac{f^2(x)}{f(x+f(x))-f(x)}$,证明 $p=g(p), g'(p)=0$. 注意:$g(p)=\lim\limits_{x\to p}g(x), g'(p)=\lim\limits_{x\to p}g'(x)$.

32. 0.703467,1.968873.

34. (1) 有四个实根分别在区间$(-1,0),(0,1),(1,2),(2,3)$内;(2) 有五个实根:区间$(-2,-1)$内二个,区间$(-1,0),(0,1),(1,2)$内各一个.

35. $-1.90416, 0.95208\pm 1.31125i, i=\sqrt{-1}$.

习题 3

2. $x_1=1, x_2=1, x_3=2$.

3. (1) $x_1=0.5000, x_2=0.4975$; $x_1=0.5025, x_2=0.4975$; (2) $x_1=-3.297, x_2=-0.7040, x_3=2.717$; $x_1=-3.196, x_2=-0.7485, x_3=2.717$.

4. $x_1=-10.00, x_2=1.001$; $x_1=10.00, x_2=1.000$.

5. $x_1=1, x_2=0, x_3=1$.

6. $x_1=0.000, x_2=-7.000, x_3=5.000$.

7. $x_1=1, x_2=1, x_3=-1$.

8. $\begin{bmatrix} 5 & 1 \\ -8 & 1 \\ 3 & 1 \end{bmatrix}$.

9. 记 $A=[a_{ij}]_{n\times n}, A^{-1}=[x_{ij}]_{n\times n}$,其中 $i>j$ 时 $a_{ij}=x_{ij}=0$,则有

$$\left.\begin{aligned} x_{jj} &= 1/a_{jj} \\ x_{ij} &= -\left(\sum_{k=i+1}^{j} a_{ik}x_{kj}\right)/a_{ii}, i = j-1,\cdots,1 \end{aligned}\right\} j = 1,2,\cdots,n.$$

10. 提示:记 $A=\begin{bmatrix} a_{11} & \boldsymbol{a}_1^{\mathrm{T}} \\ \boldsymbol{a}_1 & A_1 \end{bmatrix}$,设 P 为第一步消元矩阵:$P=\begin{bmatrix} 1 & 0^{\mathrm{T}} \\ -\dfrac{1}{a_{11}}\boldsymbol{a}_1 & I_{n-1} \end{bmatrix}$,则 A 经第一步消元得 $PA=\begin{bmatrix} a_{11} & \boldsymbol{a}_1^{\mathrm{T}} \\ 0 & A_1-\dfrac{1}{a_{11}}\boldsymbol{a}_1\boldsymbol{a}_1^{\mathrm{T}} \end{bmatrix}=\begin{bmatrix} a_{11} & \boldsymbol{a}_1^{\mathrm{T}} \\ 0 & A_2 \end{bmatrix}$. 注意:$PAP^{\mathrm{T}}=\begin{bmatrix} a_{11} & 0^{\mathrm{T}} \\ 0 & A_2 \end{bmatrix}$.

11. 提示:记 $\boldsymbol{m}_k=[m_{1k},\cdots,m_{k-1,k},0,m_{k+1,k},\cdots,m_{n,k}]^{\mathrm{T}}$,则 $M_k=I+\boldsymbol{m}_k\boldsymbol{e}_k^{\mathrm{T}}$,注意 $\boldsymbol{e}_k^{\mathrm{T}}\boldsymbol{m}_k=0$,$M^{-1}=I-\boldsymbol{m}_k\boldsymbol{e}_k^{\mathrm{T}}$.

13. $\dfrac{1}{3}n^3+n^2-\dfrac{1}{3}n$.

15. $\begin{bmatrix} 2 & 0 & 0 \\ 3 & \frac{9}{2} & 0 \\ 3 & \frac{9}{2} & -4 \end{bmatrix}\begin{bmatrix} 1 & -\frac{1}{2} & \frac{1}{2} \\ 0 & 1 & \frac{5}{3} \\ 0 & 0 & 1 \end{bmatrix}$, $\begin{bmatrix} 1 & 0 & 0 \\ \frac{3}{2} & 1 & 0 \\ \frac{3}{2} & 1 & 1 \end{bmatrix}\begin{bmatrix} 2 & -1 & 1 \\ 0 & \frac{9}{2} & \frac{15}{2} \\ 0 & 0 & -4 \end{bmatrix}$

16. $x_1=-\dfrac{1}{2}, x_2=\dfrac{7}{6}, x_3=\dfrac{5}{4}$.

17. $x_1=19, x_2=-7, x_3=-8$.

18. $\begin{bmatrix} 4 & 0 & 0 & 0 \\ 1 & \frac{11}{4} & 0 & 0 \\ -1 & -\frac{3}{4} & \frac{50}{11} & 0 \\ 0 & 0 & 2 & \frac{78}{25} \end{bmatrix}\begin{bmatrix} 1 & \frac{1}{4} & -\frac{1}{4} & 0 \\ 0 & 1 & -\frac{3}{11} & 0 \\ 0 & 0 & 1 & \frac{11}{25} \\ 0 & 0 & 0 & 1 \end{bmatrix}$.

19. $L=\begin{bmatrix} \sqrt{3} & 0 & 0 \\ \frac{2}{\sqrt{3}} & \sqrt{\frac{2}{3}} & 0 \\ \frac{1}{\sqrt{3}} & \frac{1}{\sqrt{6}} & \frac{1}{\sqrt{2}} \end{bmatrix}$.

20. $A = \begin{bmatrix} 1 & 0 & 0 & 0 \\ \frac{1}{3} & 1 & 0 & 0 \\ \frac{1}{6} & \frac{1}{5} & 1 & 0 \\ -\frac{1}{6} & \frac{1}{10} & -\frac{9}{37} & 1 \end{bmatrix} \begin{bmatrix} 6 & 2 & 1 & -1 \\ 0 & \frac{10}{3} & \frac{2}{3} & \frac{1}{3} \\ 0 & 0 & \frac{37}{10} & -\frac{9}{10} \\ 0 & 0 & 0 & \frac{191}{74} \end{bmatrix}$

$$= \begin{bmatrix} 1 & 0 & 0 & 0 \\ \frac{1}{3} & 1 & 0 & 0 \\ \frac{1}{6} & \frac{1}{5} & 1 & 0 \\ -\frac{1}{6} & \frac{1}{10} & -\frac{9}{37} & 1 \end{bmatrix} \begin{bmatrix} 6 & 0 & 0 & 0 \\ 0 & \frac{10}{3} & 0 & 0 \\ 0 & 0 & \frac{37}{10} & 0 \\ 0 & 0 & 0 & \frac{191}{74} \end{bmatrix} \begin{bmatrix} 1 & \frac{1}{3} & \frac{1}{6} & -\frac{1}{6} \\ 0 & 1 & \frac{1}{5} & \frac{1}{10} \\ 0 & 0 & 1 & -\frac{9}{37} \\ 0 & 0 & 0 & 1 \end{bmatrix}.$$

21. $x_1 = 115/72, x_2 = 71/144, x_3 = -7/36$.

22. 提示:据计算公式 $l_{ii} = \left(a_{ii} - \sum_{j=1}^{i-1} l_{ij}^2\right)^{\frac{1}{2}}$.

23. $x_1 = 1, x_2 = -1, x_3 = 1, x_4 = -1, x_5 = 1$.

25. -17.

26. $\begin{bmatrix} -\frac{3}{2} & \frac{3}{2} & -\frac{1}{2} \\ \frac{3}{2} & \frac{1}{2} & -\frac{1}{2} \\ -\frac{1}{2} & -\frac{1}{2} & \frac{1}{2} \end{bmatrix}$.

28. 提示:由 $\text{rank}\, A = n$ 知齐次线性方程组 $A\boldsymbol{x} = \boldsymbol{0}$ 只有零解,即对一切 $\boldsymbol{x} \in R^n$, $\boldsymbol{x} \neq \boldsymbol{0}$,必有 $A\boldsymbol{x} \neq \boldsymbol{0}$.

29. 提示:考虑 $\|\boldsymbol{x}\| = \|\boldsymbol{y} + \boldsymbol{x} - \boldsymbol{y}\|$, $\|\boldsymbol{y}\| = \|\boldsymbol{y} - \boldsymbol{x} + \boldsymbol{x}\|$.

30. 提示:据范数的等价性,只要证明:关于范数 $\|\cdot\|_1$, $g(x)$ 是 x 的连续函数.注意:若记 $A = [\boldsymbol{a}_1, \boldsymbol{a}_2, \cdots, \boldsymbol{a}_n]$, $\boldsymbol{x} = [x_1, x_2, \cdots, x_n]^{\mathrm{T}}$, $\boldsymbol{y} = [y_1, y_2, \cdots, y_n]^{\mathrm{T}}$,则 $A(\boldsymbol{y} - \boldsymbol{x}) = \sum_{j=1}^{n} (y_j - x_j)\boldsymbol{a}_j$.

31. 提示:首先证明 $\|\boldsymbol{x}\|_\infty^p \leqslant \sum_{i=1}^{n} |x_i|^p \leqslant n \cdot \|\boldsymbol{x}\|_\infty^p$.

32. 提示:令 $\boldsymbol{x} = \dfrac{\boldsymbol{y}}{\|\boldsymbol{y}\|_{\boldsymbol{\alpha}}}$.

33. 提示:$\|A^{-1}\|_\infty = \max\limits_{x \neq 0} \dfrac{\|A^{-1}\boldsymbol{x}\|_\infty}{\|\boldsymbol{x}\|_\infty}$.

34. 提示:$A = LL^{\mathrm{T}} = L_1 D L_1^{\mathrm{T}}$, D 为对角阵.

36. $3, 3, 3, 6, \sqrt{13}, 3$.

37. 提示:$\sum_{i,j=1}^{n} |a_{ij}|^2 = \sum_{i=1}^{n} a_{i1}^2 + \cdots + \sum_{i=1}^{n} a_{in}^2 = A^{\mathrm{T}}A (= A^2)$ 的主对元之和 $= A^2$ 的 n 个特征值之和.

40. 提示:A 是正规阵,则必存在酉阵 Q 使得 $Q^HAQ=\mathrm{diag}(\lambda_1,\lambda_2,\cdots,\lambda_n)$,其中 $\lambda_1,\cdots,\lambda_n$ 为 A 的 n 个特征值.

44. $\begin{bmatrix}0 & 0\\0 & 0\end{bmatrix}$.

47. 提示:据矩阵范数等价性,只要对某一种矩阵范数,例如 $\|\cdot\|_M$ 来证明它.

48. $\mathrm{cond}(A)_\infty=39601, K(A)=(\sqrt{99^2+1}+99)^2$.

49. 1,4.

52. 提示:A^TA 和 $A^{-T}A^{-1}$ 都是实对称正定矩阵,因此 $\|A\|_2^2=\|A^TA\|_2$, $\|A^{-1}\|_2^2=\|A^{-T}A^{-1}\|_2$. 再根据 AB 与 BA 的特征值相同(A,B 为同阶实方阵).

53. 提示:先证 $\delta\boldsymbol{x}=-A^{-1}\boldsymbol{r}$,再据 $A^{-1}=[I-(I-(A+\delta A)^{-1}A)]^{-1}(A+\delta A)^{-1}$.

习题 4

1. $\frac{1}{6}x^2-\frac{1}{2}x+\frac{4}{3},\frac{23}{24}$.

2. $2x^2+1,\frac{3}{2}$.

3. 0.83656.

4. 0.9925367,0.9630691,0.905717,0.8391419.

5. 提示:首先构造经过点$(-2,3),(-1,1),(0,1)$的一个 Lagrange 插值多项式 $p(x)$:$p(1)\neq 6$, $p(2)\neq 15$,说明前三个点中有一点出错.其次构造经过点$(0,1),(1,6),(2,15)$的 Lagrange 插值多项式 $q(x)$,则 $q(-2)=3, q(-1)=0\neq 1$. 可见点$(-1,1)$有误,应改为 $p_2(-1)=0$.

6. 提示:依题意,可设 $q(x)=p(x)+C(x+2)(x+1)x(x-1)(x-2), C=-\frac{31}{120}$.

7. $f(1.03)\simeq p_2(1.03)\simeq 3.053048$,估计 $|f(1.03)-p_2(1.03)|<1.19065\times 10^{-4}$,实际 $|f(1.03)-p_2(1.03)|\simeq 1.137598\times 10^{-4}$.

8. 提示:(1)和(2)分别在 Lagrange 插值公式中含 $f(x)=1$ 和 $f(x)=x^j, j=1,2,\cdots,n$;(3)应用 $(x_i-x)^j=x_i^j-C_j^1x_i^{j-1}x+\cdots+(-1)^jC_j^jx^j$ 和 $(1-1)^j=1-C_j^1+\cdots+(-1)^jC_j^j=0$;(4)令 $f(x)=x^{n+1}$.

9. 1.15048, $|r_1(3.16)|<0.0002$.

10. 提示:应用推广的积分中值定, $I''_0(x)=-\frac{1}{\pi}\int_0^\pi[\cos(x\sin t)]\sin^2 t\,dt=-\frac{1}{\pi}\cos(x\sin\eta)\int_0^\pi\sin^2 t\,dt=-\frac{1}{2}\cos(x\sin\eta), \eta\in(0,\pi), h\leqslant 4\times 10^{-3}$.

11. 提示:$|f(x)-p_n(x)|\leqslant\frac{M}{(n+1)!}(b-a)^{n+1}$.

13. 2.04,0.08.

14. 1.10250.

15. −55.49254.

16. 提示:应用均差对称性公式(3.6).

17. 提示:应用均差与导数的关系.

18. 提示:可用归纳法证明.

19. 提示:应用均差对称性公式(3.6)和均差与导数的关系,令 $f(x)=x^k(k=0,1,\cdots,n-2)$.

20. 134,2674,1,0.

21. 提示:记 $f(x)=a_n(x-x_1)(x-x_2)\cdots(x-x_n)$,则 $f'(x_i)=\lim\limits_{x\to x_i}\dfrac{a_n(x-x_1)(x-x_2)\cdots(x-x_n)}{x-x_i}=a_n(x_i-x_1)\cdots(x_i-x_{i-1})(x_i-x_{i+1})\cdots(x_i-x_n)$.令 $g(x)=x^k$,则 $\sum\limits_{i=1}^{n}\dfrac{x_i^k}{f'(x_i)}=\sum\limits_{i=1}^{n}\dfrac{g(x_i)}{a_n(x_i-x_1)\cdots(x_i-x_{i-1})(x_i-x_{i+1})\cdots(x_i-x_n)}=\dfrac{1}{a_n}g[x_1,x_2,\cdots,x_n]$.或参见第8题(4).

22. $-4x^2+6x-5,-5$.

23. 2.65599125.

24. $3-\dfrac{1}{4}x(x-1),3-\dfrac{1}{4}x(x-1)-\dfrac{7}{6}x(x-1)(x-2)$.

25. $10.7228,0.1632\times10^{-2}$.

26. 1.3762.

28. 提示:应用结论:若 $\Delta F(k)=g(k)$,则 $\sum\limits_{k=0}^{n}g(k)=F(n+1)-F(0)$.(1) $\Delta a^k=a^k(a-1)$;(2) $\Delta\left[\dfrac{k(k+1)}{2}\right]^2=(k+1)^3$;(3) $\Delta\sin k\alpha=2\sin\dfrac{\alpha}{2}\cdot\cos\left(k\alpha+\dfrac{\alpha}{2}\right)$.

29. 2^n.

31. (1) 提示:可用归纳法证明.

32. $N_3(x)=N_3(0+s)=1+s+\dfrac{1}{2}s(s-1)+\dfrac{1}{6}s(s-1)(s-2),N_3(x)=N_3(3+t)=8+4t+t(t+1)+\dfrac{1}{6}t(t+1)(t+2);\dfrac{155}{128},\dfrac{91}{16}$.

33. 参见第28题,1. 提示.

35. 提示:$\Delta r^i=r^i(r-1),\sum\limits_{i=0}^{n-1}ir^i=\sum\limits_{i=0}^{n-1}i\Delta\dfrac{r^i}{r-1},\sum\limits_{i=0}^{n-1}i^2r^i=\sum\limits_{i=0}^{n-1}i^2\Delta\dfrac{r^i}{r-1}\cdot\dfrac{r}{(1-r)^2},\dfrac{r+r^2}{(1-r)^3}$.

36. 提示:为求余项可作辅助函数 $g(t)=f(t)-p(t)-k(t-x_1)^2(t-x_2)$. $p(x)=f_1+f_1'(x-x_1)+\dfrac{f_2-f_1-f_1'(x_2-x_1)}{(x_2-x_1)^2}(x-x_1)^2,f(x)-p(x)=\dfrac{1}{3!}f'''(\xi)(x-x_1)^2(x-x_2),\xi\in(x_1,x_2)$.

37. $H(x)=f(x_0)+f[x_0,x_1](x-x_0)+f[x_0,x_1,x_2](x-x_0)(x-x_1)+\dfrac{f'(x_1)-f[x_0,x_1]-(x_1-x_0)f[x_0,x_1,x_2]}{(x_1-x_0)(x_1-x_2)}(x-x_0)(x-x_1)(x-x_2),f(x)-H(x)=\dfrac{(x-x_0)(x-x_1)^2(x-x_2)}{4!}f^{(4)}(\xi),\xi\in(x_0,x_2)$.

38. $H_5(x)=A_0(x)+2.718A_1(x)+2.389A_2(x)+B_0(x)+2.718B_1(x)+2.389B_2(x)$,其中 $A_0(x)=(3x+1)\left(\dfrac{1}{2}x^2-\dfrac{3}{2}x+1\right)^2,A_1(x)=(-x^2+2x)^2,A_2(x)-(-3x+7)\cdot$

$\left(\frac{1}{2}x^2-\frac{1}{2}x\right)^2, B_0(x)=x\left(\frac{1}{2}x^2-\frac{3}{2}x+1\right)^2, B_1(x)=(x-1)(-x^2+2x)^2, B_2(x)=(x-2)\left(\frac{1}{2}x^2-\frac{1}{2}x\right)^2$, 1.085898.

39. $S_N(x)=\begin{cases}-\frac{1}{8}(x-1)^3+\frac{17}{8}(x-1)+1, & x\in[1,2],\\ -\frac{1}{8}(x-2)^3-\frac{3}{8}(x-2)^2+\frac{7}{4}(x-2)+3, & x\in[2,4],\\ \frac{3}{8}(x-4)^3-\frac{9}{8}(x-4)^2-\frac{5}{4}(x-4)+4, & x\in[4,5],\end{cases}$

$$f(3)\simeq S_N(3)=S_2(3)=\frac{17}{4}.$$

40. $f(1.5)\simeq\frac{51}{28}, f(3)\simeq 5$.

习题 5

1. 提示:只要证明 $A_{n+2-i}=A_i$,作变换 $n-t=u$.
2. (1) 1.49718, 1.47754, $I=1.477523046$;(2) $\frac{\pi}{4}, \frac{\pi}{4}, I=\frac{\pi}{4}$.
3. $(b-a)f(x_1), \frac{b-a}{2}[f(x_1)+f(x_2)], \frac{b-a}{3}[2f(x_1)-f(x_2)+2f(x_3)]$.
4. 提示:据梯形公式的离散误差.
5. 提示:据 Taylor 公式有 $f(x)=f\left(\frac{a+b}{2}\right)+f'\left(\frac{a+b}{2}\right)\left(x-\frac{a+b}{2}\right)+\frac{1}{2}f''(\eta)\cdot\left(x-\frac{a+b}{2}\right)^2, \eta\in(a,b)$.
6. 提示:以 $-h$, 0 为基点作 Lagrange 线性插值多项式近似地替代 $f(x)$.
7. 36, 12, 6, 4.5, 4, 4, 4.
8. 0.78498, 0.78540.
9. $h=0.1$, 0.3469, $|T_{10}(f)-I(f)|<3.3\times10^{-4}$.
10. 至少 2026 个.
11. 至少 101 个($h=0.01$).
14. 提示:可用待定系数法求此求积公式. 令$\int_{-1}^{1}p_5(x)\mathrm{d}x=a_1f(-1)+a_2f(0)+a_3f(1)+a_4f'(-1)+a_5f'(0)+a_6f'(1)$. 由于 $f(x)=1, x, x^2, x^3, x^4, x^5$ 时 $f(x)=p_5(x)$,因此令 $f(x)=x^j, j=0,1,\cdots,5$ 确定系数 $a_1, a_2, \cdots, a_6$. 余项 $E(f)=\int_{-1}^{1}\frac{(x+1)^2x^2(x-1)^2}{6!}f^{(6)}(\xi)\mathrm{d}x=f^{(6)}(\eta)\cdot\int_{-1}^{1}\frac{(x+1)^2x^2(x-1)^2}{6!}\mathrm{d}x=Cf^{(6)}(\eta)$,令 $f(x)=x^6$,求得 $C=\frac{1}{6!}\cdot\frac{16}{105}$.
15. $\frac{n(n+1)}{2}, \frac{n(n+1)(2n+1)}{6}, \left[\frac{n(n+1)}{2}\right]^2$.
16. (1) $T_{3,3}=10.204544$, $\left|\int_1^3 x\sqrt{1+x^2}\mathrm{d}x-T_{3,3}\right|<3.018\times10^{-3}$; (2) $T_{3,3}=0.718313198$, $\left|\int_0^1 x^2e^x\mathrm{d}x-T_{33}\right|<3.137\times10^{-5}$.

17. $T_{5,5}=10.9501703$, $|I-T_{5,5}|<10^{-7}$.

19. 提示:对 j 用归纳法证明.

20. 提示:对 j 用归纳法证明.

21. 10.20127.

22. (1) $p_0(x)=1, p_1(x)=x, p_2(x)=x^2-\dfrac{\sqrt{2}-\ln(1+\sqrt{2})}{2\ln(1+\sqrt{2})}$;(2) $p_0(x)=1, p_1(x)=x, p_2(x)=x^2-\dfrac{2}{5}$.

23. 提示:将 A_n 的特征多项式 $p_n(x)=\det(A_n-\lambda I)$ 按最后一行展开,令 $q_n(\lambda)=(-1)^n p_n(\lambda)$.

28. 提示:设 $p_n(y)\neq 0$,令 $q_n(x)=\dfrac{p_n(x)}{p_n(y)}$,应用 Chebyshev 多项式的性质(9).

29. 提示:必要性证明可令 $f(x)=l_i(x), i=1,2,\cdots,n+1$, $l_i(x)$ 为 Lagrange 基本多项式.

32. 3.

34. $A_1=\dfrac{1}{2}, A_2=0, A_3=\dfrac{3}{2}$.

35. $x_1=\dfrac{1-\sqrt{6}}{5}, x_2=\dfrac{3+2\sqrt{6}}{15}$;或 $x_1=\dfrac{1+\sqrt{6}}{5}, x_2=\dfrac{3-2\sqrt{6}}{15}$.

36. $I_2(f)=\dfrac{2}{3}\left[f\left(-\dfrac{\sqrt{2}}{2}\right)+f(0)+f\left(\dfrac{\sqrt{2}}{2}\right)\right]$.

37. $A_0=\dfrac{2}{3}, x_0=0$.

38. $A_{-1}=\dfrac{-e^2+2e+2+2e^{-1}-e^{-2}}{2(e-1-e^{-1}+e^{-2})}, A_0=\dfrac{e^2+e-4-4e^{-1}-e^{-2}-e^{-3}}{2(e-1-e^{-1}+e^{-2})}$,
$A_1=\dfrac{e-2-2e^{-1}+6e^{-2}+e^{-3}}{2(e-1-e^{-1}+e^{-2})}$.

39. 提示:$P_{2i}(t)$为偶函数,$P_{2i+1}(t)$和 $T_{2i+1}(t)$为奇函数.

40. $\int_{-1}^{1}f(x)(1+x^2)\mathrm{d}x=\dfrac{4}{3}\left[f\left(-\sqrt{\dfrac{2}{5}}\right)+f\left(\sqrt{\dfrac{2}{5}}\right)\right]+Cf^{(4)}(\xi)$,令 $f(x)=x^4$ 可得 $C=\dfrac{17}{1575}, \xi\in(-1,1)$;$\dfrac{8}{3}e^{\frac{2}{5}}$.

41. 提示:可以取权函数 $W(x)=-\ln x$.求得区间$[0,1]$上关于权函数 $W(x)$的二次直交多项式 $q_2(x)=x^2-\dfrac{5}{7}x+\dfrac{17}{252}$,再求 $q_2(x)$的根 x_1, x_2 后求 A_1, A_2.或者,由于两点 Gauss 型求积公式的代数精确度为 3,因此可分别令 $f(x)=1, x, x^2, x^3$ 建立关于 x_1, x_2, A_1, A_2 的方程组,再从此方程组解得 x_1, x_2, A_1, A_2, $\int_0^1 f(x)\ln x\mathrm{d}x=\left(-\dfrac{1}{2}-\dfrac{9\sqrt{106}}{424}\right)\cdot f\left(\dfrac{15-\sqrt{106}}{42}\right)+\left(-\dfrac{1}{2}+\dfrac{9\sqrt{106}}{424}\right)f\left(\dfrac{15+\sqrt{106}}{42}\right)-\dfrac{647}{5443200}f^{(4)}(\xi), \xi\in(0,1)$.

42. $\dfrac{12}{11}, \dfrac{56}{51}$.

43. 0.28424616.

44. (1) 9.80755×10^{-3};(2) 令 $10x=t$, 0.09500984.

45. (1) 令 $x=\sqrt{\dfrac{t}{3}}$;(2) 令 $x=t-3$.

46. 两点 Gauss-Laguerre 求积公式，6.

47. $I_1(f)=\frac{\pi}{2}=I(f)$.

48. $x=t+2,\pi$.

49. $n\geqslant 1,\frac{\pi}{\sqrt{3}}$.

50. $\int_0^{+\infty}e^{-x^2}\mathrm{d}x\simeq\int_0^b e^{-x^2}\mathrm{d}x, b\geqslant 14$.

51. $\int_0^1\frac{\arctan x}{x^{3/2}}\mathrm{d}x\simeq\int_a^1\frac{\arctan x}{x^{3/2}}\mathrm{d}x, a<\frac{1}{4}\times 10^{-12}$.

参考文献

[1] 南京大学数学系计算数学专业.数值逼近方法.北京:科学出版社.1978
[2] 南京大学数学系计算数学专业.线性代数计算方法.北京:科学出版社.1979
[3] 何旭初,苏煜城,包雪松.计算数学简明教程.北京:人民教育出版社.1980
[4] 李岳生,黄友谦编,数值逼近.北京:人民教育出版社.1978
[5] 曹志浩,张玉德,李瑞遐.矩阵计算和方程求根.北京:人民教育出版社.1979
[6] Burden R L ,Faires J D. Numerical Analysis (Seventh Edition). PWS. Boston. 2001
[7] Thomas King J. 数值计算引论.林成森,颜起居,李明霞译.南京:南京大学出版社.2000
[8] Young D M. Iterative Solution of Large Linear Systems. Academic Press. New York and London. 1971
[9] Golub G H, Van Loan C F. Matrix Computations . The Johns Hopkins University Press. Baltimore and London . 1989
[10] Wilkinson J H. 代数特征值问题.石钟慈,邓健新译.北京:科学出版社.1987
[11] 蔡大用.数值代数.北京:清华大学出版社.1987
[12] 蒋尔雄.对称矩阵计算.上海:上海科学技术出版社.1984
[13] 孙继广.矩阵扰动分析.北京:科学出版社.1987
[14] Rice J R. Numerical Methods. Software, and Analysis ,New York. 1983
[15] 林成森,盛松柏.高等代数.南京:南京大学出版社.1993
[16] Scheid F. 数值分析.罗亮生,包雪松,王国英译.北京:科学出版社.2002

(O-2087.31)

科学出版社互联网入口

高教数理分社：(010)64015178 教学服务：(010)64033787
E-mail:mph@mail.sciencep.com

www.sciencep.com
ISBN 978-7-03-014389-1

定 价：55.00 元

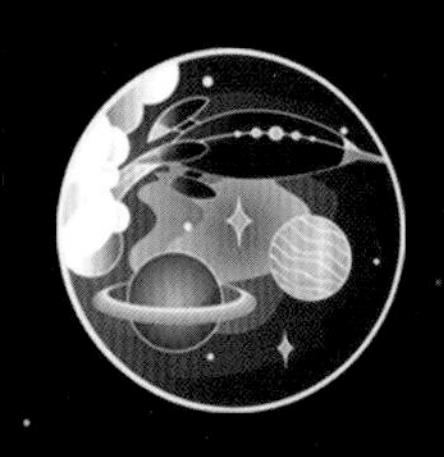

宇宙探秘丛书

光影变幻，
演绎日食月食奇观。
朔望之间，
引来潮起潮落几许。

Yue You Yuanque

潘文彬　温牡玉　谭秀娟　黄佳薏　编著

月有圆缺

SPM 南方出版传媒
广东科技出版社｜全国优秀出版社